高等职业教育 CAD/CAM/CAE 系列教材

NX数字化设计基础

主　编　张　铮
副主编　陆忠华　孙　鹏
参　编　张　鑫　谢　丹

机械工业出版社
CHINA MACHINE PRESS

本书为新形态活页式教材。全书共 13 章，主要内容包括：入门案例——轴套建模、工程图基础——轴套制图、草图与拉伸——多孔异形片、拉伸组合——台板、旋转建模——圆环和缩口圆壳、筋板和 PMI——支架、扫掠建模——四个工具、轴类件建模——操纵杆、同步建模——三通阀和凸台、标准件建模——工具箱和重用库、装配设计——千斤顶、外形拆分设计——衬套组件、关联设计零件——液压容器。

本书可作为高等职业院校机电类专业的专业基础课程教材，也可供企业一线工程技术人员阅读参考。

本书配有微课视频，读者可以扫描书中二维码观看。此外，本书还配有电子课件、模型文件以及习题与答案等资源，凡使用本书作为教材的教师可登录机械工业出版社教育服务网 www.cmpedu.com 注册后下载。咨询电话：010-88379375。

图书在版编目（CIP）数据

NX 数字化设计基础/张铮主编．—北京：机械工业出版社，2023.4
（2025.9 重印）
高等职业教育 CAD/CAM/CAE 系列教材
ISBN 978-7-111-72830-6

Ⅰ.①N… Ⅱ.①张… Ⅲ.①数控机床-程序设计-应用软件-高等职业教育-教材 Ⅳ.①TG659-39

中国国家版本馆 CIP 数据核字（2023）第 049699 号

机械工业出版社（北京市百万庄大街 22 号　邮政编码 100037）
策划编辑：薛　礼　　　　　　责任编辑：薛　礼
责任校对：张爱妮　许婉萍　　封面设计：王　旭
责任印制：李　昂
涿州市般润文化传播有限公司印刷
2025 年 9 月第 1 版第 2 次印刷
184mm×260mm・15.25 印张・373 千字
标准书号：ISBN 978-7-111-72830-6
定价：55.00 元

电话服务　　　　　　　　　　网络服务
客服电话：010-88361066　　　机　工　官　网：www.cmpbook.com
　　　　　010-88379833　　　机　工　官　博：weibo.com/cmp1952
　　　　　010-68326294　　　金　书　网：www.golden-book.com
封底无防伪标均为盗版　　　　机工教育服务网：www.cmpedu.com

前言 PREFACE

　　本书是以国家职业教育改革实施方案为指导思想，根据中国特色高水平高职学校和专业建设计划实施后，在"教师、教法、教材"改革方面形成的阶段性经验基础上，尝试开发的具有"活页式"和"工作手册式"特点的教材。

　　什么是"活页式"教材？本书旨在挖掘传统教材不具备的特点，以回答这一问题。本书的特点：一是"一章一主题，一节一实例"，支持教师以日常的一次教学活动为单位，采用符合自身实际的主题和实例，以补充本节使用院校特定教学内容的案例；二是"一章一课题，一题一记录"，通过将课余题目完成质量纳入课程考核的举措，引导学生利用本书图例材料，基于本书又精简本书，形成系列主题学习记录，构建属于学生自己"将书读薄"的知识系统；三是在本书开篇前，提供课程教学产出成果的目标图样，让师生在教学活动开始时就明白将教出什么结果、将做出什么结果，目标图样可以从书中抽出，与相关内容摆放于一处阅读；四是"基于较优操作步骤展开内容"。教学的三个境界是"教了""会了""做了"，本书追求"做了"。在书中放置企业使用的表格式手册页后，就能成为工作手册式教材吗？其实，可操作、可验证、较优化的工作流程才是工作手册式教材的核心。职场中人按工作手册操作，实际上就是按工作流程工作、思考、学习和交流，本书试图体现这一特点。本书还上线了"数字化设计基础"在线开放课程（https://www.icourse163.org/course/WXIT-1207055808），依托这一平台，将陆续发布更多的补充章，以使本书内容不断丰富和完善。

　　本书由无锡职业技术学院张铮任主编，陆忠华和孙鹏任副主编。第1~4章由张铮编写，第5~7章由陆忠华、张铮编写，第8章由张铮、陆忠华编写，第9章由张铮、陆忠华、湖南工业职业技术学院张鑫编写，第10章由张铮、陆忠华、武汉职业技术学院谢丹编写，第11章和第12章由张铮、孙鹏编写，第13章由张铮编写。本书配套的电子版基础习题和基础习题答案由孙鹏提供。

　　本书由无锡职业技术学院张宁菊教授主审。无锡职业技术学院金华军、钟建刚、闫向阳，西门子工业软件（上海）有限公司的工程师均对本书给予了大力支持，在此一并表示诚挚的谢意！

　　限于编者水平，书中难免有错误和疏漏之处，敬请读者批评指正。

编　者

二维码索引

名称	二维码	页码	名称	二维码	页码
轴套建模		4	支架工程图		85
轴套制图		17	椭圆正方形扫掠体		93
多孔异形片建模		32	管道建模		109
多孔异形片工程图		44	操纵杆建模		114
台板建模		49	操纵杆——局部剖视图		123
台板制图要点——阶梯剖与旋转剖		57	操纵杆——局部放大图		128
缩口圆壳建模		70	斜齿锥齿轮建模		153
缩口圆壳制图		73	斜齿锥齿轮制图		154
支架建模		74	千斤顶装配		161

（续）

名称	二维码	页码	名称	二维码	页码
爆炸图与装配工程图		172	关联设计——容器筒建模		194
外形拆分——内管建模		186	关联设计——密封圈与上盖建模		196
外管与橡胶套建模		187			

目录 CONTENTS

前言
二维码索引

第1章　入门案例——轴套建模　1

1.1　软件启动　1
1.2　圆柱工具建模　4
1.3　布尔工具建模　8
1.4　倒斜角工具建模　10
1.5　模型外观操作　11
课余　14

第2章　工程图基础——轴套制图　17

2.1　创建图框模板　17
2.2　创建轴套视图　21
2.3　工程图标注　24
课余　30

第3章　草图与拉伸——多孔异形片　32

3.1　草图绘制　32
3.2　拉伸建模　41
3.3　叠片建模和制图要点　44
课余　47

第4章　拉伸组合——台板　49

4.1　基体的两向拉伸　49
4.2　顶面实体的拉伸　51
4.3　创建斜顶面螺纹孔　54
4.4　台板制图要点　57
课余　62

第5章　旋转建模——圆环和缩口圆壳　64

5.1　不完全圆环旋转建模　64
5.2　不完全圆环制图　67

5.3 缩口圆壳旋转建模　69
课余　73

第 6 章　筋板和 PMI——支架　74

6.1 支架基体建模　74
6.2 筋板建模　78
6.3 PMI 标注技术　88
课余　92

第 7 章　扫掠建模——四个工具　93

7.1 基本扫掠工具　93
7.2 沿引导线扫掠工具　104
7.3 管道扫掠工具　109
7.4 变化扫掠工具　110
课余　113

第 8 章　轴类件建模——操纵杆　114

8.1 操纵杆建模　114
8.2 操纵杆视图的放置　121
8.3 操纵杆视图的典型标注　129
课余　134

第 9 章　同步建模——三通阀和凸台　135

9.1 面的同步建模　135
9.2 尺寸的同步建模　141
9.3 边的同步建模　144
9.4 面的替换和删除　146
课余　148

第 10 章　标准件建模——工具箱和重用库　150

10.1 齿轮建模工具　150
10.2 弹簧和轴承工具　154
课余　160

第 11 章　装配设计——千斤顶　161

11.1 装配过程　161
11.2 爆炸图的制作　172
11.3 装配工程图的制作　175
课余　180

第12章 外形拆分设计——衬套组件 182

12.1 衬套组件装配架构 182
12.2 零件层拆分建模 185
12.3 衬套制图要点 189
课余 190

第13章 关联设计零件——液压容器 192

13.1 液压容器设计规划 192
13.2 关联设计零件 195
13.3 液压容器制图 200
课余 203

附录 案例图 206

参考文献 233

第1章 入门案例——轴套建模
CHAPTER 1

数字化设计是指先建立产品的数字模型，然后利用数字模拟、干涉检查、CAE 分析等技术，改进和完善设计方案的技术，它与数字化制造、数字化仿真等共同构成了当代智能制造的基础技术。

1.1 软件启动

本章以轴套（附图1）建模过程为例，介绍建模过程的基本操作。在软件启动前，用户可在习惯的位置建立一个工作文件夹。例如，在桌面建立一个名为"李某-轴套"（姓名-项目名）的文件夹，将设计的成果文件放置在该文件夹中，以便于管理。双击桌面上的 NX 12.0 图标，启动软件。

1.1.1 "新建"对话框的设置

软件启动后出现的界面，其"主页"功能卡处于亮白状态，这说明主页功能卡已被激活，如图 1-1 所示。

操作❶和❷，单击"新建"，调出"新建"对话框，在模型—模板—过滤器中选择"模型"。选中"模型"时，其背景色呈现蓝青色。此操作记为"模型—模板—过滤器 = 模型"。

操作❸，在"新文件名—名称"文本框内，输入"轴套"。此操作记为"新文件名—名称 = 轴套"。

操作❹和❺，单击"新文件名—文件夹"右侧的"打开文件夹"图标工具，调出"选择目录"工具，找到先前建立的工作文件夹，单击"确定"。此操作记为"新文件名—文件夹 = C:\Users\zz\Desktop\李某-轴套"。

操作❻，单击"确定"，进入建模界面。

NX数字化设计基础

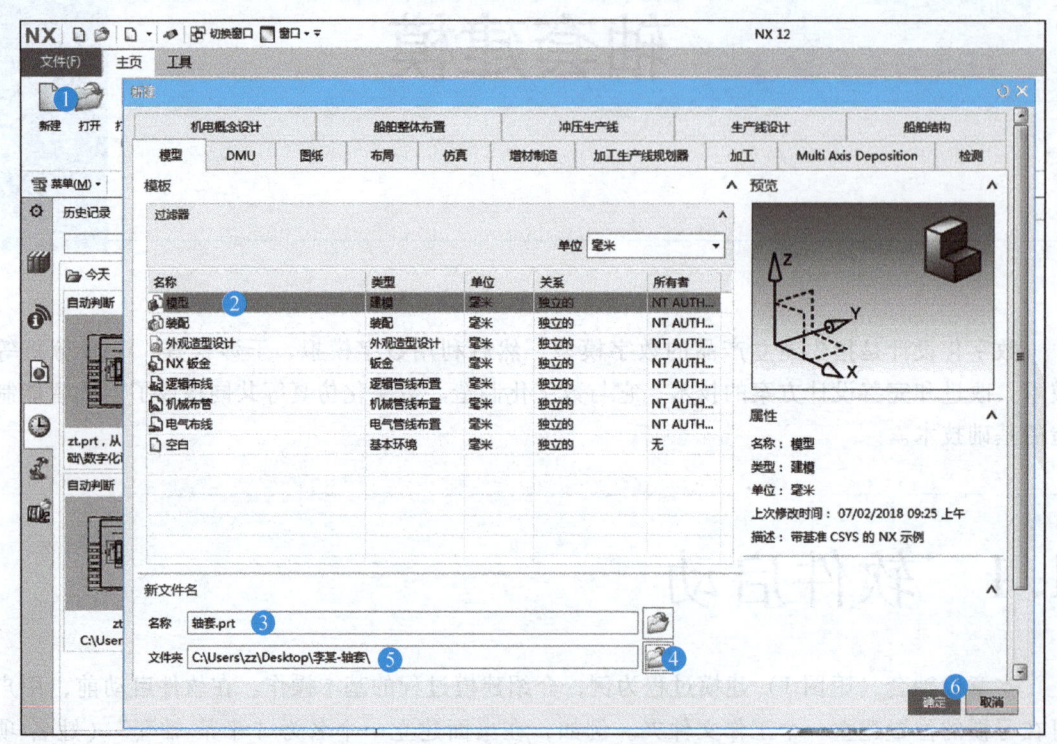

图1-1 "新建"对话框

1.1.2 建模界面的组成

NX 12.0建模界面如图1-2所示,其组成如下:

❶处是标题栏,显示"NX 12-建模",表示使用的版本是NX 12,当前是建模界面。

❷处是功能栏,当前"主页"功能卡呈亮白色,说明主页功能卡处于激活状态。

❸处显示的是当前处于激活状态的主页功能卡栏中的建模工具。

❹处是菜单栏,单击"菜单",将出现各种建模工具,右侧还有部分建模工具和建模辅助工具。

❺处是导航器栏,当前"部件导航器"功能卡呈亮白色,说明部件导航器功能卡处于激活状态。

❻处显示的是处于激活状态的部件导航器栏中的建模结果。

❼处是建模操作界面,左上角显示"轴套.prt",说明轴套建模操作处于激活状态。

❽处是状态栏,随着不同的操作,此栏中出现相应的操作提示信息。

入门案例——轴套建模 第1章

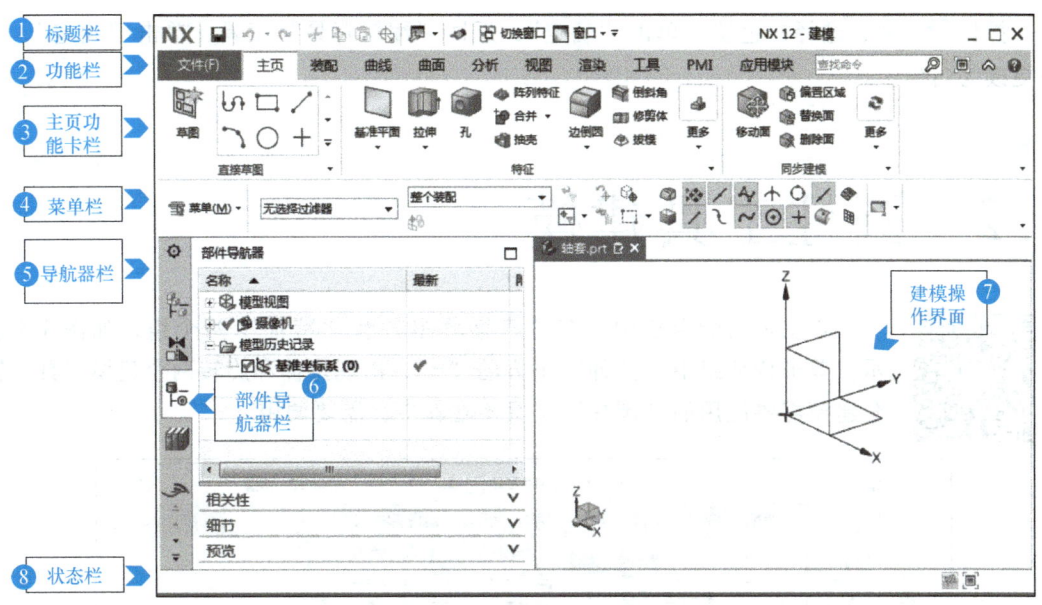

图 1-2 NX 12.0 建模界面

1.1.3 建模界面背景色设置

有些使用场合需要将界面背景设为白色，操作过程如图 1-3 所示。

操作 ❶~❹，单击"文件"→"首选项"→"背景"，调出"编辑背景"工具。

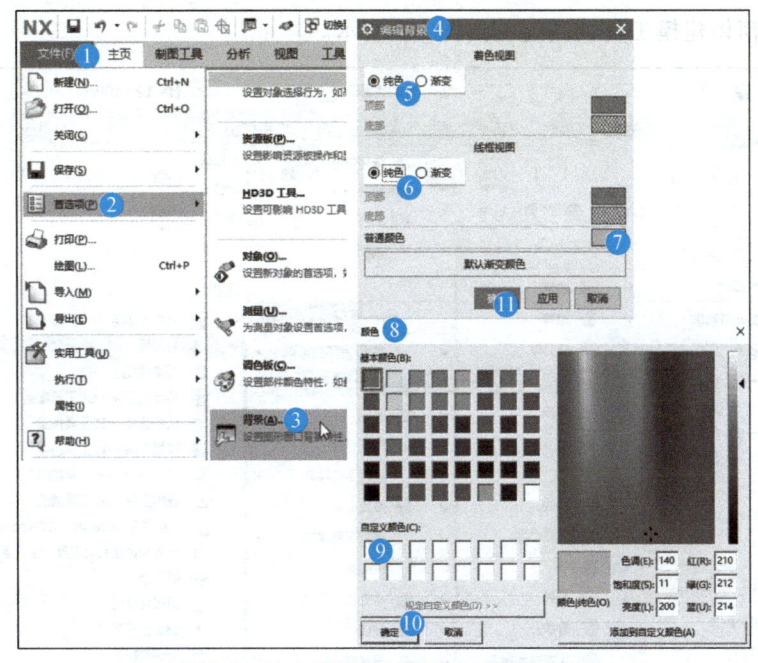

图 1-3 改变建模界面背景色的操作过程

操作 ❺~❽，设置："着色视图=⊙纯色""线框视图=⊙纯色"，单击"普通颜色"右侧的色块，调出"颜色"工具。

— 3 —

操作 ⑨~⑪，选择白色块，单击"确定"，返回"编辑背景"工具，单击"确定"，界面更改为白色。

1.2 圆柱工具建模

在主页功能卡栏中，有"直接草图"和"特征"两个组，如图 1-4 所示。单击特征组中"拉伸"下方的"▼"，出现拉伸和旋转两个建模工具。轴套建模需要使用的"圆柱"工具不在其中，需要调用。

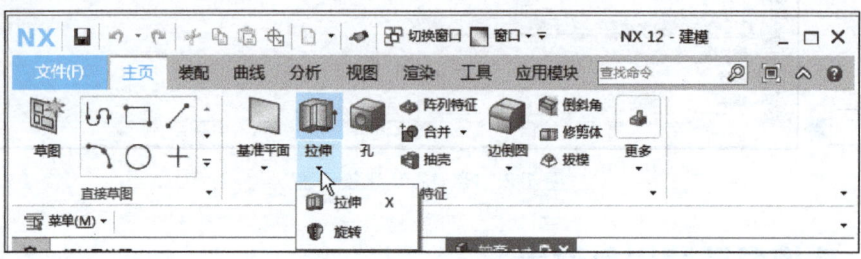

图 1-4　建模工具位置

1.2.1　几何体建模工具调用

更多的几何体建模工具调用过程如图 1-5 所示。

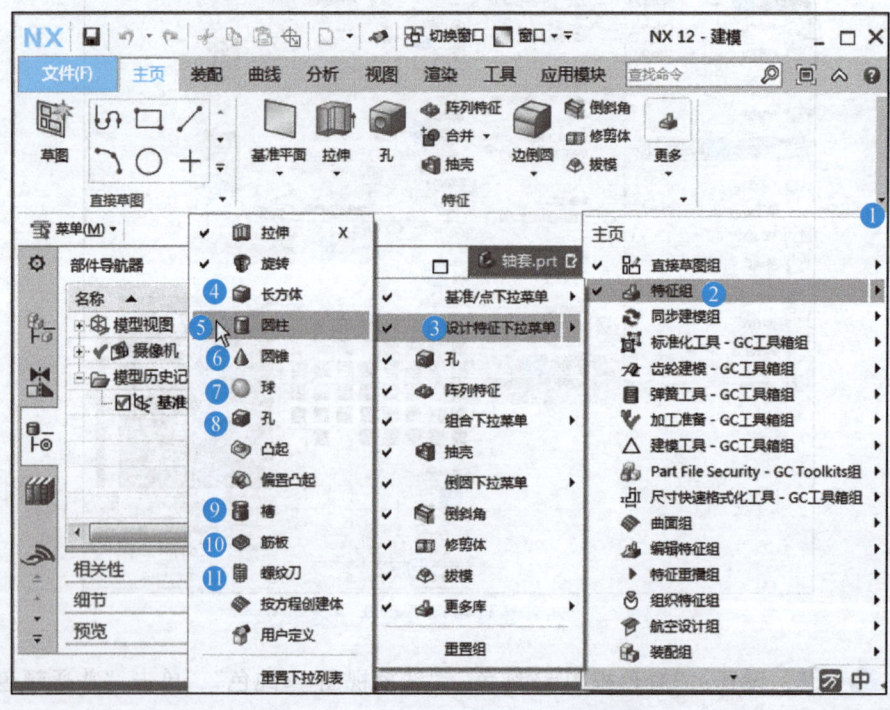

图 1-5　更多的几何体建模工具调用过程

操作❶，单击主页功能卡栏最右端右下角处的"▼"。操作❷和❸，在展开的主页工具栏中，选择"特征组"→"设计特征下拉菜单"，展开的工具栏中有"长方体""圆柱""圆锥""球""孔""槽""筋板"和"螺纹刀"等建模工具，勾选"圆柱"。在 NX 中，操作鼠标选择对象时，选中对象的背景色会发生变化，例如本例选中对象时，背景色呈现为蓝青色。

1. 调入几何体建模工具

若操作时仅勾选了"圆柱"工具，则"圆柱"工具会出现在"拉伸"下方"▼"的展开栏中，如图 1-6 所示。若勾选了多个几何体建模工具，则所有勾选的几何体建模工具都会出现在"拉伸"下方"▼"的展开栏中。

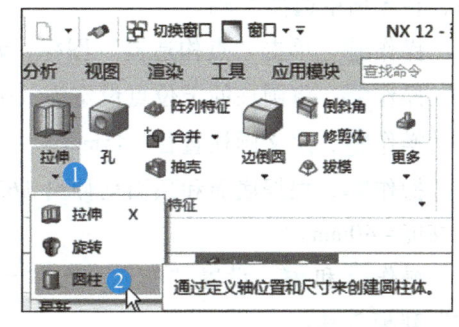

图 1-6 圆柱建模工具调用结果

2. 退出几何体建模工具

若不想让"圆柱"建模工具出现在"拉伸"下方"▼"的展开栏中，其方法是按上述操作路径，取消勾选"圆柱"，"圆柱"工具将从"拉伸"下方"▼"的展开栏中消失。

1.2.2 轴套外形圆柱建模

根据轴套外形尺寸，创建一个 φ63mm×20mm 的圆柱，其操作过程如图 1-7 所示。

操作❶和❷，单击"拉伸"下方的"▼"，调出"圆柱"工具，设置："定义类型=轴、直径和高度"。

操作❸和❹，当"轴—指定矢量"被选中时，在界面中选择 Y 轴，Y 轴呈现亮橙色。矢量与 Y 轴重合，圆柱将在界面中处于横置状态。

操作❺和❻，当"轴—指定点"被选中时，在界面中选择坐标原点，即将坐标原点作为圆柱的定位基准点。

操作❼和❽，根据轴套外形尺寸 φ63mm×20mm，设置："尺寸—直径=63""尺寸—高度=20"。

操作❾~⓫，设置："布尔—布尔=无"。显示结果正确后，单击"应用"，生成圆柱模型。

单击"应用"时，"圆柱"工具不退出，可继续进行另一个圆柱的建模。如果单击"确定"，则"圆柱"工具将退出，需要重新调用"圆柱"工具后，才可继续进行另一个圆柱的建模。由于本例下一步仍需用"圆柱"工具建模，故单击"应用"。

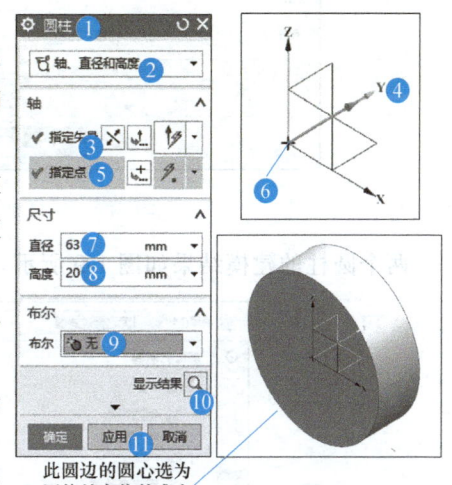

图 1-7 φ63mm×20mm 圆柱建模

1.2.3 轴套内孔圆柱建模

这里具体的设计构想是，构建一个底面和顶面均伸出 φ63mm×20mm 圆柱的圆柱，该圆柱的直径为 45mm，每面的伸出量可以任意设置，本例取 10mm。其操作过程如图 1-8 所示。

操作①，在"圆柱"工具中，设置"类型＝轴、直径和高度"，选中"轴—指定矢量"后，在界面中选择 Y 轴。

操作②，单击"点构造器"图标，调出"点"工具。

操作③，将圆柱的定位点设定为（0，-10，0），设置圆柱的左端面伸出圆柱 10mm。

操作④，定义圆柱直径＝45mm。

操作⑤，根据底面和顶面均伸出 φ63mm×20mm 圆柱的圆柱，伸出量＝10mm，计算得圆柱高度＝40mm。

操作⑥和⑦，设置"布尔—布尔＝无"。显示结果正确后，单击"确定"，退出"圆柱"建模工具。

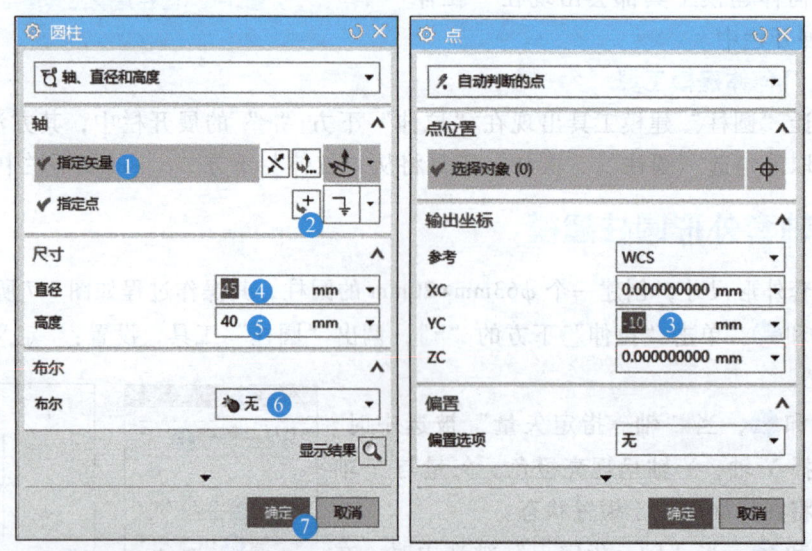

图 1-8　根据 φ45mm×20mm 孔进行圆柱建模

两个圆柱的建模结果如图 1-9 所示。

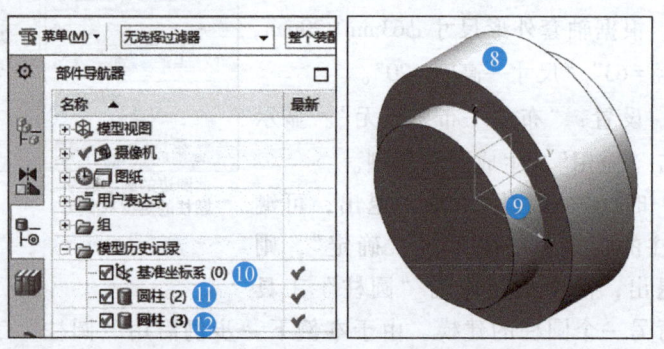

图 1-9　两个圆柱的建模结果

结果一，在界面中，形成了两个重叠在一起的圆柱体。

结果二，在部件导航器栏的模型历史记录中，依次出现了基准坐标系、第一个圆柱和第二个圆柱。

结果三，单击标题栏中的"保存"后，在桌面建立的工作文件夹"李某-轴套"中保存了"轴套.prt"。

1.2.4 部件导航器中的操作

用鼠标左键在部件导航器中单击一个对象，即可选中该对象特征，和用鼠标在界面中选择一个对象的效果一致，但在部件导航器中单击对象较为精准和快速。

1. 对象的隐藏和显示

这里以基准坐标系为例。

操作❶和❷，右击部件导航器中的基准坐标系，如图 1-10 所示。在展开的工具栏中，单击"隐藏"，界面中的基准坐标系被隐藏，同时部件导航器中的基准坐标系颜色呈灰色。

操作❸和❹，右击部件导航器中的已呈灰色的基准坐标系，这时展开的工具栏中有"显示"选项。单击"显示"，将显示界面中的基准坐标系，同时部件导航器中的基准坐标系颜色恢复黑色。

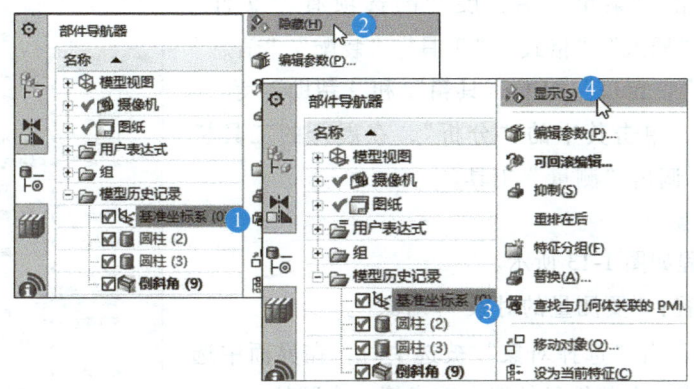

图 1-10 对象的隐藏和显示

2. 对象的删除和恢复

以部件导航器中第一个圆柱为例，右击该圆柱，展开的工具栏中有两个"删除"的图标工具，如图 1-11 所示。选择任何一个"删除"工具，界面和部件导航器中与该圆柱关联的特征均将被删除。删除后若想恢复，可在标题栏中单击"撤销"，或使用快捷键"Ctrl+Z"。

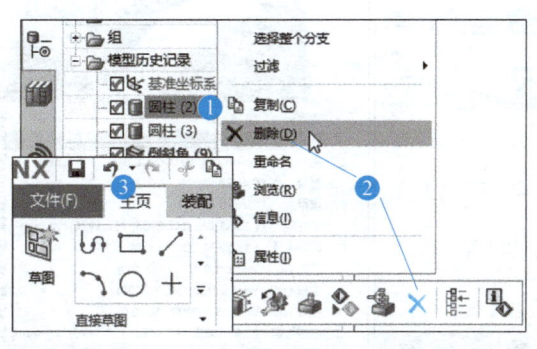

图 1-11 对象的删除和恢复

1.3 布尔工具建模

在做出两个圆柱后，设想以 φ45mm×40mm 的圆柱作为刀具，切割 φ63mm×20mm 的圆柱，即可生成轴套零件。这里使用布尔工具。

1.3.1 测量工具的应用

在使用布尔工具之前，需对两个圆柱模型进行测量，用于观察布尔操作前后的不同，以加深对布尔操作的理解。

1. 调出测量工具

菜单功能栏如图 1-12 所示。

操作①，单击"菜单"后，展开的选项有"文件""编辑""视图""插入""格式""工具""装配""信息""分析""首选项""窗口""GC 工具箱"和"帮助"等。

操作②和③，单击其中的"分析"，在展开的工具栏中单击"测量"，调出"测量"工具。

2. 圆柱测量操作

圆柱测量过程如图 1-13 所示。

操作①，设置："要测量的对象=⊙对象"。

操作②和③，当"选择对象"被选中时，在界面中选择第一个圆柱，或者在部件导航器中选中第一个圆柱。

操作④和⑤，工具的列表中出现"对象 1"，界面中出现测量结果框，其包括测得的一系列几何参数，其中圆柱的体积=62344.9062mm³，这是未被第二个圆柱切割及未倒角时的体积。

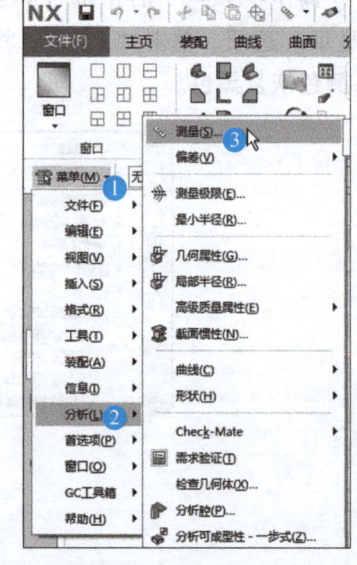

图 1-12　菜单功能栏

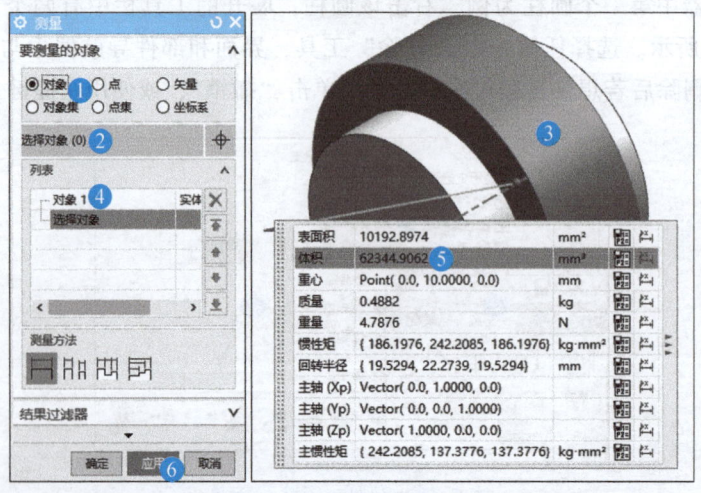

图 1-13　圆柱测量过程

操作❻，单击"应用"，继续测量第二个圆柱的体积，结果为63617.2512mm³。两圆柱体积相加62345mm³+63617mm³=125962mm³。

1.3.2 布尔工具的应用

布尔工具有两种使用方法，在已生成两个模型时，可直接使用布尔工具进行布尔操作；在仅有一个模型时，可在第二个模型的拉伸中设置布尔类型，进行布尔操作。

1. 直接调用布尔工具

布尔减去操作过程如图1-14所示。

操作❶~❹，在主页功能卡的特征组中，单击"合并"右侧的"▼"，展开的工具栏中有"合并""减去"和"相交"等布尔操作工具。本例选择"减去"，调出"减去"工具。

操作❺和❻，当"目标—选择体"被选中时，在界面中选择第一个圆柱作为被切割的对象。

操作❼和❽，当"工具—选择体"被选中时，在界面中选择第二个圆柱作为切割工具。

操作❾和❿，勾选"预览"，显示结果正确后，单击"确定"，完成布尔减去操作。调用"测量"工具，此时测得布尔减去模型的体积为30536mm³。

用布尔工具进行布尔"合并""减去"和"相交"操作的结果见表1-1。

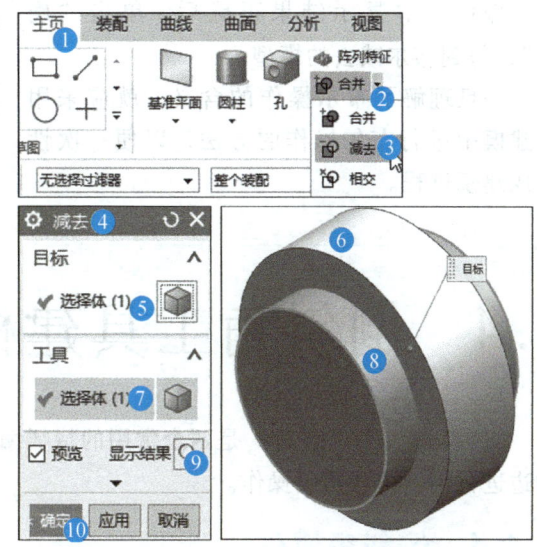

图1-14 布尔减去操作过程

表1-1 两圆柱布尔操作结果

布尔操作	操作结果	体积/mm³	定义
合并		94153	两个对象合并为一个整体
减去		30536	工具对象切割目标对象得到一个整体
相交		31809	两个对象的重叠部分单独成为一个整体

2. 布尔操作

建模完成后，在部件导航器中右击第二个圆柱，在展开的工具栏中选择"可回滚编辑"，重新调出"圆柱"工具，如图 1-15 所示。

操作❶，设置："布尔—布尔＝减去"。

操作❷和❸，当"布尔—选择体"被选中时，在界面中或部件导航器中选择第一个圆柱，即 $\phi 63\text{mm} \times 20\text{mm}$ 圆柱，作为被切割的对象。

操作❹，显示结果正确后，单击"确定"，得到布尔减去的模型。

一旦理解了布尔操作的含义，就应采用在建模中进行布尔操作的方法，以便一次性完成建模过程。

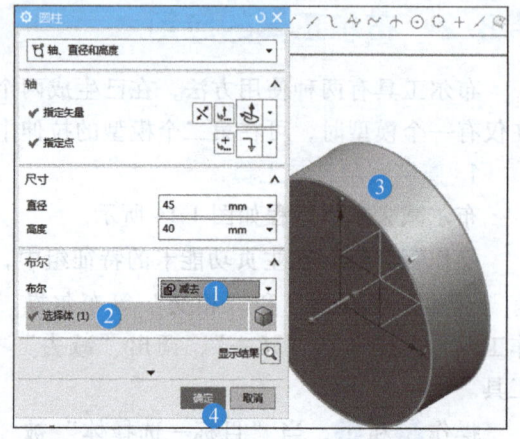

图 1-15 圆柱建模回滚操作

1.4 倒斜角工具建模

"倒斜角"和"圆角"是两个常用的特征编辑工具。它们的作用是，对已经形成的模型的边进行倒斜角和倒圆操作。

1.4.1 倒斜角操作

本例模型的倒斜角操作过程如图 1-16 所示。

操作❶~❸，在主页功能卡的特征组中，选择"倒斜角"，调出"倒斜角"工具。

操作❹和❺，根据轴套倒角尺寸 $C2\text{mm}$，设置："偏置—横截面＝对称""距离＝2"。

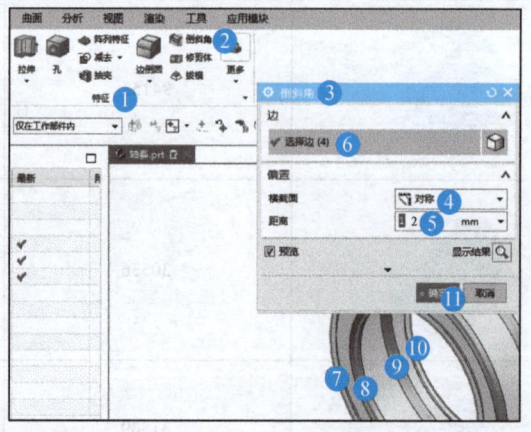

图 1-16 倒斜角操作过程

操作 ⑥~⑩，当"边—选择边"被选中时，在界面中依次选中 4 条倒斜角边。

操作 ⑪，显示结果正确后，单击"确定"，完成模型倒斜角过程。

1.4.2　倒斜角工具的退出和调入

单击特征组右下角的"▼"，出现"特征"选项卡，去除"倒斜角"工具前的"√"，倒斜角工具退出特征组。调入倒斜角工具时，应在"特征"选项卡中勾选"倒斜角"。

1.5　模型外观操作

模型外观操作工具在视图功能卡的操作组、样式组和可视化组中，如图 1-17 所示。

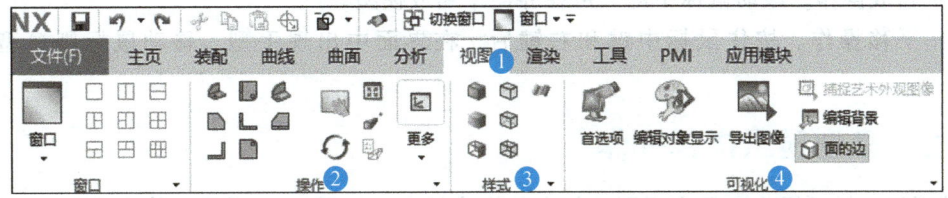

图 1-17　视图功能卡中的工具组

1.5.1　功能组的退出和调入

NX 各个功能卡中的工具组均可以参照视图功能卡中样式组的退出和调入操作过程，自由退出或调入功能卡栏，如图 1-18 所示。

操作 ①，单击视图功能卡栏最右端右下角处的"▼"，在展开的视图工具栏中，"样式组"处于勾选状态。

操作 ②，单击"样式组"，去除样式组前的"√"，同时样式组在视图功能卡中消失。

继续按上述步骤，单击"样式组"，使其被勾选，完成后样式组将再次出现在视图功能卡中。

1.5.2　模型显示方位操作

模型显示方位操作有自动操作和手工操作两种方式。

1. 显示方位自动操作

模型显示方位自动操作工具在视图功能卡的操作组中，如图 1-19 所示。其中有"正三轴测图""俯视图""正等测图""左视图""前视图""右视图""后视图"和"仰视图"共八个显示方位的操作工具。以轴套模型为例，单击"前视图"工具，轴套模型自动显示为前视图方位。

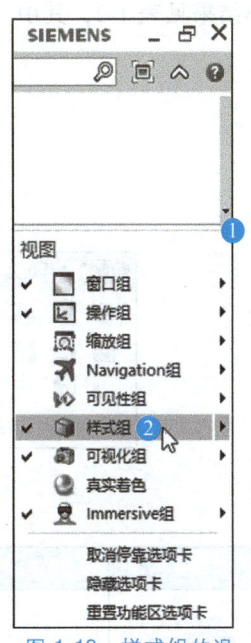

图 1-18　样式组的退出和调入操作

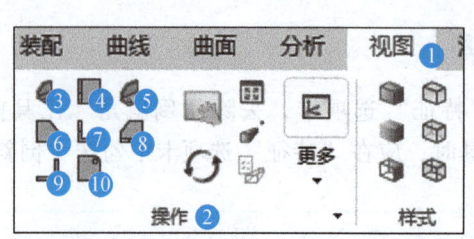
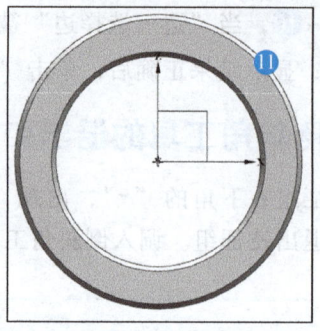

图 1-19　模型显示方位自动操作

2. 显示方位手工操作

用手工方式操作界面中模型的显示方位,主要有翻滚、缩放和平移三种操作。

1) 翻滚操作。按住鼠标中键,通过移动鼠标可在界面中翻滚模型。

2) 缩放操作。滚动鼠标中键,可在界面中缩放模型。

3) 平移操作。按住鼠标中键和右键后,在界面中出现手型,移动鼠标则模型随之移动。

1.5.3　模型显示样式操作

模型显示样式操作工具在视图功能卡的样式组中,如图 1-20 所示。其中有"带边着色""带有隐藏边的线框""着色""带有淡化边的线框""局部着色"和"静态线框"等六个显示样式的操作工具。以轴套模型(附图 1)为例,在正等测图显示方位状态下,单击"带有隐藏边的线框"工具,轴套模型就显示为"带有隐藏边的线框"样式。六个显示样式的操作结果见表 1-2,其中"局部着色"和"静态线框"的操作在视觉上效果相同。

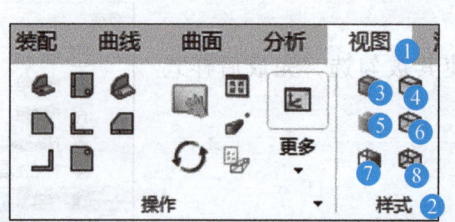
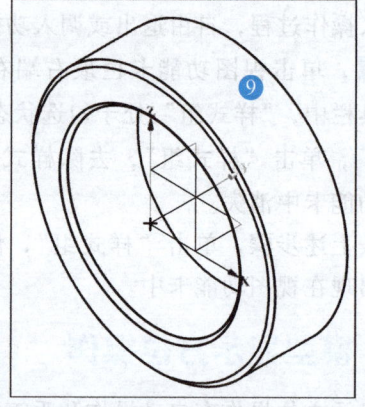

图 1-20　模型显示样式操作

表 1-2　六个显示样式的操作结果

带边着色	带有隐藏边的线框	着色	带有淡化边的线框	局部着色	静态线框

1.5.4 模型着色操作

进行模型着色操作时，需配合使用菜单栏中的"类型过滤器" ❶ 和"选择范围" ❷ 两个工具，如图 1-21 所示。若菜单栏右侧中没有这两个工具，则需要进行调入操作。

操作 ❸，单击菜单栏右端的"▾"，调出"上边框条"选项卡。

操作 ❹~❻，单击"选择组"，在展开的工具栏中，勾选"类型过滤器"和"选择范围"。

1. 模型整体着色操作

以轴套整体着色为例，其操作过程如图 1-22 所示。

操作 ❶~❹，在视图功能卡的可视化组中选择"编辑对象显示"，调出"类选择"工具。

操作 ❺~❽，当"对象—选择对象"被选中时，菜单栏中设置："类型过滤器=无选择过滤器"，"选择范围=整个装配"，在界面中单击轴套，轴套被整体选中。

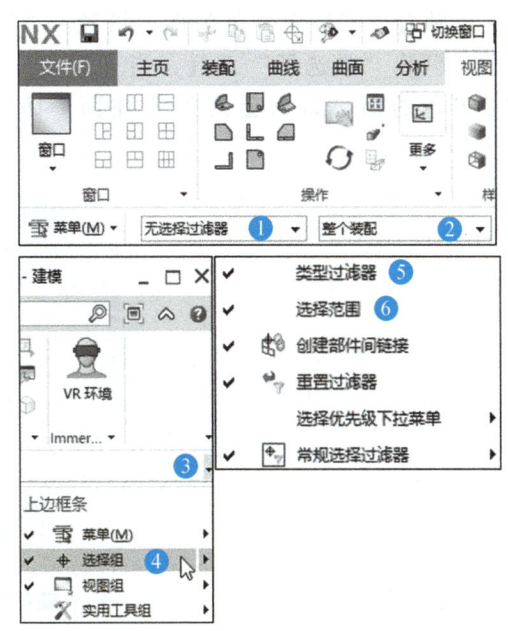

图 1-21 类型过滤器和选择范围工具调用

操作 ❾ 和 ❿，单击"确定"，调出"编辑对象显示"工具，如图 1-23 所示。

操作 ⓫~⓮，单击"颜色"右侧的色块，调出"颜色"工具。从"收藏夹"中选择合适的小方形色块，选择完成后，单击"确定"，返回到"编辑对象显示"工具。

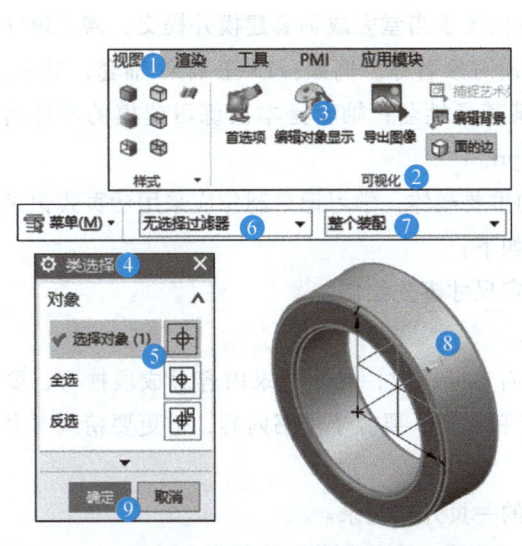

图 1-22 轴套模型整体着色

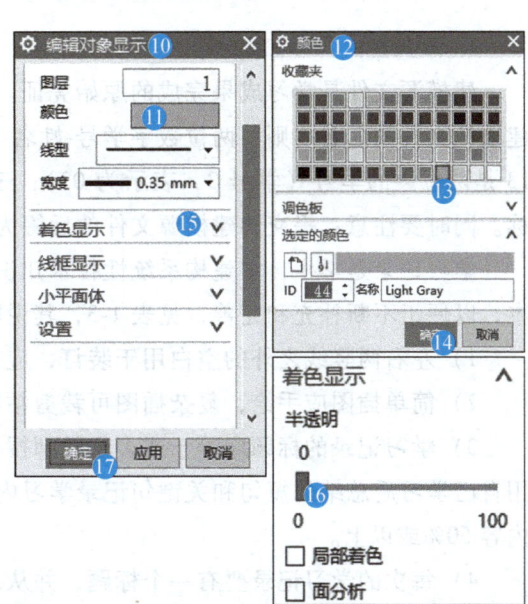

图 1-23 轴套模型颜色选择

操作⑮~⑰，展开"着色显示"栏，拖动"半透明"下方的滑块，调整透明度，完成后单击"确定"，完成轴套整体着色。

2. 特定面着色操作

以轴套外圆柱面着色为例，设置："类型过滤器＝面"，参照轴套整体着色的操作过程，调出"类选择"工具，当"对象—选择对象"被选中时，在界面中选择模型中需要着色的面，如轴套的外圆柱面，即可完成所选轴套外圆柱面的着色操作，如图 1-24 所示。

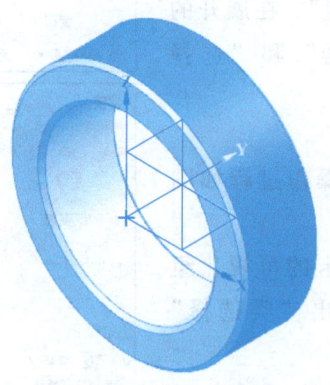

图 1-24　轴套外圆柱面着色结果

课余

1. 学习成果提交规则

建模源文件是学习成果完成的原始凭证。本例要求当堂完成轴套建模并提交，需要遵守建模源文件的命名规则：两位数字学号-姓名-建模对象名称。例如：13-王某某-轴套，其中，13 是两位数的学号（学号 3，表示为 03）；王某某是姓名；轴套是本次练习建模的零件名称。同时要注意：提交的建模源文件的后缀为 .prt。

学习记录是学生自主建构系统性技术知识的重要载体。学习记录制作应采用活页式记录本，以便于不断补充和完善，见表 1-3，其说明如下：

1）左右两竖线之外的空白用于装订，应自定尺寸事先绘制。

2）简单插图应手绘，复杂插图可裁剪粘贴。

3）学习记录的标题应等于或多于教师授课内容标题数，具体记录内容忌成段抄写，要用自己学习后总结的短句和关键句记录学习内容和心得，要源于本书内容，但更要精减本书内容 50% 或以上。

4）每次的学习记录要有一个标题，并从新的一页开始记录。

5）学习记录封面必须标注班级、课程名称、学号、姓名和学期等信息。

表 1-3　学习记录样式

（注：这里空一行）
第 1 次：入门案例——滑台建模
班级：××××××　学号：××　姓名：××× 日期：××××年××月××日
（注：这里空一行）
1-1　课程目标（必须单独一行，并编写序号 1-1、1-2……字号大于正文）
通过学习 NX 12 工具软件，学习几何体建模、草图绘制、拉伸建模、旋转建模、扫掠建模、曲线建模、曲面建模、同步建模、钣金建模、装配建模和工程图制作等。完成一人一题的草图建模、简单零件建模和较复杂零件建模项目。（正文字号小于标题，正文字必须接近于正楷字，行与行之间有空白，字与字之间距离合适）
1-2　课程考核
(1) 考勤。每次 0.5 分，请假、迟到或早退扣 0.2 分，旷课扣 0.5 分，占比 12%。 　　(2) …… 　　……
任务题：滑台 　　　　**手绘图或粘贴图**
1-N　软件启动
建立一个工作文件夹，双击 NX 12.0。
1　新建框的设置
新建。模型—模板—过滤器=模型，名称=轴套，确定。（简要记录操作的步骤和节点）
1-N+1　圆柱工具建模
……

2. 本章课余学习

完成图 1-25 所示滑台的建模，形成入门案例学习记录（包括模型）并提交。

NX数字化设计基础

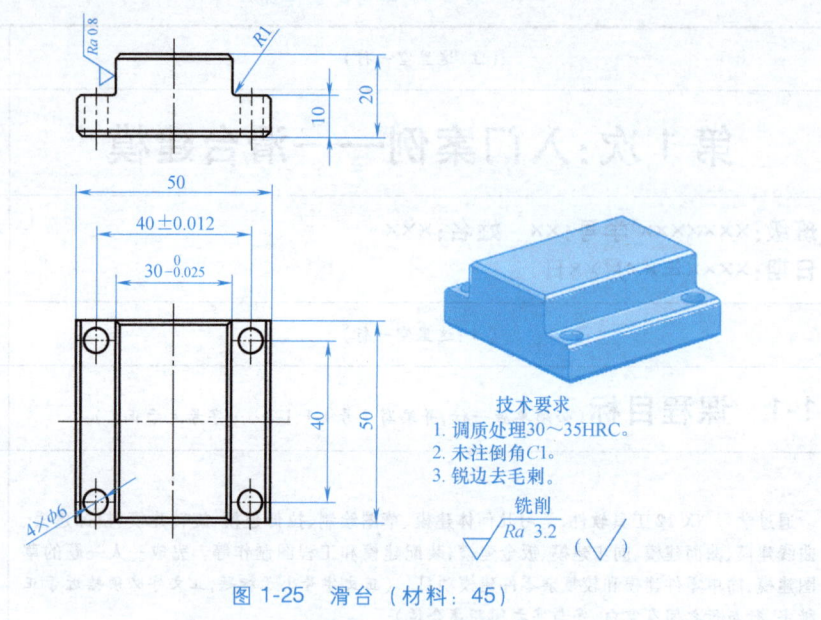

技术要求
1. 调质处理30～35HRC。
2. 未注倒角C1。
3. 锐边去毛刺。

图 1-25 滑台（材料：45）

第2章 工程图基础——轴套制图

CHAPTER 2

NX 制图是通过建模中已生成的三维模型，建立对应二维工程图的专门模块。在 NX 制图模块中，建立的工程图与三维模型完全相关，对模型做的任何设计修改，都将自动地反映到工程图中。

本章以轴套工程图（附图1）制作过程为例，介绍图框制作、视图生成以及标注等基础内容。要制作完善的工程图，关键是通晓和遵从制图标准、规范和规则，并将其与 NX 制图模块中各类工具的应用紧密地结合在一起。

2.1 创建图框模板

在进行 NX 制图前，设计者应先准备好标准图框，以横置4号图框为例，先在二维制图软件 AutoCAD 中绘制好4号图框（文件名：HA4-NX12.dwg，放在桌面上）。绘制时，设定图框左下角为原点。

2.1.1 图框的转换

启动 NX 软件，单击"新建"，调出"新建"工具，在模型—模板—过滤器中选择"模型"，设定："新文件名—名称＝HA4-NX12.prt"，"新文件名—文件夹＝桌面"，单击"确定"，进入建模界面。

HA4-NX12.dwg 转换为 HA4-NX12.prt 的操作步骤如图 2-1 所示。

操作❶，单击"文件"。

操作❷，在"文件"展开栏中，选择"导入"。

操作❸和❹，单击"AutoCAD DXF/DWG..."，调出"AutoCAD DXF/DWG 导入向导"。

操作❺和❻，左侧栏目中，选择"步骤—输入和输出"。右侧栏目中，单击"输入和输出—DXF/DWG 文件"文本框右侧的"浏览"图标工具，调出"DXF/DWG 文件"工具，找到桌面上的 HA4-NX12.dwg 文件，单击"OK"，返回"AutoCAD DXF/DWG 导入向导"。

操作❼和❽，在"输入和输出—DXF/DWG 文件"文本框中，出现了选择的 HA4-NX12.dwg 文件的路径，而在"输出部件文件"文本框中，出现了指定文件的输出位置，单击"完成",在弹出的消息框中将显示生成进行过程,完成后桌面上生成 HA4-NX12.prt 文件。

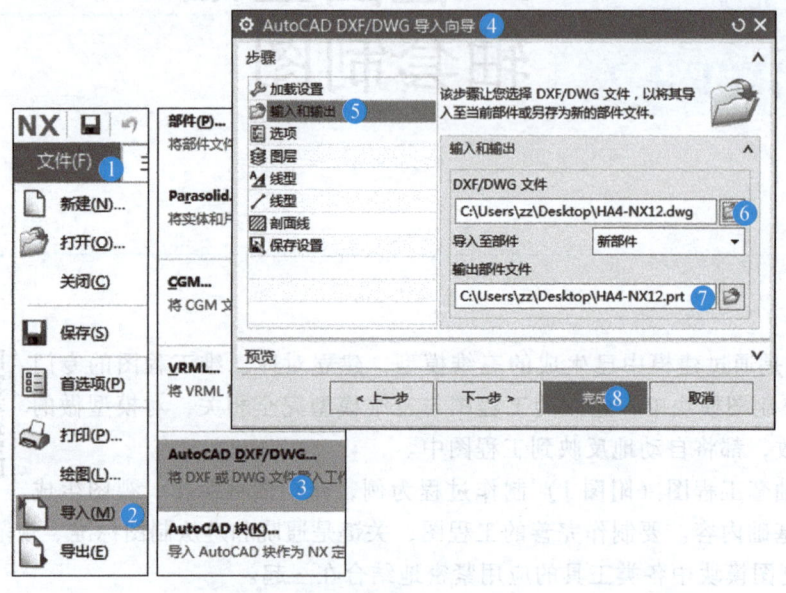

图 2-1 HA4-NX12.dwg 转换为 HA4-NX12.prt 的操作步骤

2.1.2 图框的制作流程

图框制作需从建模界面切换到制图界面,其过程如图 2-2 所示。

操作❶和❷,单击"文件",在"文件"展开栏中,选择"新建"。

操作❸和❹,在展开的"首选项"栏中,"建模"处于第一行的位置,说明当前的界面为建模界面。选择"启动—制图",进入制图界面,界面的标题栏中出现标记"NX 12-制图"。

建模界面和制图界面可以随时切换,从制图界面切换至建模界面的过程:单击"文件"→"新建",在展开的"首选项"栏中,选择"启动—建模",即可回到建模界面。

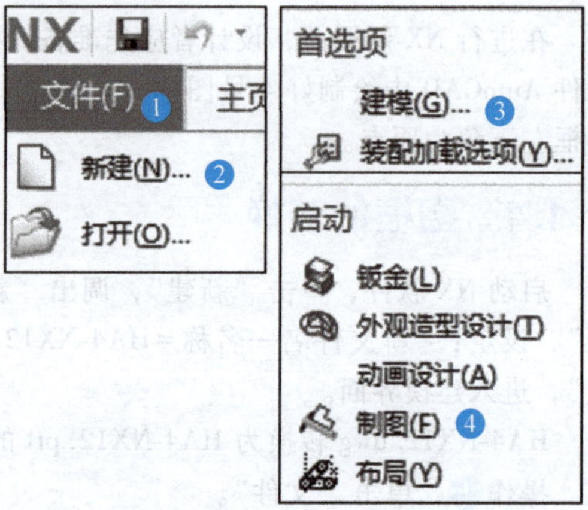

图 2-2 建模界面与制图界面之间的切换

1. 新建图纸页流程

在制图界面中,新建图纸页流程如图 2-3 所示。

操作❶和❷,在主页功能卡中单击"新建图纸页",调出"工作表"工具。

操作❸,在"大小"栏目中,选择:"⊙标准尺寸"。单击下方"大小"文本框内右端的"▼",选择"A4-210×297"。

操作❹,设置:"比例=1∶1"。显示图纸页尺寸为长度 210mm,高度 297mm,是一个竖置的图纸页,需要更改为横置图纸页。

操作❺，在"大小"栏目中，选择："⊙定制尺寸"，在下方的"大小"文本框中，设置："高度＝210"，"长度＝297"，此数据说明已更改为横置图纸页。

操作❻，选择："设置—单位＝⊙毫米"。

操作❼，在"投影"栏中，选择"第一角投影"图标。不勾选"始终启动图纸视图命令"（记为：□始终启动图纸视图命令）。

操作❽，单击"确定"，制图界面中出现一个高度为210mm、长度为297mm的虚线矩形框，即为设置的图纸页范围。

2. 导入HA4图框流程

在图纸页中，需导入已制成的横式HA4图框，并按机械制图规范进行设置，其过程如图2-4所示。

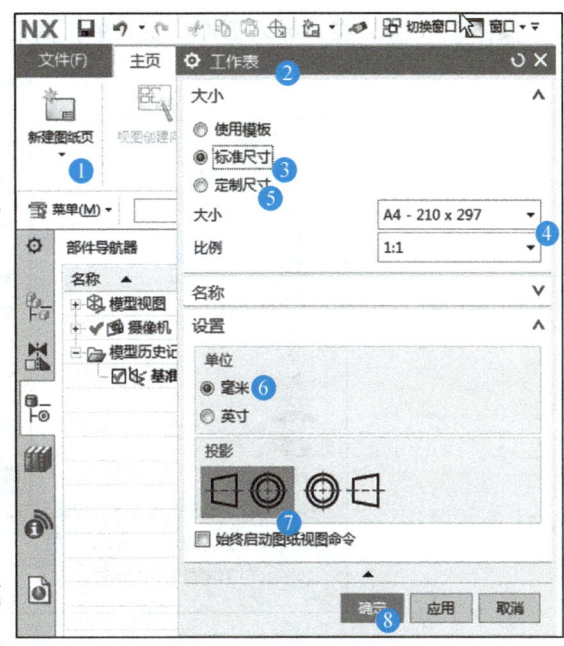

图2-3 新建图纸页流程

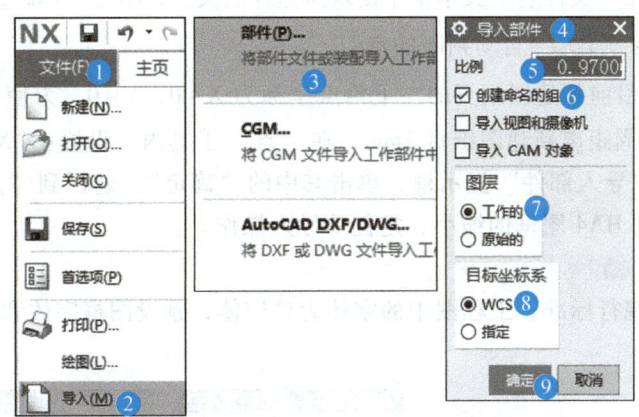

图2-4 导入图框模板流程一

操作❶~❹，单击"文件"→"导入"→"部件"，调出"导入部件"工具。

操作❺，目前的状况是，已制成的HA4图框外形尺寸与新建图纸页尺寸完全相同，按1∶1比例导入HA4图框时，新建图纸页将被掩盖。为此设想略微缩小将要导入的HA4图框，使其四周距离新建图纸页3mm。缩小后图框X向边长＝210mm-6mm＝204mm，对图纸页X向的缩比＝（210-6）/210≈0.97。根据计算结果，在"导入部件"工具内，设置："比例＝0.97"。

操作❻~❽，在"导入部件"工具内，"比例"栏中选择："☑创建命名的组"，"图层"栏中选择："⊙工作的"，"目标坐标系"栏中选择："⊙WCS"。

操作❾，单击"确定"，进入下一个设置工具，如图2-5所示。

操作⑩和⑪，在"导入部件"工具中，从桌面上选择已生成的"HA4-NX12.prt"文件。

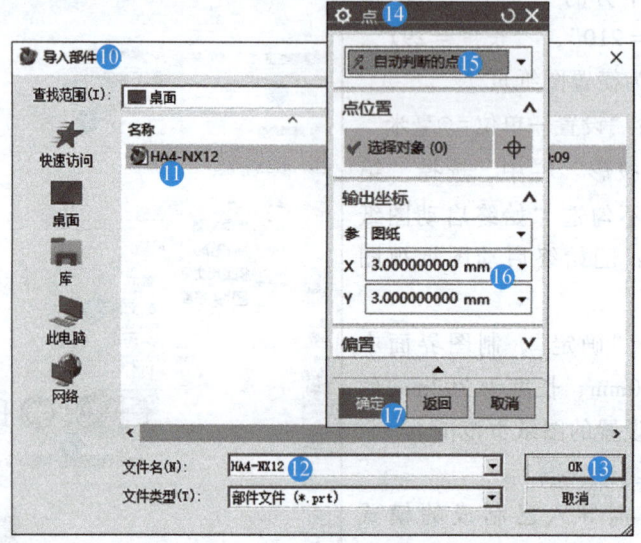

图 2-5　导入图框模板流程二

操作⑫~⑭，在"文件名"文本框中出现所选择的文件，单击"OK"，调出"点"工具。

操作⑮，设置："类型=自动判断的点"。

操作⑯和⑰，目前新建图纸页的左下角点坐标为 X=0，Y=0。为使导入的、已被略微缩小的 HA4 图框四周距离新建图纸页 3mm，在"点"工具内，设置："X=3""Y=3"。单击"确定"，弹出"导入部件"提示框，单击其中的"确定"，返回到"点"工具，单击其中的"取消"，完成 HA4 图框的缩小、定位等导入操作。

3. 预设图框字体和字号

按照机械制图现行标准，工程图中的字体为仿宋体，预设图框字体和字号的操作过程如图 2-6 所示。

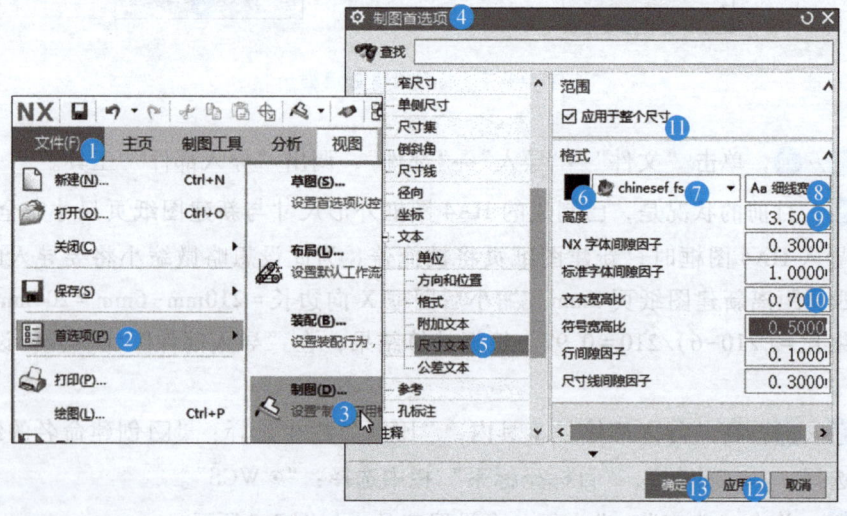

图 2-6　预设图框字体和字号的操作过程

操作①~④，单击"文件"→"首选项"→"制图"，调出"制图首选项"工具。

操作⑤，在"制图首选项"工具中，从左侧栏目中选择"尺寸文本"。

操作⑥，单击第一行中的色块，颜色设为黑色。

操作⑦，设置："字体类型＝chinesef_fs"，即仿宋体。

操作⑧，设置："字体格式＝Aa 细线宽"。

操作⑨，设置："高度＝3.5"。

操作⑩，设置："文本宽高比＝0.7"。

操作⑪，设置："范围＝☑应用于整个尺寸"。

操作⑫，单击"应用"，继续其他项目的设置。其他项目的主要内容：选择"公差文本"，设置："高度＝2"，其余同"尺寸文本"；选择"截面线"，设置："格式中的色块＝黑色"；选择"公共—直线/箭头—箭头"，设置："格式—长度＝3.5""角度＝15°"。

操作⑬，所有设置完成后，单击"确定"。完成后图框取名"HA4-NX12.prt"并保存，作为制图时经常性的调用模板。

2.2　创建轴套视图

制作完成 HA4-NX12.prt 图框后，切换到制图界面，构想好轴套工程图中的视图布置后，即可进入工程图制作阶段。

2.2.1　新建图纸页

新建图纸页的过程可参照图框制作中的新建图纸页流程。在主页功能卡中，单击"新建图纸页"，调出"工作表"工具，选择："大小＝⊙标准尺寸"，"大小＝A4-210×297"；再次选择："大小＝⊙定制尺寸"，此时，"高度＝210"，"长度＝297"，"比例＝1∶1"，符合要求；选择："设置—单位＝⊙毫米"，在"设置—投影"中，选择"第一角投影"图标，不勾选"始终启动图纸视图命令"；单击"确定"，制图界面中出现一个高度为 210mm、长度为 297mm 的虚线矩形框。

2.2.2　导入图框模板

导入图框模板的过程可参照图框制作中的导入 HA4 图框流程。单击"文件"→"导入"→"部件"，调出"导入部件"工具；设置："比例＝1"，单击"确定"；选择 HA4-NX12.prt 图框模板，单击"OK"，调出"点"工具；设置："X＝0"，"Y＝0"，单击"确定"，导入图框模板，单击"取消"，完成 HA4 图框导入。

2.2.3　创建视图

在能够清晰和完整表达的前提下，零件工程图中的视图数越少越好。轴套零件只需一个右视图即可满足要求，但为了易于理解，可在视图中放置一个三维模型。

1. 创建主视图

创建主视图的过程如图2-7所示。

操作❶~❹，在主页功能卡的视图组中选择"基本视图"，调出"基本视图"工具。

操作❺，设置："模型视图—要使用的模型=右视图"，即选择模型的右视图作为工程图中的主视图。

操作❻和❼，设置："比例—比例=1∶1"，在界面中移动光标，观察视图类型和大小是否合适，若不合适，则调整视图类型和比例，直至合适。将光标移动到界面中合适的位置，单击放置右视图。

操作❽和❾，在弹出的"投影视图"工具中，由于本例不需要放置投影视图，故单击"关闭"，完成视图创建。

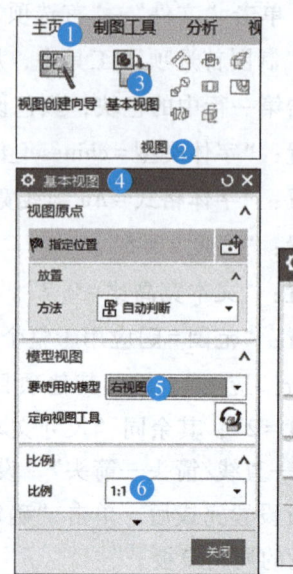
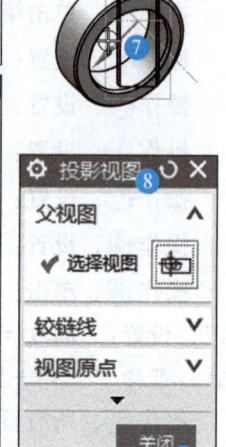

图2-7 创建主视图的过程

2. 创建正三轴测图

参照创建主视图的流程。调用"基本视图"工具，设置："模型视图—要使用的模型=正三轴测图"，在界面中放置正三轴测图，单击"关闭"，完成正三轴测图创建。

3. 视图基本设置

视图创建完成后，需按制图规范对视图进行必要的设置。主要的设置项目包括隐藏视图边界框、删除正三轴测图中的中心线以及工程图着色等。

（1）隐藏视图边界框 若界面中的视图周围有视图边界框，则是制图首选项中的设置形成的。在制图界面中，单击"文件"→"首选项"→"制图"，或者单击"菜单"→"首选项"→"制图"，调出"制图首选项"工具，如图2-8所示。在"制图首选项"工具中，选择工具中左侧的"视图—工作流程"，在右侧的"边界"栏中，视图边界处于显示状态，即"☑显示"，单击"☑显示"，使之转换为"□显示"，单击"确定"，界面中视图的边界框消失。

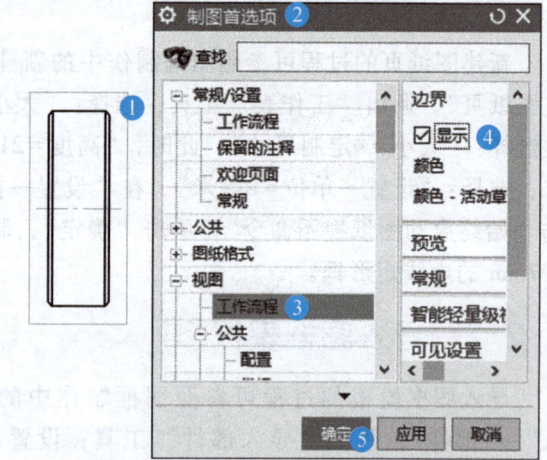

图2-8 视图边界框的隐藏

（2）正三轴测图着色 正三轴测图着色操作如图2-9所示。在正三轴测图周围移动光标，当被隐藏的视图框显现时，停止光标移动，右击，选择"文本设置"图标，调出"设置"工具，选择工具中左侧栏的"公共—着色"，在右侧"格式"栏中设置："渲染样式=完全着色"，单击"确定"，完成正三轴测图着色。

工程图基础——轴套制图 第2章

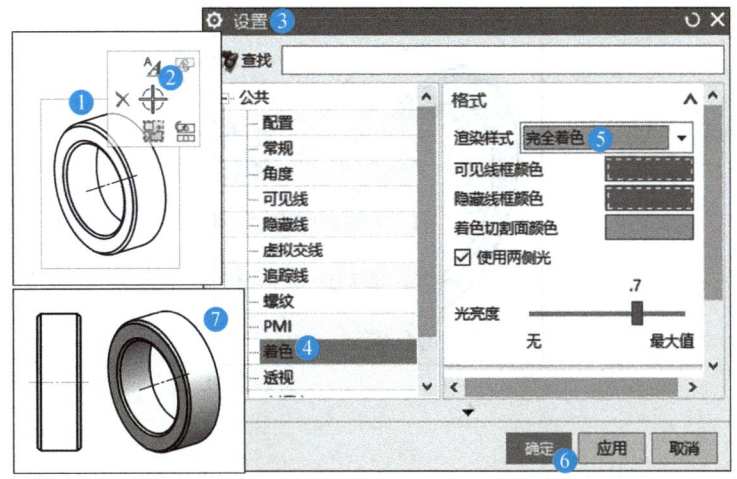

图2-9 正三轴测图着色操作

（3）显示主视图中的内孔虚线 为了在主视图上标注内孔尺寸，主视图中需将内孔虚线设置为显示，其过程如图2-10所示。

操作❶~❸，在界面中主视图周围移动光标，当被隐藏的视图框显现时，右击，选择"A"图标工具，调出"设置"工具。

操作❹，在工具的左侧栏中，选择："公共—隐藏线"。

操作❺和❻，目前"处理隐藏线"为勾选状态，即"☑处理隐藏线"，单击去除勾选状态，即"☐处理隐藏线"。单击下方选择框右侧的"▼"，调用虚线。

操作❼和❽，单击"确定"，主视图出现内孔虚线。

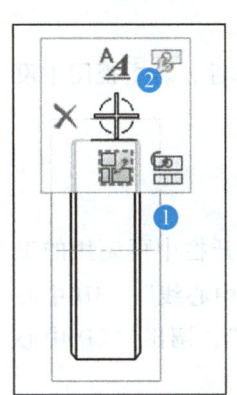 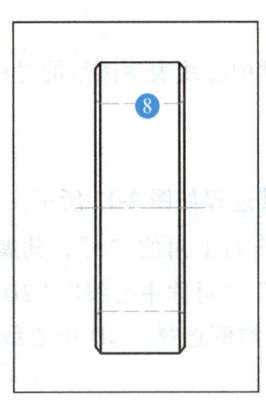 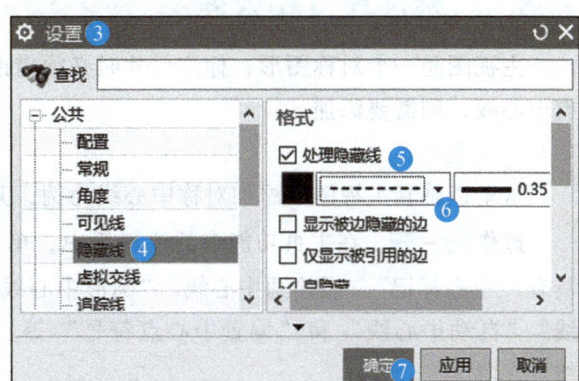

图2-10 主视图内孔虚线显示设置

（4）删除正三轴测图中的中心线 正三轴测图有助于理解轴套零件的结构，一般不添加中心线。若有中心线，则需删除。正三轴测图中心线的删除过程如图2-11所示。

操作❶，在界面中用光标选中正三轴测图中的中心线，右击。

操作❷，在展开的工具栏中选择"×"，完成中心线的删除。

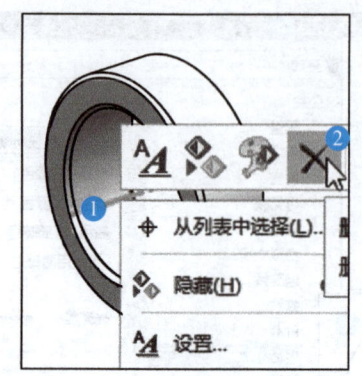

图 2-11　正三轴测图中心线删除过程

2.3　工程图标注

机械工程图标注既要遵从制图标准,也要掌握视图和尺寸的布置规则,制成的工程图要简洁、清晰和美观。在本例中,视图和尺寸的布置需遵循"五留""等距"两条规则。

视图上尺寸标注完成后,各个视图之间要留有较为均匀的空白,各个视图与图框之间也要留有较为均匀的空白,概括为"五留",即"留上、留下、留左、留右、留中"。

一个视图的一个方向的同类尺寸尽量放在同一个地方,读图时可避免四处寻找尺寸之苦,概括为"同地"。同类、同方向、同位的尺寸之间的距离要均匀,概括为"等距"。

2.3.1　标注尺寸和公差

主视图是一个对称图形,标注尺寸时必须借助中心线表达图形的对称性,若主视图中没有中心线,则需要添加。

1. 添加中心线

这里以轴套主视图中添加对称中心线为例,其过程如图 2-12 所示。

操作❶~❹,在主页功能卡的注释组中,单击右上角的"▼",其展开栏中可调用的工具有"中心标记""螺栓圆中心线""圆形中心线""对称中心线""2D 中心线""3D 中心线""自动中心线"和"偏置中心点符号"等。本例选择"2D 中心线",调出"2D 中心线"工具。

操作❺,设置:"类型=从曲线"。

操作❻~❾,当"第 1 侧—选择对象"选中时,在界面中选择主视图上的一条边线;当"第 2 侧—选择对象"选中时,在界面中选择主视图上的另一条边线。

操作❿~⓭,在展开的"设置"栏中,设置:"缝隙=1""虚线=3","尺寸类型=☑单独设置延伸"。

操作⓮和⓯,在界面中拖动中心线两端的箭头,以调节中心线长度。

工程图基础——轴套制图 第2章

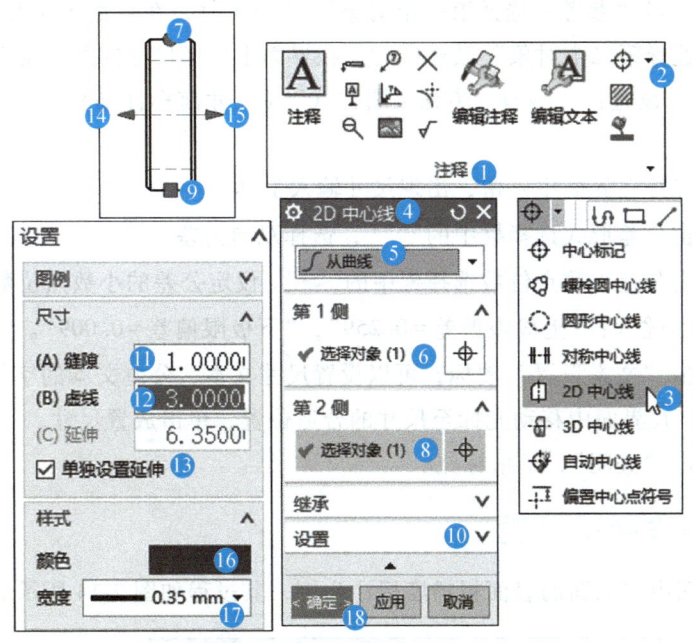

图 2-12　主视图中心线添加与设置

操作⑯~⑱，单击色块，可以调节中心线颜色；单击"宽度"选择框右侧的"▼"，可以选择虚线的宽度；单击"确定"，完成中心线的添加和设置。

2. 标注过程

以内孔 $\phi 45^{+0.259}_{+0.009}$ mm 标注为例，一次性标注尺寸和公差的过程如图 2-13 所示。

操作①~③，在主页功能卡的尺寸组中，选择"快速"，调出"快速尺寸"工具。

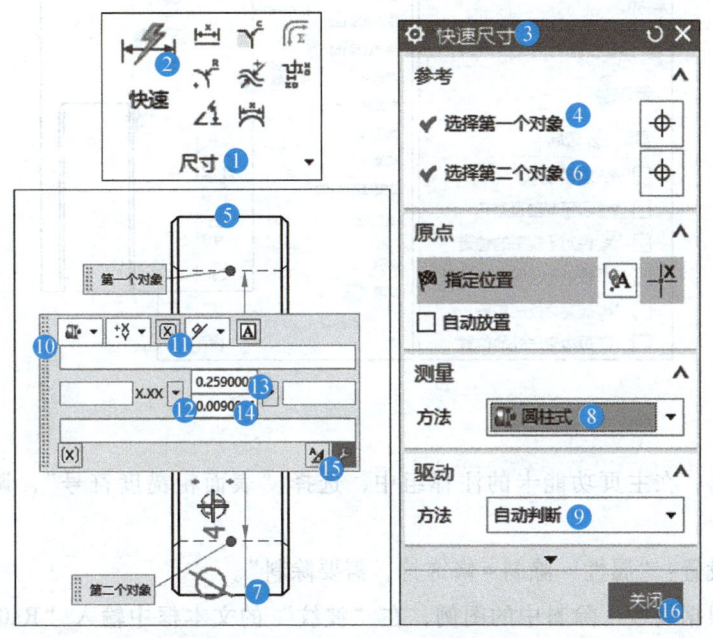

图 2-13　一次性标注尺寸和公差的过程

— 25 —

操作❹~❼，当"参考—选择第一个对象"被选中时，在界面中选择尺寸的第一条界线；当"参考—选择第二个对象"被选中时，在界面中选择尺寸的第二条界线。

操作❽和❾，设置："测量—方法＝圆柱式"（尺寸前标注φ），"驱动—方法＝自动判断"。

操作❿，将光标在界面中停留，出现尺寸输入工具。

操作⓫，单击公差形式选择框中的"▼"，选择双向公差。

操作⓬，单击公差小数点位数选择框中的"▼"，设定公差的小数点位数＝3。

操作⓭和⓮，输入："上极限偏差＝0.259"，"下极限偏差＝0.009"。

操作⓯，单击"文本设置"图标，可以设置尺寸文本、公差文本的字体、字号和颜色。本例跳过此步骤，在界面中移动光标至尺寸的合适位置，单击放置尺寸。

操作⓰，单击"关闭"，结束标注。

2.3.2 标注表面粗糙度

以轴套主视图中左端面的表面粗糙度标注为例，其过程如图 2-14 所示。

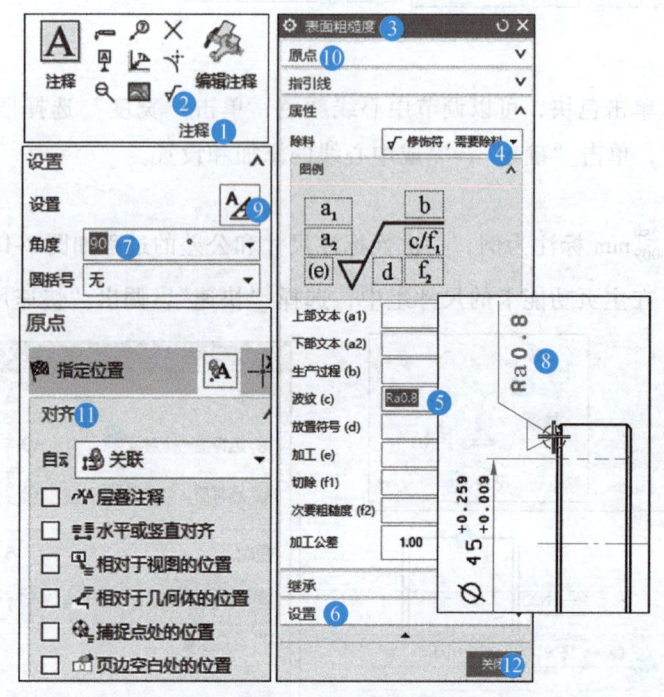

图 2-14 表面粗糙度标注过程

操作❶~❸，在主页功能卡的注释组中，选择"表面粗糙度符号"，调出"表面粗糙度"工具。

操作❹，设置："属性—除料＝修饰符，需要除料"。

操作❺，根据属性—除料中的图例，在"波纹"的文本框中输入"Ra0.8"，设定表面粗糙度值。

操作❻~❽，在展开的"设置"栏中，设置："角度=90°"，则界面中的表面粗糙度符号沿逆时针方向旋转90°。

操作❾，单击"文本设置"图标工具，可以设置文本的字体、字号和颜色。

操作❿和⓫，展开"原点"栏，在展开的"对齐"栏中，设定"对齐—自动对齐"中的所有项目为"□"，此时用光标移动尺寸时不再受自动强制对齐功能的干扰。在界面中选择主视图左端的合适位置，单击放置表面粗糙度符号。

操作⓬，在操作❻~❽中，分别将角度设置为-90°和0°，完成主视图上另两处的表面粗糙度标注。单击"关闭"，完成表面粗糙度标注过程。

2.3.3 标注注释文字

这里以轴套主视图的表面粗糙度符号上的文字"磨削"为例，其标注过程如图2-15所示。

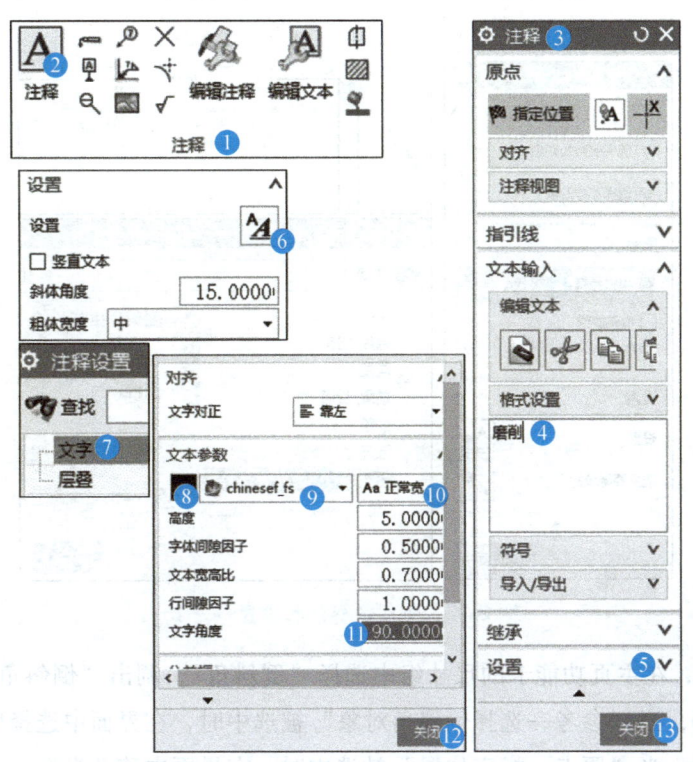

图2-15 注释标注过程

操作❶~❸，在主页功能卡的注释组中，选择"注释"，调出"注释"工具。

操作❹，在"格式设置"中输入"磨削"。

操作❺和❻，展开"设置"栏，单击"A"图标，调出"注释设置"工具。

操作❼~⓫，在"注释设置"工具的左侧选择"文字"，右侧的"文本参数"栏设置："色块=黑色"，"字体=chinesef_fs"，"样式=Aa 正常宽"，"文字角度=90°"，则界面中的文字"磨削"沿逆时针方向旋转 90°。

操作⑫，在"注释设置"工具中，单击"关闭"，在界面中将光标移动到表面粗糙度符号上方，单击放置文字"磨削"，如图 2-16 所示。

操作⑬，在"注释"工具中，单击"关闭"，完成注释文字"磨削"的标注。

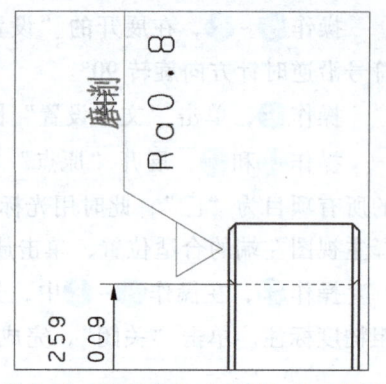

图 2-16 注释文字"磨削"放置位置

2.3.4 标注倒斜角

倒斜角标注和设置如图 2-17 所示。

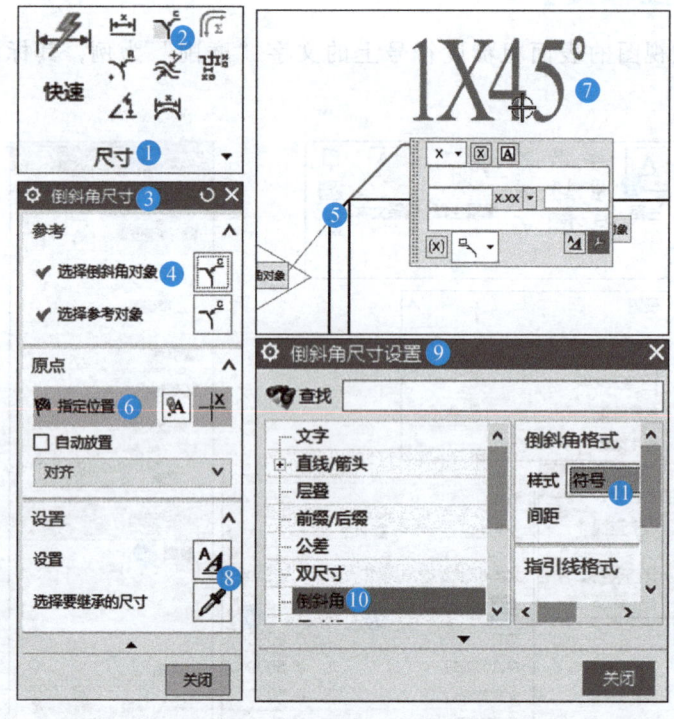

图 2-17 倒斜角标注和设置（一）

操作①~③，在主页功能卡的尺寸组中选择"倒斜角"，调出"倒斜角尺寸"工具。

操作④和⑤，当"参考—选择倒斜角对象"被选中时，在界面中选择倒斜角边。

操作⑥和⑦，当"原点—指定位置"被选中时，在界面中移动光标，出现倒斜角符号。

操作⑧和⑨，因倒斜角符号要用"C1"，故必须进一步设计倒斜角的样式。选择"设置—设置"右侧的" "图标工具，调出"倒斜角尺寸设置"工具。

操作⑩和⑪，在左侧栏中选择"倒斜角"，在右侧栏中设置："倒斜角格式—样式＝符号"，界面中倒斜角标注符号更改为"1"。需在"倒斜角尺寸设置"工具中进一步设置，如图 2-18 所示。

操作⑫，在左侧栏中选择"文本—格式"。

操作⑬和⑭，在右侧栏中，勾选"替代尺寸文本"，在下方的文本框中，添加"C"。

在"倒斜角尺寸设置"工具中,单击"关闭",返回到"倒斜角尺寸"工具,在界面中将光标移动到合适位置,单击释放倒斜角标注符号,单击其中的"关闭",完成倒斜角标注。

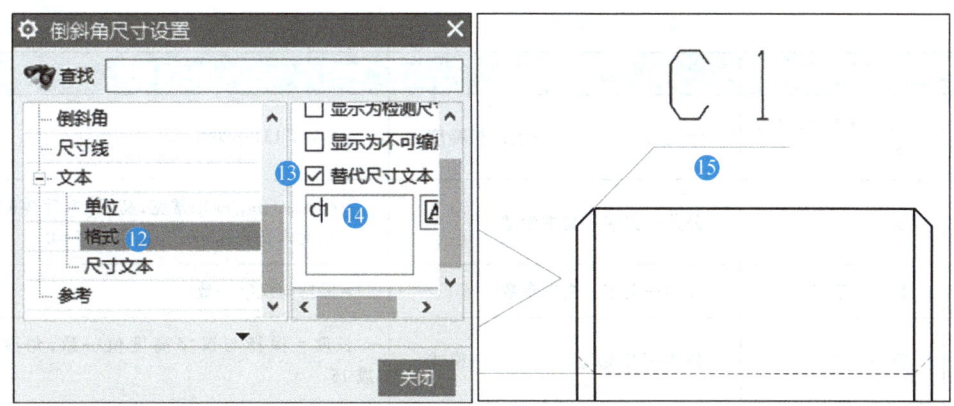

图 2-18　倒斜角标注和设置（二）

2.3.5　模型与工程图联动

若在工程图制作时发现设计错误,则可以进入建模界面来修改模型;修改后回到制图界面,修改部分内容将联动更新到工程图中。以轴套为例,模型与工程图联动可通过以下操作过程验证。

1. 切换到建模界面
在制图界面中,单击"文件"→"新建"→"建模",即切换到建模界面。

2. 建模中修改倒斜角特征
在部件导航器中右击"倒斜角对象"特征,选择"可回滚编辑",调出"倒斜角"工具,设置:"偏置—距离 = 2"。

3. 建模中修改模型颜色
在建模界面中单击模型,在视图功能卡的可视化组中选择"编辑对象显示",调出"编辑对象显示"工具,可更改模型颜色。

4. 切换到制图界面进行观察
在建模界面中,单击"文件"→"新建"→"制图",即切换到制图界面。观察模型修改后工程图的联动更新结果,可发现工程图中倒斜角和模型颜色自动发生了更改。

2.3.6　工程图样输出

方法一,在制图界面中,单击"文件"→"打印",调出"打印"工具,在"打印机—打印机"中,选择联机的打印机设备,单击"确定",即可打印输出工程图。

方法二,在制图界面中,单击"文件"→"导出"→"PDF",调出"导出 PDF"工具,在"目标—保存 PDF 文件"下的选择框中,选定文件的保存位置,单击"确定",即可导出 PDF 版的工程图。比较方法一,在 PDF 中打印输出工程图质量更佳,所以推荐方法二。

2.3.7　制图首选项常用设置

单击"文件"→"首选项"→"制图",或者单击"菜单"→首选项→"制图",均可调出

"制图首选项"工具。在各项参数设置完成后，制图中的视图创建和尺寸标注等将遵从制图首选项中的设定。以本例的 HA4 工程图为例，常用设置的路径和参考参数值见表 2-1。

表 2-1 常用设置的路径和参考参数值

序号	参数名称	设置路径	参考参数值
1	表面粗糙度引用标准	常规/设置—常规—表面粗糙度	=GB/T 131—2006
2	汉字	公共—文字—文本参数	=chinesef_fs,Aa 正常宽,高度=5,字体间隙因子=1,文本宽高比=0.7,文字角度=0
3	数字和字母	公共—文字—文本参数	=保持与汉字一致
4	箭头	公共—直线/箭头—箭头—格式	长度=保持与汉字高度值一致,角度=20 或 15
5	前缀/后缀	公共—前缀/后缀—半径尺寸	文本间隙=0
6	符号颜色	公共—符号—格式	色块=黑色
7	视图边界	视图—工作流程—边界	□显示
8	可见线格式	视图—公共—可见线—格式	色块=黑色,线宽=0.78
9	隐藏线格式	视图—公共—隐藏线—格式	☑处理隐藏线,色块=黑色
10	虚拟交线格式	视图—公共—虚拟交线—格式	色块=黑色
11	着色光亮度	视图—公共—着色—格式	=0.5
12	光顺边格式	视图—公共—光顺边—格式	色块=黑色,线宽=0.35mm
13	视图标签格式	视图—公共—视图标签—格式	下标大小因子=1
14	标签	视图—基本/图纸—标签	标签—前缀=VIEW,标签—字符高度因子=1,比例—前缀=SCALE,比例—前缀字符高度因子=1
15	附加文本格式	尺寸—文本—附加文本—格式	色块=黑色,=chinesef_fs,Aa 正常宽,高度=5,文本宽高比=0.7
16	尺寸文本格式	尺寸—文本—尺寸—格式	色块=黑色,=chinesef_fs,Aa 正常宽,其余设置保持与汉字高度值一致
17	公差文本格式	尺寸—文本—公差—格式	色块=黑色,= chinesef_fs,Aa 正常宽,高度=尺寸文本高度的 60%~70%

课余

以滑台工程图制作为例，形成工程图学习记录并提交，包括滑台工程图的模型和单独导出的工程图.pdf 等。

滑台工程图制作规则如下：

1）提交包括滑台建模和工程图的源文件一个，文件提交的命名规则为：两位数字学号-姓名-建模对象名称。

2）将滑台工程图导出为 PDF 文件，该工程图提交时的命名规则为：两位数字学号-姓名-建模对象名称。

3）工程图制作，视图布置遵从"五留"规则，视图尺寸布置遵从"同地"规则，尺寸间距遵从"等距"规则，工程图中设计者署名，不署名的提交视为无效提交。

第3章 草图与拉伸——多孔异形片

CHAPTER 3

将一个平面上的平面或曲线沿着与平面垂直的方向进行拉伸,将得到一个实体或一个曲面。在图 3-1a 中,XY 平面上两条封闭曲线构成了一个平面,将该平面沿 Z 方向拉伸,就会得到一个实体;在图 3-1b 中,XY 平面上两条封闭曲线沿 Z 方向拉伸,就会得到两个曲面。

在 NX 软件中,拉伸需要在一个平面上绘制曲线,绘制曲线的平面称为草图平面,绘制的曲线图形称为草图,拉伸方向称为矢量方向。拉伸完成后,实体或曲面在拉伸方向上的高度,称为拉伸高度。由封闭曲线构成的形状是一个平面还是一条封闭的曲线,在拉伸设置时指定。

本章以多孔异形片(附图 2)为例,建模思路是:在 XY 平面上绘制外形轮廓和内部的 12 个孔,得到草图;然后选择完成的草图,沿 Z 方向拉伸。按工作习惯建立工作文件夹,然后启动 NX 软件,单击"新建",在"新建"

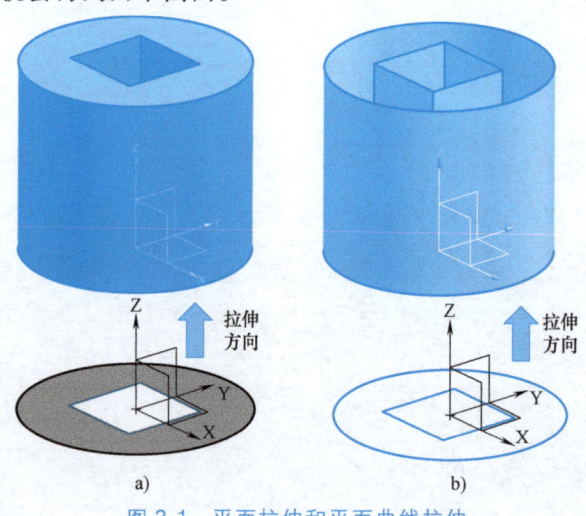

图 3-1 平面拉伸和平面曲线拉伸

工具中单击"模型—新文件名—名称=多孔异形片",单击"确定",进入建模界面。

3.1 草图绘制

从建模界面切换到草图绘制界面的过程如图 3-2 所示。

操作❶~❹,在主页功能卡的直接草图组中,选择"草图",调出"创建草图"工具。

操作❺和❻,设置:"类型=在平面上",在界面中自动选择 XY 平面,作为草图平面,草图矢量自动选择了 Z+。若自动选择结果不符合设计者的要求,则可用光标在界面中手动重新单击选择。

草图与拉伸——多孔异形片 第3章

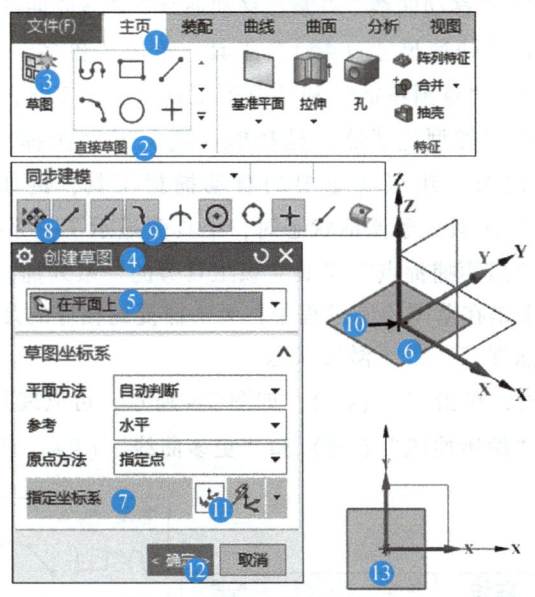

图 3-2 从建模界面切换到草图绘制界面的过程

操作❼，在"创建草图"工具中，选中"指定坐标系"，选中后呈亮橙色。

操作❽和❾，在菜单栏右侧选中"启用捕捉点"和"控制点"两个工具，选中后呈亮青色。

操作❿和⓫，"控制点"工具被启用后，用光标在界面中选择坐标原点，作为草图平面的坐标原点。若"控制点"工具未启用，则光标在界面中选不到坐标原点，此时可以单击"指定坐标系"右侧的"坐标系对话框"图标，在弹出的"坐标系"工具中输入点的坐标值。

操作⓬和⓭，单击"确定"，界面中 XY 平面自动平置于屏幕，进入草图绘制界面。

3.1.1 草图绘制工具

在主页功能卡的直接草图（❶）组中，有许多草图绘制工具，如图 3-3 所示。左起为"草图（❷）"和"完成草图（❸）"两个工具。

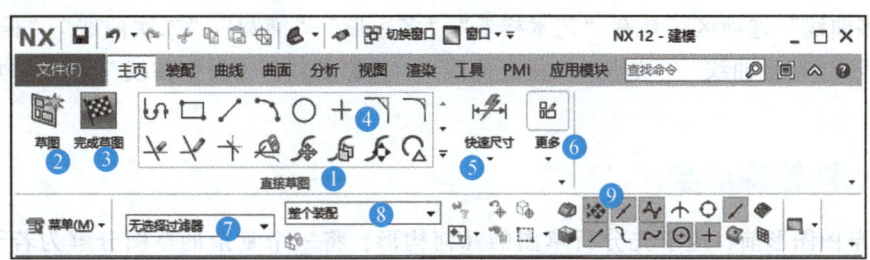

图 3-3 直接草图组构成

在草图绘制区域（❹）内，将光标停留在图标上，可显示该图标工具的名称，有"轮廓""矩形""直线""圆弧""圆""点""倒斜角""圆角""快速修剪""快速延伸""制

— 33 —

作拐角""修剪配方曲线""移动曲线""偏置移动曲线""缩放曲线"和"调整曲线尺寸"等草图绘制工具。右端有"快速尺寸（5）"工具，单击"更多（6）"下方的"▼"，还可调用其中的"草图约束""草图特征"和"草图工具"三组工具。

在"菜单"栏右侧有"类型过滤器"选择框（7）和"选择范围"显示框（8）两个草图绘制辅助工具，以及一组极为重要的自动捕捉工具，例如"启用捕捉点"工具（9）。当"启用捕捉点"工具处于激活状态时，工具旁显示了一系列当前已激活的、可以捕捉的几何点；若关闭"启用捕捉点"工具，该工具旁的一系列捕捉工具均呈现灰化图标，表示处于未激活状态，于是在草图绘制过程中，无法捕捉到相应的几何点。因此，草图绘制过程中必须保持"启用捕捉点"处于激活状态。

在草图绘制区右下角，单击"▼"（1），如图3-4所示，可以展开更多的草图绘制工具，共分为"曲线"（2）、"编辑曲线"（3）和"更多曲线"（4）三个选项区。

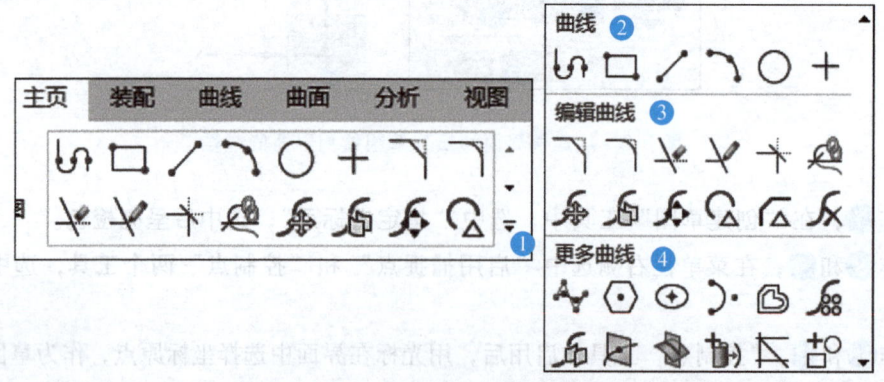

图3-4 更多的草图绘制工具

"曲线"选项区工具有"轮廓""矩形""直线""圆弧""圆"和"点"等。其中，"轮廓"工具用于连续绘制线段，利用"直线"工具可一次绘制一条线段。

"编辑曲线"选项区工具有"倒斜角""圆角""快速修剪""快速延伸""制作拐角""修剪配方曲线""移动曲线""偏置移动曲线""缩放曲线""调整曲线尺寸""调整倒斜角曲线尺寸"和"删除曲线"等。

"更多曲线"选项区工具有"艺术样条""多边形""椭圆""二次曲线""偏置曲线""阵列曲线""镜像曲线""交点""相交曲线""投影曲线""派生曲线"和"添加现有曲线"等。

3.1.2 外轮廓草绘

绘制草图图形前，应事先分析草图的几何构形，将一个复杂的草图分解为若干个简单的、可用草图绘制工具逐一绘制的图形。多孔异形片的外轮廓可以分解成以坐标原点为中心的六边形、以坐标原点为中心的长矩形、以长矩形左侧边的中心为圆心及以右侧边的中心为圆心的两个圆。根据这个分解结果就可规划草图绘制的步骤和选用相应的草图绘制工具。草绘开始前或在草绘过程中，要激活"启用捕捉点"工具。

1. 绘制六边形

在主页功能卡的草图绘制区右下角，单击"▼"，从"更多曲线"列表选择"多边形"，调出"多边形"工具，如图3-5所示。

操作❶和❷，当"中心点—指定点"被选中时，在界面中选择坐标原点。

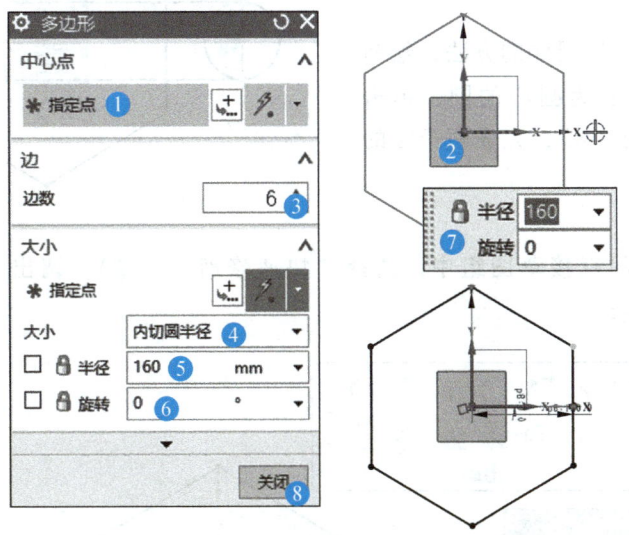

图3-5　绘制六边形

操作❸和❹，设置："边—边数=6"，"大小—大小=内切圆半径"。

操作❺~❼，设置："大小—大小—半径=160""旋转=0°"，也可在界面中随光标移动的六边形尺寸输入框中输入半径和旋转值。

操作❽，单击"关闭"，完成六边形的绘制。

2. 绘制矩形

在主页功能卡的直接草图组中，选择"矩形"，调出"矩形"工具（❶），如图3-6所示。工具中有"按两点"（❷）、"按3点"（❸）以及"从中心"（❹）三种矩形绘制方法。本例选用"从中心"方法。

操作❺，在界面中选择坐标原点作为矩形的中心。

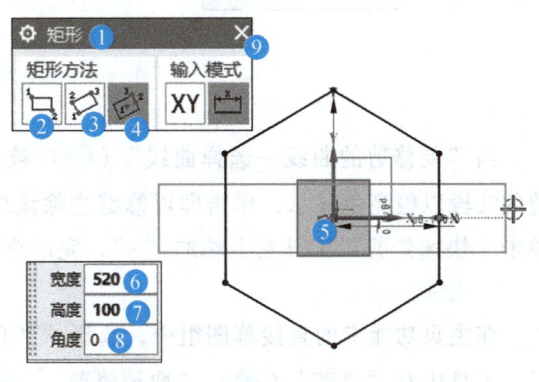

图3-6　绘制矩形

操作❻~❽，在矩形尺寸输入框中，输入："宽度=520"，按<Enter>键，"高度=100"，按<Enter>键，"角度=0"，按<Enter>键。

操作❾，单击"矩形"工具右上角的"×"，完成矩形绘制。

3. 绘制圆

在主页功能卡的直接草图组中，选择"圆"，调出"圆"工具（❶），如图3-7所示。工具中有"圆心和直径定圆"（❷）、"三点定圆"（❸）两种圆绘制方法。本例选用"圆心和直径定圆"方法。

操作④和⑤，捕捉矩形左侧边的中心点作为圆心，捕捉矩形的左上角点作为圆周上的一个点，单击鼠标，完成绘制左侧的一个圆。

操作⑥~⑧，采用同样的方法，绘制以矩形右侧边的中心为圆心的圆，单击"圆"工具右上角的"×"，完成两个圆的绘制。

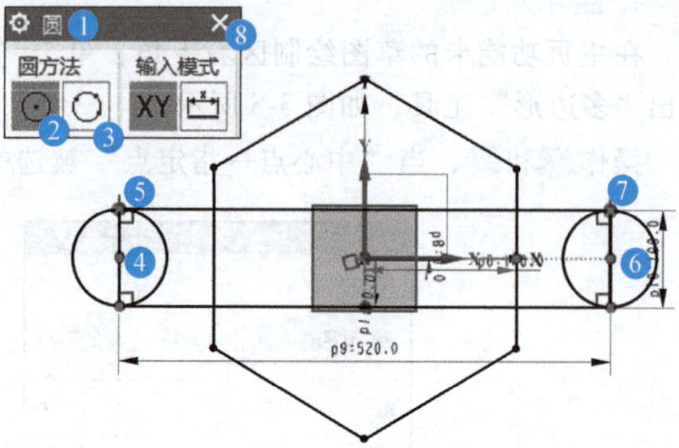

4. 修剪外轮廓

在主页功能卡的直接草图组中，选择"快速修剪"（①），调出"快速修剪"工具（②），如图3-8所示。

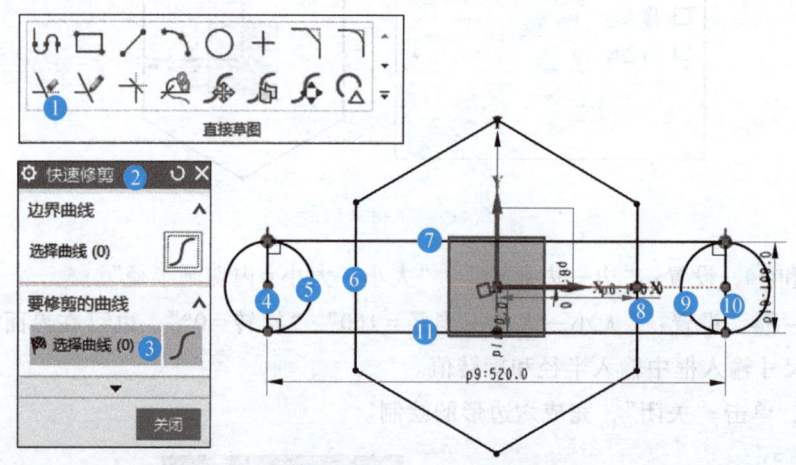

图 3-7　绘制圆

图 3-8　快速修剪多余线段

当"要修剪的曲线—选择曲线"（③）被选中时，将光标移动到一条线段上时，要修剪的线段以橙亮色显示，单击即可修剪去除该线段。依次将界面中的线段④~⑪修剪去除，单击"快速修剪"工具右上端的"×"，完成草图中多余线段的修剪。

5. 倒圆

在主页功能卡的直接草图组中，选择"圆角"，调出"圆角"工具（①），如图3-9所示。工具中有"修剪"（②）、"取消修剪"（③）两种倒圆方法，以及"删除第三条曲线"（④）、"创建备选圆角"（⑧）两个选项。本例选择"修剪"方法。

操作⑤，在界面中出现的半径尺寸输入框中，输入："半径=20"。

操作⑥和⑦，在界面中选择左上端的矩形直边，再选择左上端的一条六边形边，观察生成的圆角，若倒圆样式不正确，则在选项中单击"创建备选圆角"，可得到不同的倒圆解算方案，连续单击，找到其中正确的倒圆方案后，在界面中单击，完成草图上一处的倒圆。采用同样的方法，完成草图上其他三处的倒圆。

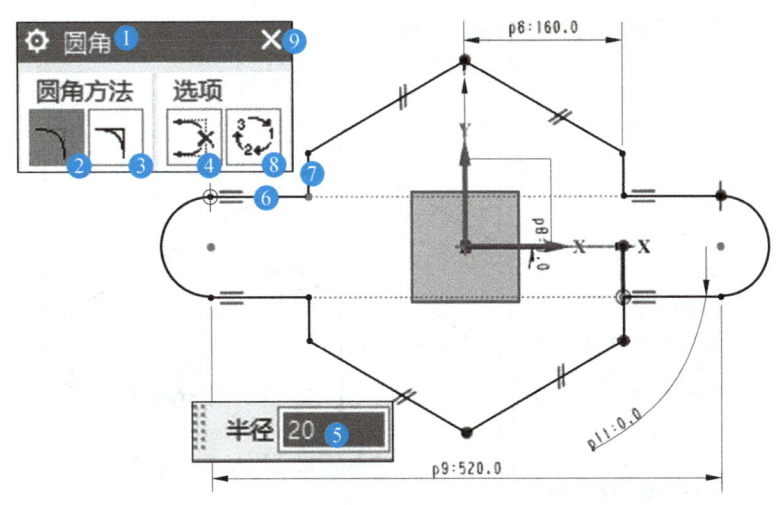

图 3-9　草图倒圆

3.1.3　轮廓内圆孔草绘

多孔异形片草图轮廓内 10 个 φ25mm 圆的绘制思路：先绘制上方右侧的一个圆；采用阵列方法，利用右侧的一个圆，阵列形成上方的 5 个圆；采用镜像方法，利用上方的 5 个圆，镜像形成下方的 5 个圆。

1. 绘制种子圆

绘制上方 5 个圆中右侧的第一个圆，作为阵列的种子圆，该圆在以坐标原点为圆心的 φ215mm 中心线圆的圆周上。先绘制 φ215mm 中心线圆，再绘制 φ25mm 种子圆，如图 3-10 所示。

步骤一，调用"圆"工具，以坐标原点为圆心，绘制 φ215mm 圆。绘制中，选择"圆心和直径定圆"方法，在圆直径尺寸输入框中输入直径值。

步骤二，继续使用"圆"工具，在种子圆大致 φ215mm 圆周位置上捕捉一个点，作为种子圆的圆心，绘制一个 φ25mm 圆。

步骤三，调用"快速尺寸"工具，标注 φ25mm 的圆心至 X 轴的距离，修改设定为"50"。在图 3-10 中，❶是 φ215mm 中心圆（线型为实线），❷是 φ25mm 种子圆，❸是种子圆圆心到 X 轴的距离"50"。

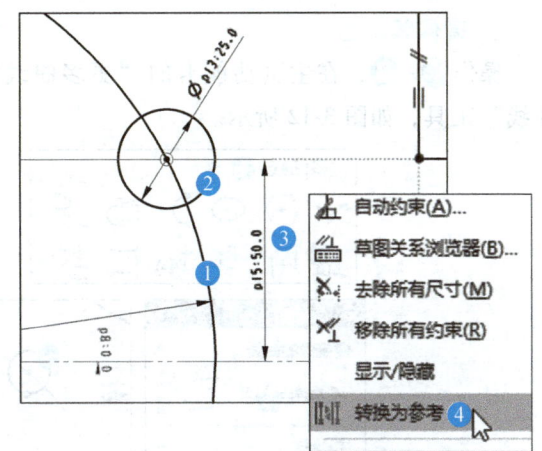

图 3-10　种子圆局部放大

步骤四，将 φ215mm 圆的线型改为双点画线。方法是在界面中选中 φ215mm 圆，右击，在展开的选项栏中单击"转换为参考"（❹），线型成功修改为双点画线，成为中心线圆。

2. 阵列种子圆

操作❶~❸，在主页功能卡的"更多曲线"列表中选择"阵列曲线"，调出"阵列曲线"工具，如图 3-11 所示。

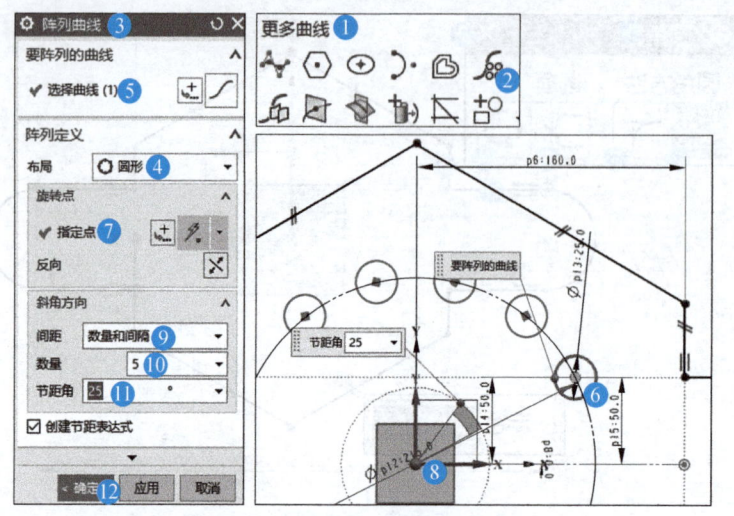

图 3-11 种子圆的圆形阵列

操作❹，设置："阵列定义—布局=圆形"。

操作❺和❻，当"要阵列的曲线—选择曲线"被选中时，在界面中选择种子圆。

操作❼和❽，当"布局—旋转点—指定点"被选中时，在界面中选择坐标原点作为圆形阵列的中心。

操作❾~⓫，设置："斜角方向—间距=数量和间隔""数量=5""节距角=25"。

操作⓬，界面中部出现5个等间距圆后，单击"确定"。

3. 镜像等距圆

操作❶~❸，在主页功能卡的"更多曲线"列表中，选择"镜像曲线"，调出"镜像曲线"工具，如图3-12所示。

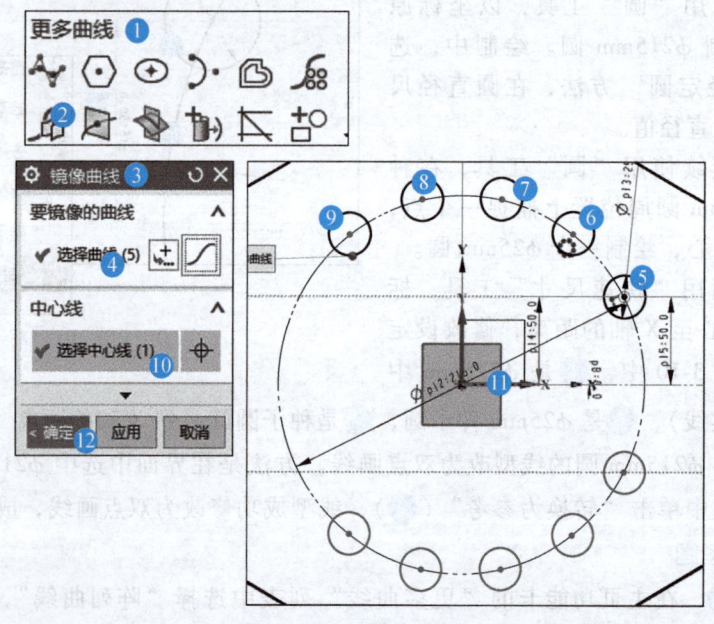

图 3-12 镜像曲线操作

操作④~⑨，当"要镜像的曲线—选择曲线"被选中时，在界面中一次性选中上部的5个圆。

操作⑩和⑪，当"中心线—选择中心线"被选中时，在界面中选择 X 轴。

操作⑫，界面中出现镜像后的下部 5 个圆后，单击"确定"。

4. 切换到建模界面

草图绘制完成后，在主页功能卡的直接草图组中，单击"完成草图"，退出草图绘制界面，切换到建模界面。

3.1.4 草图可回滚编辑

草图绘制完成后，可在部件导航器（①）中，右击完成的草图（②），调用工具修改草图，如图 3-13 所示。展开的列表中，"编辑"（③）、"编辑参数"（④）和"可回滚编辑"（⑤）均可重新编辑草图，本例选用最为常用的"可回滚编辑"工具，单击后进入草图编辑界面。

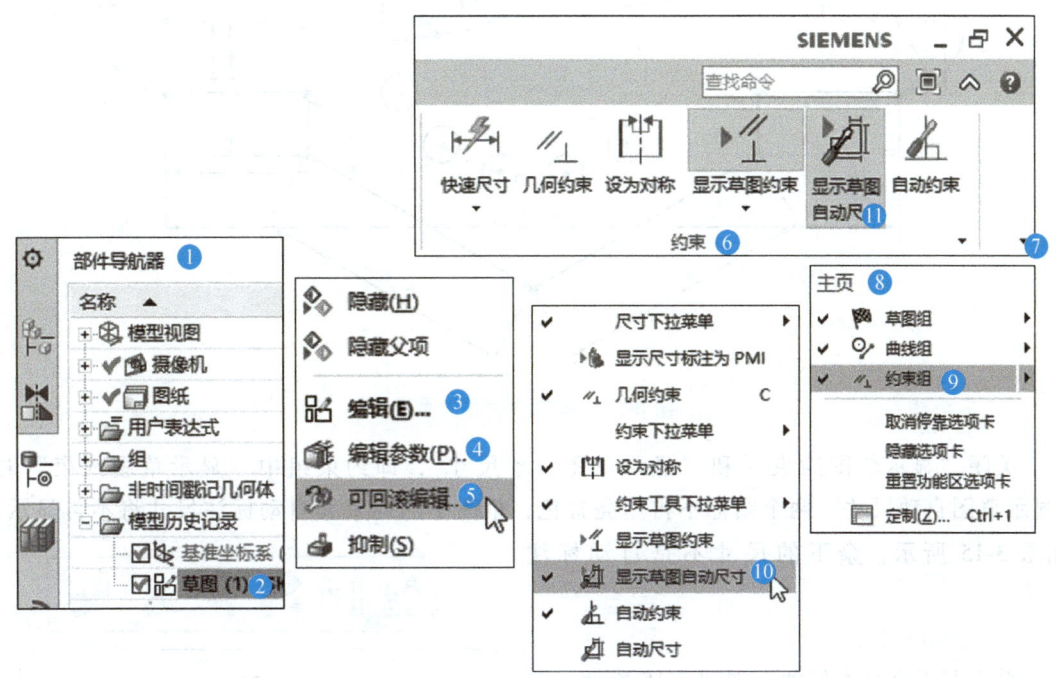

图 3-13 草图可回滚编辑进入和界面

草图编辑界面与草图绘制界面不尽相同。在草图编辑界面中，工具分为"草图""曲线"和"约束"（⑥）三个组，其中约束组中主要有"快速尺寸""几何约束""设为对称""显示草图约束""显示草图自动尺寸"和"自动约束"等工具。操作调用工具的流程见操作⑦~⑩，单击主页功能卡栏最右端的"▼"，在展开的"主页"列表中选择"约束组"，在展开的次一级列表中勾选的工具将显示在约束组中，例如：选中"显示草图自动尺寸"，约束组中就有"显示草图自动尺寸"（⑪）工具。

进入草图编辑界面后，可对草图进行修改，修改方法和流程与草图绘制方法相似。通常情况下,无须进行草图规范化编辑,在特殊场合下需要进行草图规范化编辑时,主要有以下常用的编辑项目。

1. 约束显示与隐藏

在主页功能卡的约束组中,选中"显示草图约束"和"显示草图自动尺寸"两个图标,使其呈亮青色时,在草图编辑界面中,多孔异形片草图中将显示草图约束和软件自动标注的尺寸,如图 3-14 所示。

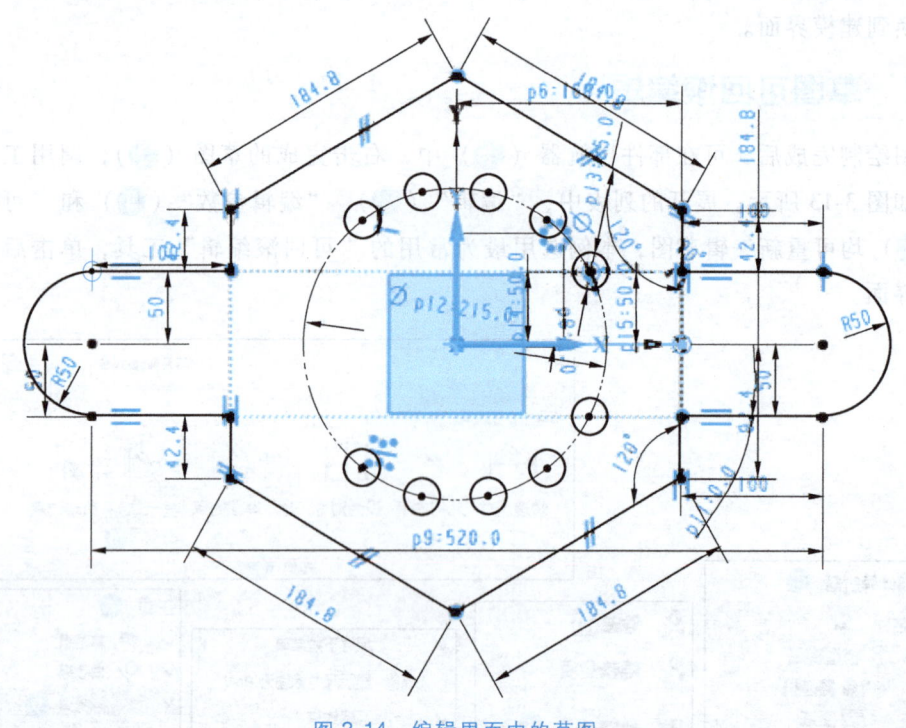

图 3-14 编辑界面中的草图

关闭"显示草图约束"和"显示草图自动尺寸",即约束组中"显示草图约束"和"显示草图自动尺寸"两个图标不再呈亮青色,草图中的约束和自动标注尺寸将不再显示,如图 3-15 所示,余下的尺寸不是自动标注尺寸。

2. 修改尺寸文本

单击若干个草图尺寸,如图 3-15 所示。在界面中出现的动态工具栏中,选择"$\underline{A}$"图标,调出"设置"工具,展开"尺寸—格式"栏,设置:"色块 = 黑色""字体 = chinesef_fs""样式 = Aa 正常宽""文字宽高比 = 0.7"。在此工具中不能设置字高。

3. 修改字高和标签

草图尺寸的字高和标签设置如图 3-16 所示。

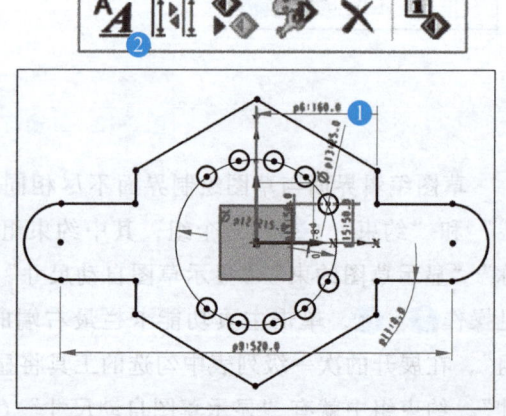

图 3-15 调用尺寸设置工具

操作①~④，单击"任务"，在展开的列表中选择"草图设置"，或者"首选项"→"草图"，调出"草图设置"工具。

操作⑤和⑥，当前状态下，尺寸标签=表达式，即界面中各个尺寸前均有一个表达式，例如"P9=520.0"。设置："尺寸标签=值""文本高度=5"。

操作⑦，单击"确定"，完成尺寸字高和标签的设置。

4. 修改线色和线宽

草图轮廓线的颜色和线宽设置如图 3-17 所示。

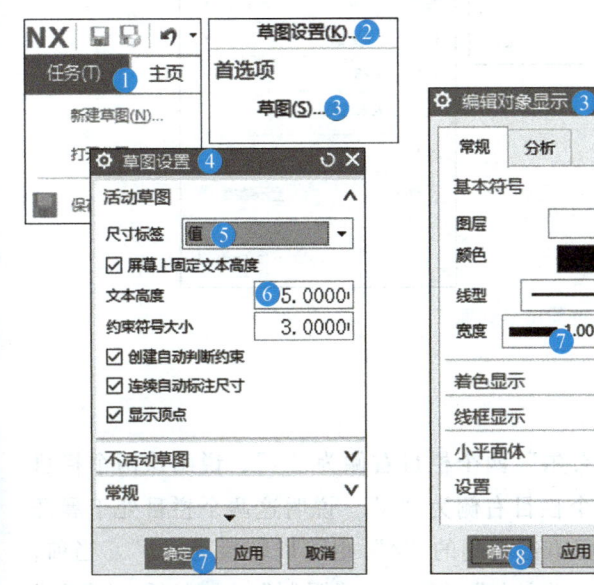

图 3-16 草图尺寸的字高和标签设置   图 3-17 草图轮廓线的颜色和宽度设置

操作①~③，在视图功能卡的可视化组中选择"编辑对象显示"，调出"编辑对象显示"工具。

操作④，在界面中选中草图轮廓线和内部的 10 个圆。

操作⑤，设置："基本符号—颜色=黑色"。

操作⑥，设置："线型=实线"。

操作⑦，设置："宽度=1"。

操作⑧，单击"确定"，完成修改。

3.2 拉伸建模

完成草图的创建或修改后，单击"完成草图"，返回到建模界面。在主页功能卡的特征组中选择"拉伸"，调出"拉伸"工具，如图 3-18 所示。

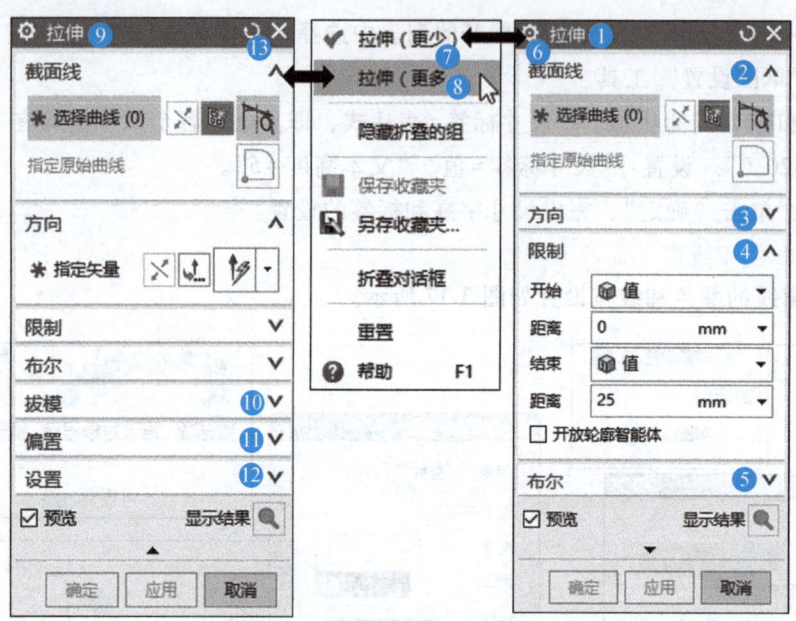

图 3-18　拉伸工具详解

3.2.1　拉伸工具中的功能

"拉伸"工具（①）中，"方向"和"布尔"两个栏目右侧为"∨"，说明这两个栏目正处于收拢状态。"截面线"和"限制"两个栏目右侧为"∧"，说明这两个栏目处于展开状态。单击右侧的"∨"可以转换为"∧"，而单击右侧的"∧"也可以转换为"∨"。当前，"拉伸"工具（①）中有"截面线"（②），"方向"（③），"限制"（④）和"布尔"（⑤）四个栏目。

单击"拉伸"工具左上角的"对话框选项"图标（⑥），展开后有"拉伸（更少）"（⑦）和"拉伸（更多）"（⑧）两个选项。单击"拉伸（更多）"，可见"拉伸"工具（⑨），工具中增加了"拔模"（⑩）、"偏置"（⑪）和"设置"（⑫）三个栏目。通常情况下，"拉伸"工具设置在"拉伸（更多）"状态。

单击"拉伸"工具右上角的"重置"图标（⑬），"拉伸"工具中各栏目恢复到设置开始前的状态。

3.2.2　有草图拉伸

若拉伸草图已绘制完成，则其拉伸过程如图 3-19 所示。

操作❶，当"截面线—选择曲线"被选中时，在部件导航器中选择已绘制的草图特征，也可在界面中选择草图。

操作❷~❺，展开"方向"栏，当"方向—指定矢量"被选中时，在界面中选择 Z 轴作为拉伸方向。若拉伸方向相反，则单击"指定矢量"右侧的"反向"图标进行纠正。

操作❻~❾，设置："限制—开始=值""距离=0"，即拉伸开始面的 Z 向值=0mm；"结束=值""距离=10"，即拉伸结束面的 Z 向值=10mm。

草图与拉伸——多孔异形片　第3章

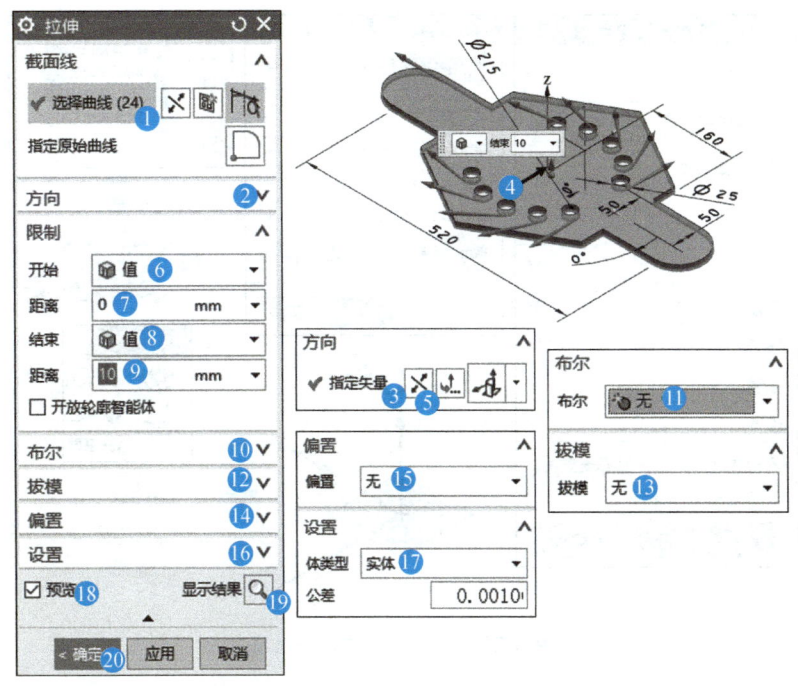

图 3-19　有草图时的拉伸过程

操作⑩和⑪，展开"布尔"栏，本例设置："布尔=无"。

操作⑫和⑬，展开"拔模"栏，本例设置："拔模=无"。

操作⑭和⑮，展开"偏置"栏，本例设置："偏置=无"。

操作⑯和⑰，展开"设置"栏，本例设置："体类型=实体"。设置为实体时，系统定义所选草图是由 1 条封闭轮廓线和 10 条封闭圆孔线组成的一个平面，即封闭轮廓线内是平面，平面内 10 条封闭圆孔线内是孔。

操作⑱和⑲，观察预览结果，若 1 条封闭曲线上都有且只有 1 个矢量箭头，则表示该封闭曲线是 1 条曲线；若 2 条相同的曲线重合地画在一起，则会显示 2 个矢量箭头，在这种情况下，拉伸操作会失败。

操作⑳，显示结果正确后，单击"确定"，草图拉伸成一个多孔异形片实体。

拉伸成片体的实验。在操作⑯和⑰中，展开"设置"栏，若设置："体类型=片体"，则拉伸工具认为所选择的草图是由 1 条封闭轮廓线和 10 条封闭圆孔线组成的 11 条封闭曲线，而不是一个平面，最终会拉伸出 11 个直曲面。

3.2.3　无草图拉伸

在无草图的状态下，在主页功能卡的特征组中直接选择"拉伸"，调出"拉伸"工具（①），如图 3-20 所示。由于还没有绘制拉伸草图，故在工具中，单击"截面线—选择曲线"右侧的"绘制截面"图标（②），调出"创建草图"工具（③）。

界面中工具自动选择的草图平面和矢量方向刚好符合要求（④），单击"确定"（⑤）接受界面中的选择，自动进入草图绘制界面（⑥）。

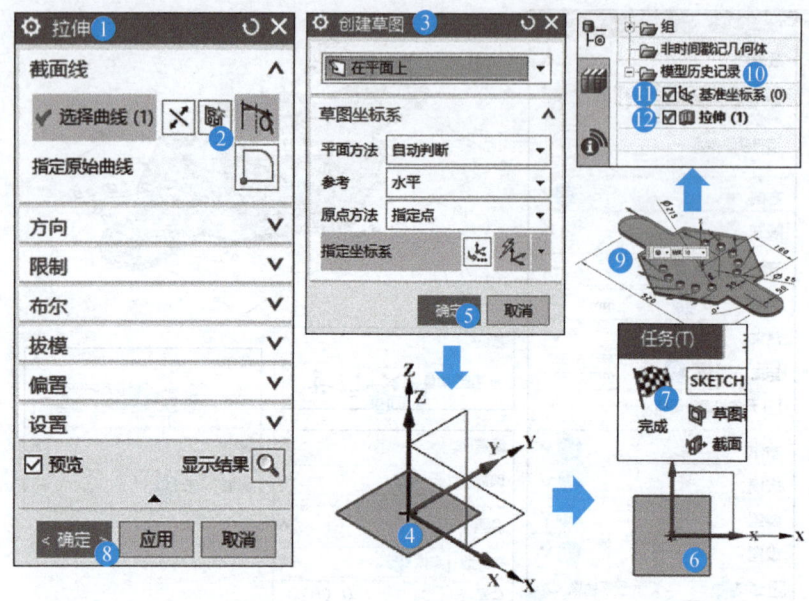

图 3-20　无草图时的拉伸过程

草图绘制完成后，在主页功能卡的草图组中，单击"完成"图标（⑦），返回到"拉伸"工具和建模界面。

"拉伸"工具设置完成后，观察界面中的拉伸模型，若结果显示正确，单击"确定"（⑧），完成内部草图拉伸建模（⑨）。观察部件导航器，模型历史记录（⑩）中只有基准坐标系（⑪）和拉伸（⑫）两个特征，没有草图特征。

3.3　叠片建模和制图要点

五个多孔异形片沿 Z 轴方向叠装在一起，形成一个叠片模型，如图 3-21 所示。其建模方法是先创建一个多孔异形片，再采用阵列法形成五个叠片。

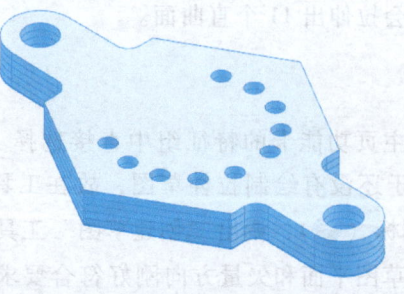

图 3-21　五个多孔异形片叠片

3.3.1 Z向叠片建模

操作①~③，在主页功能卡的特征组中，选择"阵列特征"，调出"阵列特征"工具，如图 3-22 所示。

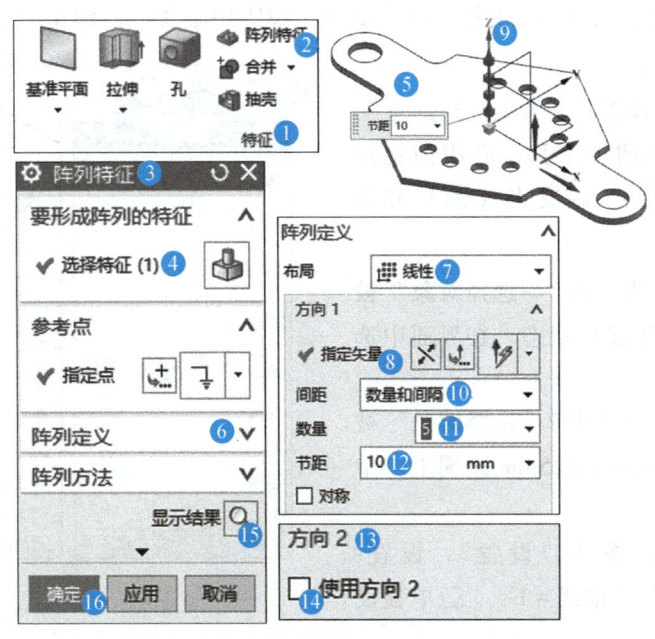

图 3-22 Z向叠片建模方法

操作④和⑤，当"要形成阵列的特征—选择特征"被选中时，在界面中选择多孔异形片拉伸模型。

操作⑥和⑦，展开"阵列定义"，设置："布局=线性"。

操作⑧和⑨，当"方向1—指定矢量"被选中时，在界面中选择Z轴。

操作⑩~⑫，设置："间距=数量和间隔""数量=5""节距=10"，叠片建模时，节距等于多孔异形片厚度。

操作⑬和⑭，展开"方向2"，本例没有第2方向的阵列，故选择："□使用方向2"。

操作⑮和⑯，结果显示正确后，单击"确定"，完成多孔异形片Z向叠片建模。

3.3.2 异形片制图要点

切换到制图界面，在主页功能卡的注释（①）组中单击右上角的"▼"（②），中心线标记工具如图 3-23 所示。展开的工具栏中有"中心标记"（③）、"螺栓圆中心线"（④）、"圆形中心线"（⑤）、"对称中心线"（⑥）、"2D中心线"（⑦）、"3D中心线"（⑧）、"自动中心线"（⑨）和"偏置

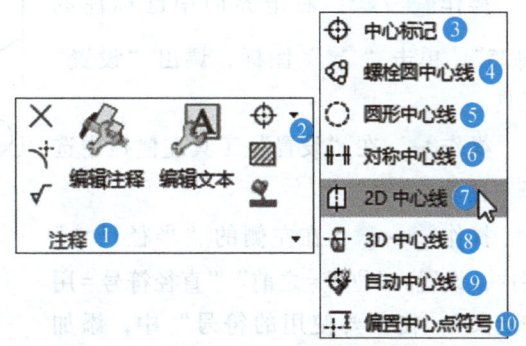

图 3-23 中心线标记工具列表

中心点符号"（⑩）等工具。

1. 圆孔中心

这里以多孔异形片工程图（附图2）中，通过ϕ215mm 圆周上的一个ϕ25mm 孔的中心线标记为例来介绍。

操作①，在主页功能卡的注释组中选择"2D 中心线"，调出"2D 中心线"工具（①），如图 3-24 所示。

操作②~⑥，设置："类型=根据点"。开启菜单栏右侧的捕捉工具，启用捕捉点（③）、控制点（④）、相交点（⑤）和圆弧中心（⑥）。

操作⑦和⑧，当"点1—选择对象"被选中时，坐标系处于显示状态，在界面中选择坐标原点。

操作⑨和⑩，当"点2—选择对象"被选中时，在界面中选择ϕ215mm 圆周上一个圆孔的圆心。

操作⑪~⑭，展开"设置"，设置："尺寸—缝隙=0.5""虚线=1""☑单独设置延伸"。

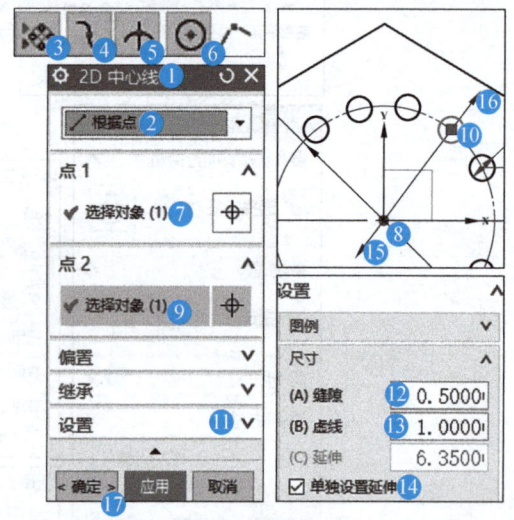

图 3-24 中心线标记流程

操作⑮和⑯，勾选"单独设置延伸"后，界面中出现可调节中心线长度的箭头。

操作⑰，中心线长度调整完成后，单击"确定"，完成圆孔中心线的标记。采用相同的方法，标注其余9孔的中心线。

调用"圆形中心线"工具，标记ϕ215mm 的圆形中心线。

2. 尺寸集中注释法

在多孔异形片工程图中，5×ϕ25 均布 25°（与另五个孔对称于水平线）是一种集中注释标注法，该方法可以有效减少工程图中的尺寸数量，是一种值得推荐的尺寸标注方法。

（1）尺寸前缀设置 调用"快速尺寸"工具，采用"直径"方法标注得到"ϕ25"。尺寸前缀设置如图 3-25 所示。

操作①~③，右击界面中已标注的"ϕ25"，单击"A"图标，调出"设置"工具。

操作④，在"设置"工具左侧栏中选择"前缀/后缀"。

操作⑤~⑧，在左侧的"半径尺寸"栏中，设置："位置=之前""直径符号=用户定义"，在"要使用的符号"中，添加"10×"，界面中尺寸标注为"10×ϕ25"。

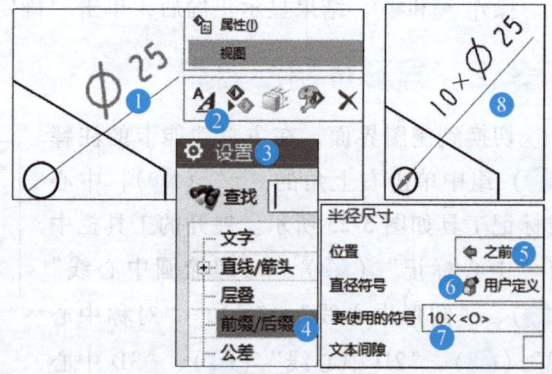

图 3-25 尺寸前缀设置

（2）标记注释文本 在主页功能卡的注释组中选择"注释"，调出"注释"工具，如图3-26所示。

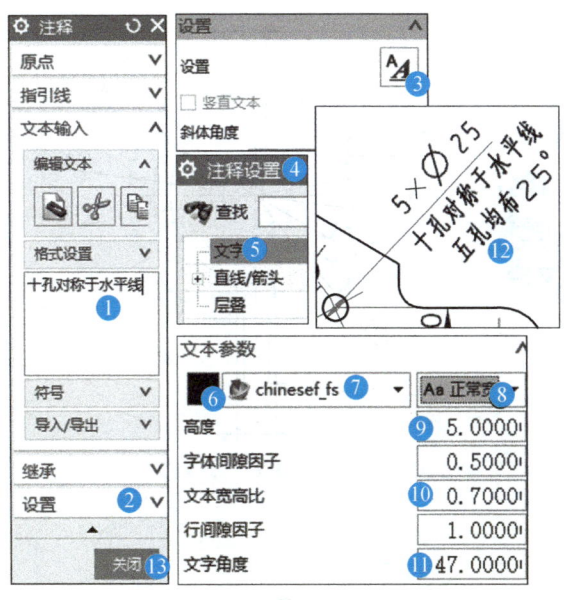

图3-26 尺寸注释标记

操作❶，在"格式设置"下方的输入框中输入注释文字。

操作❷~❹，展开"设置"栏，单击"A"图标，调出"注释设置"工具。

操作❺~⓬，在"注释设置"工具左侧栏中选择"文字"，右侧展开的"文本参数"栏目中，按图设置各参数，其中在"文字角度"文本框中输入一个数值并按<Enter>键，界面中文字也随之旋转，直至得到满意的角度为止。在界面中合适的位置单击放置注释文字。

3. 尺寸标注三规则

观察多孔异形片工程图，尺寸标注应尽量靠近所标注的图形，此规则可概括为"靠近"。

对于相邻视图上的同类同地尺寸，如主视图上的长度尺寸520mm和左视图上的厚度尺寸10mm，两者应尽量对齐，以保持整洁，此规则可概括为"对齐"。

此外，推荐和提倡尽量采用集中注释法标注尺寸，此规则可概括为"集注"。

课余

通过图3-27和图3-28所示的零部件建模，形成入门案例学习记录并提交，包括模型和单独导出的工程图.pdf等。要求记录的内容不得少于软件启动、圆柱工具建模、布尔工具建模、倒斜角工具建模、模型外观操作等内容。

工程图必须遵守的规则：视图布置遵从"五留"规则，视图尺寸布置遵从"同地"规则，尺寸间距遵从"等距"规则，尺寸位置遵从"靠近"规则，相邻视图同类同地尺寸位置遵从"对齐"规则，提倡遵从"集注"规则。

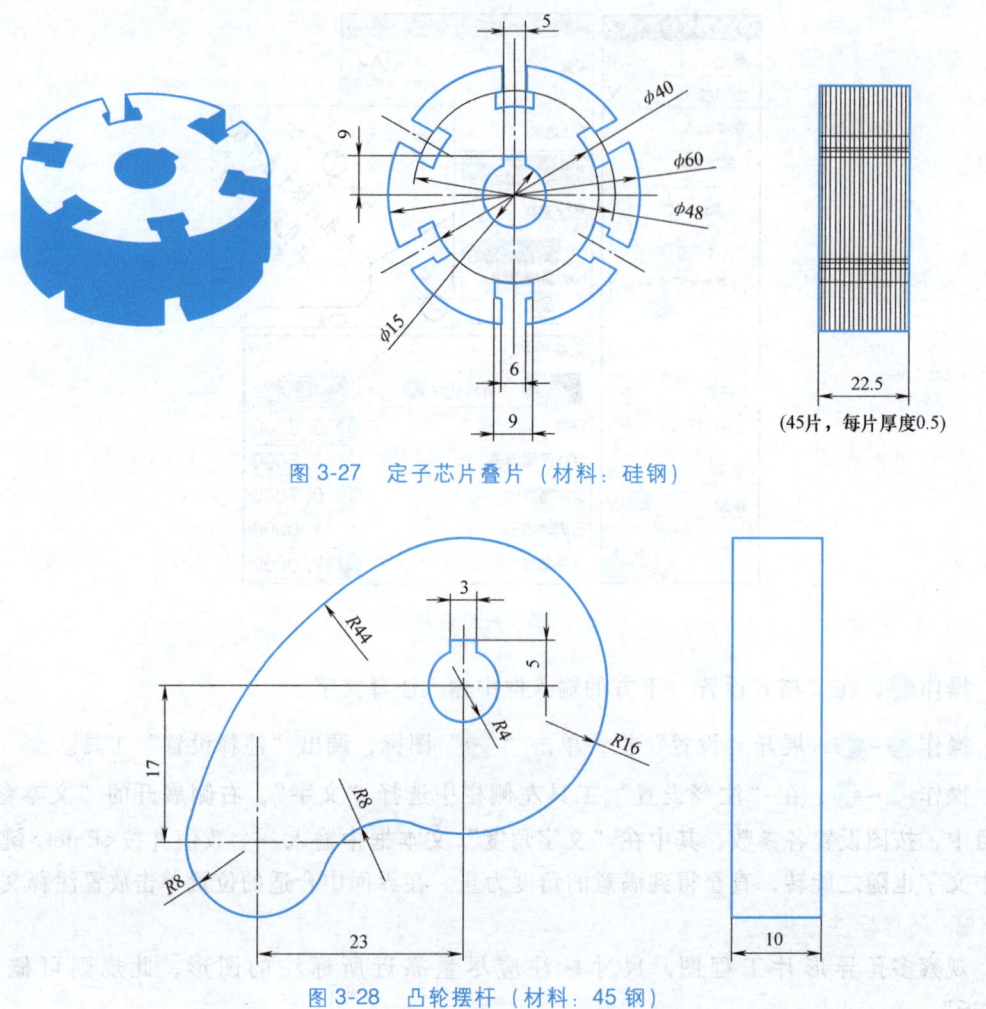

图 3-27　定子芯片叠片（材料：硅钢）

图 3-28　凸轮摆杆（材料：45 钢）

第4章 拉伸组合——台板

CHAPTER 4

拉伸建模需要建立一个封闭的平面轮廓图形,然后使这个封闭的平面轮廓图形沿着法向拉伸一个高度。本章以台板(附图3)为例,介绍在两个方向上构造两个草图进行拉伸,得到拉伸组合体的方法。

4.1 基体的两向拉伸

图 4-1 所示的台板基体是由草图 1 沿 A 方向拉伸的实体和由草图 2 沿 B 方向拉伸的实体合并而成。

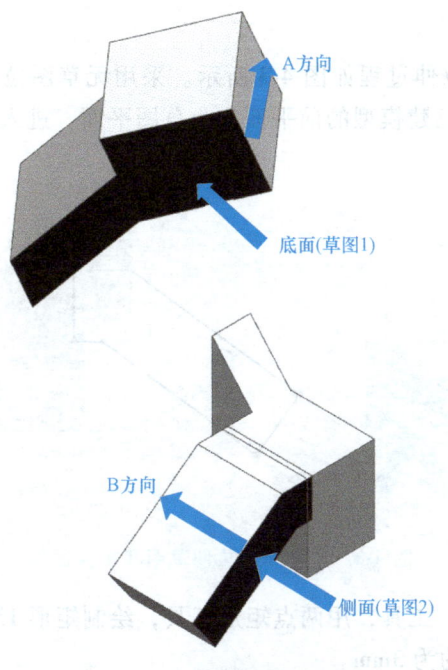

图 4-1 台板基体多向拉伸

4.1.1 A方向拉伸

A方向的拉伸草图和拉伸过程如图4-2所示。调用"拉伸"工具,采用无草图拉伸法,在"拉伸"工具中进入草图绘制界面。

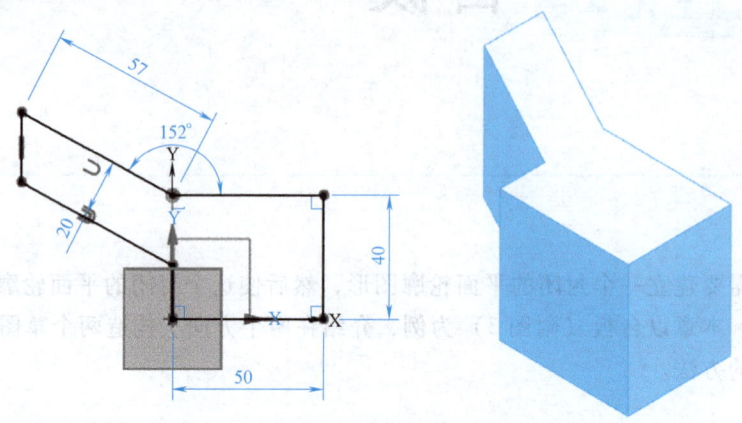

图4-2 A方向的拉伸草图和拉伸过程

步骤一,用两点矩形工具绘制矩形50mm×40mm。
步骤二,从矩形的左上角点出发,绘制出左上方的接近图形。
步骤三,通过标注尺寸57mm、20mm和152°,精确约束左上方图形。
步骤四,调用"快速修剪"工具,修剪多余草图线。
步骤五,完成草图,返回到"拉伸"工具,向上拉伸50mm。

4.1.2 B方向拉伸

B方向的拉伸草图和拉伸过程如图4-3所示。采用无草图拉伸法,调用"拉伸"工具,在"拉伸"工具中,选择已建模型的前平面作为草图平面,进入草图绘制界面。

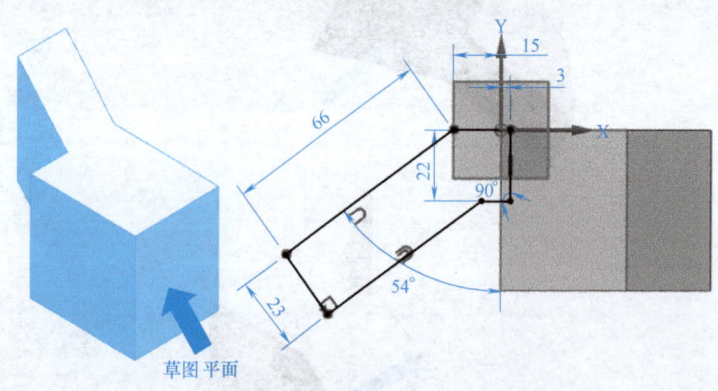

图4-3 B方向的拉伸草图和拉伸过程

步骤一,调用"矩形"工具,用两点矩形工具,绘制矩形15mm×22mm,然后将矩形右侧边绘制到实体内,其值约为3mm。
步骤二,用轮廓工具绘制左侧的接近图形。

步骤三，使用尺寸 66mm、23mm 和 54°进行约束。
步骤四，调用"快速修剪"工具，修剪多余图线。
步骤五，完成草图，返回到"拉伸"工具，沿 B 方向拉伸 50mm。

4.2 顶面实体的拉伸

台板基体顶面有一个矩形凸台、一个圆形凸台和一个圆头平键槽，如图 4-4 所示。三个实体均用拉伸方法建模。

4.2.1 顶面矩形凸台拉伸

顶面上的矩形凸台采用外部草图拉伸法建模，建模过程如图 4-5 所示。

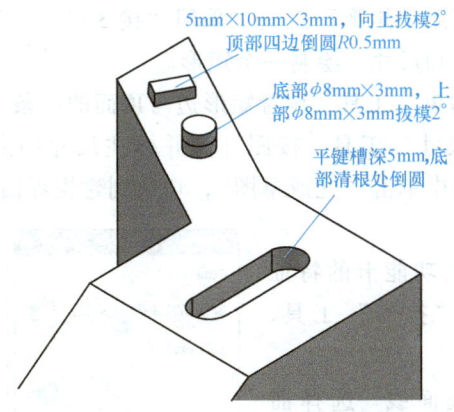

图 4-4 拉伸基体顶面的特征

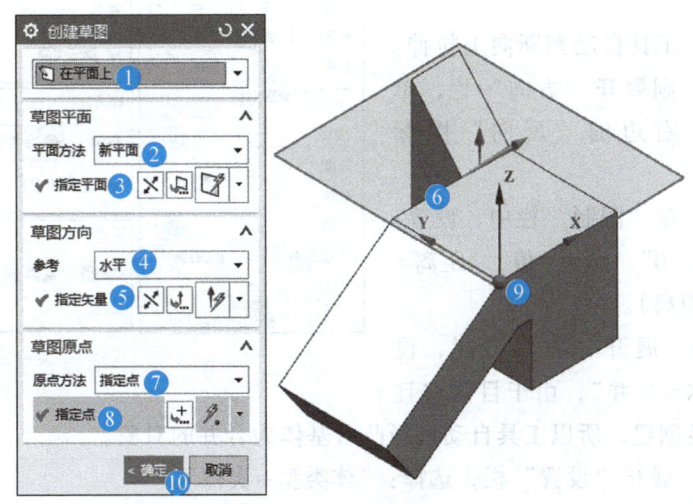

图 4-5 定义合适的草图平面

1. 定义合适的草图平面

在主页功能卡的直接草图组中选择"草图",调出"创建草图"工具。

操作①,设置:"类型=在平面上"。

操作②和③,当"草图平面—平面方法=自动判断"时,在界面中移动光标,选不到合适的平面放置方位,故设置:"草图平面—平面方法=新平面",拟采用手工方式,自定义合适的草图平面。当"草图平面—指定平面"被选中时,在界面中选择顶面。

操作④~⑥,设置:"草图方向—参考=水平",当"指定矢量"被选中时,在界面中选择顶面上的一条边,作为草图平面的水平方向。

操作⑦~⑨设置:"草图原点—原点方法=指定点",当"指定点"被选中时,在界面中选择顶面的一个角点,作为草图平面的坐标原点。

操作⑩,单击"确定",获得指定放置方位和指定坐标原点的草图平面,进入草图绘制界面。

2. 绘制矩形草图

在草图绘制界面中,调用"矩形"工具,采用"按3点"方法。

步骤一,按大致的位置和尺寸,绘制一个矩形。

步骤二,调用"几何约束"工具,设置矩形边与顶面的一条边平行。

步骤三,调用"快速尺寸"工具,按图计算并标注尺寸约束,矩形草图绘制完成后,在主页功能卡的直接草图组中单击"完成草图",切换到建模界面。

3. 拉伸矩形凸台

在建模界面中,在主页功能卡的特征组中选择"拉伸",调出"拉伸"工具,如图4-6所示。

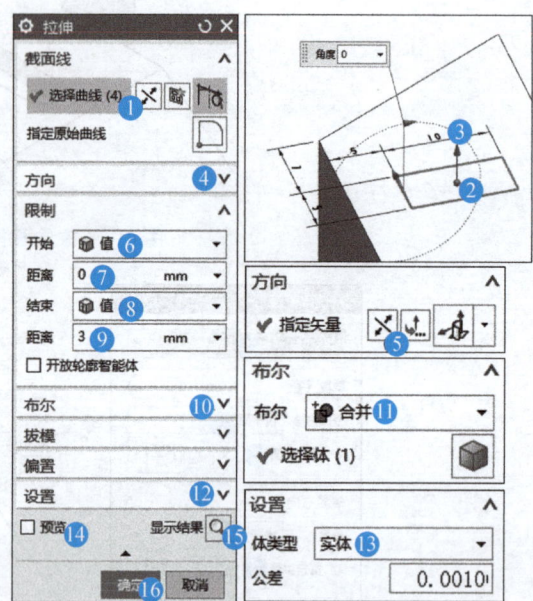

操作①和②,当"截面线—选择曲线"被选中时,在部件导航器或界面中选择矩形草图。

操作③~⑤,工具自动判断向上拉伸。若拉伸方向相反,则展开"方向"栏,单击"指定矢量"右边的"反向"图标纠正。

操作⑥~⑨,在"限制"栏中,设置:"开始=值""距离=0""结束=值""距离=3"(向上拉伸的距离)。

操作⑩和⑪,展开"布尔"栏,设置:"布尔—布尔=合并",由于目前有且仅有一个实体已经创建,所以工具自动选择凸台基体为合并的对象。

图4-6 拉伸矩形凸台

操作⑫和⑬,展开"设置"栏,选择:"体类型=实体"。

操作⑭~⑯,勾选"预览",观察界面中矩形拉伸体,结果显示正确后,单击"确定",完成矩形凸台建模。

4.2.2 拉伸圆形凸台

步骤一，选择台板基体顶面为草图平面，进入草图绘制界面，调用"圆"工具，采用圆心和直径定圆方法，绘制 φ8mm 圆形草图。

步骤二，切换到建模界面，调用"拉伸"工具，采用与拉伸矩形凸台相同的步骤，从草图平面向上合并拉伸 3mm，创建直壁的圆形凸台。

步骤三，采用无草图拉伸法，再次调用"拉伸"工具，如图 4-7 所示。当"截面线—选择曲线"被选中时，用光标在界面中直接选择已创建的圆形凸台顶面的圆边，作为拉伸截面。展开"拔模"栏，设置："拔模—拔模 = 从起始限制""角度 = 2"，其余步骤与拉伸矩形凸台步骤相同，向上合并拉伸 3mm，创建完成带拔模的圆形凸台。

4.2.3 拉伸圆头平键槽

圆头平键槽是"减去"的拉伸。

步骤一，用矩形、圆形、快速修剪、几何约束和尺寸约束等工具，以台板基体顶面为草图平面，绘制圆头平键槽拉伸草图。

步骤二，采用有草图拉伸法，调用"拉伸"工具，如图 4-8 所示。在"限制"栏中，设置："开始 = 值""距离 = 0""结束 = 值""距离 = 5"。在"布尔"栏中，设置："布尔—布尔 = 减去"，从顶面向下"减去"拉伸 5mm。

图 4-7 拉伸有拔模特征的圆形凸台

图 4-8 平键槽拉伸设置

4.2.4 倒圆

在顶部的拉伸特征中，矩形凸台顶面的四条边、带拔模的圆凸台顶面的一条圆边以及圆头平键槽底部的四条周边均需倒圆。现以矩形凸台顶面四条边的倒圆为例，其操作过程如图 4-9 所示。

操作 ❶~❸，在主页功能卡的特征组中选择"边倒圆"，调出"边倒圆"工具。

操作 ④，设置："边—连续性=G1（相切）"。

操作 ⑤ 和 ⑥，当"选择边"被选中时，在界面中依次选中矩形凸台上的 4 条边。

操作 ⑦ 和 ⑧，设置："形状=圆形""半径 1=0.5"。

操作 ⑨ ~ ⑪，勾选"预览"结果显示正确后，单击"应用"，完成矩形凸台 4 条边的倒圆。

采用相同的方法，选择带拔模圆凸台上的一条边以及平键槽底的四条边，完成边倒圆。

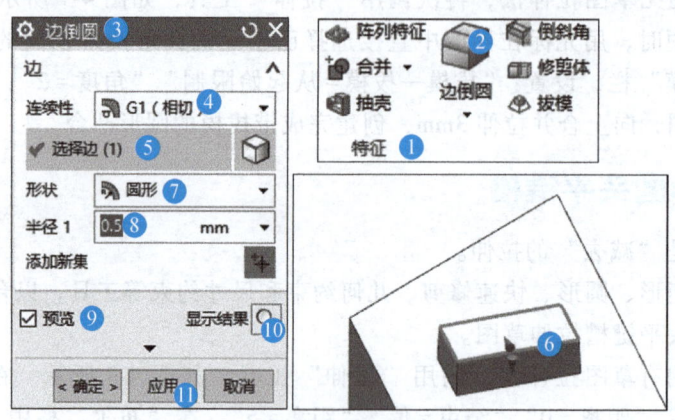

图 4-9 矩形凸台的倒圆

4.3 创建斜顶面螺纹孔

左侧斜顶面上有 4 个 M8 深 12mm 螺纹孔，通过查阅标准，螺距为 1.25mm，小径为 $\phi6.64$mm，拟考虑用 $\phi7$mm 的钻头钻底孔，孔深 14mm，顶锥角为 118°。

4.3.1 创建一个螺纹孔

这里先创建一个螺纹孔，再通过阵列方法创建其余三个螺纹孔。创建一个螺纹孔的过程如图 4-10 所示。

操作 ① ~ ③，在主页功能卡的特征组中选择"孔"，调出"孔"工具。

1. 定位草图点

操作 ④，设置："类型=螺纹孔"。

操作 ⑤ ~ ⑧，当"位置—指定点"被选中时，在界面中斜顶面一个孔的近似位置单击，调出"草图点"工具，系统自动进入草图绘制界面，草图平面切换为面向用户。

操作 ⑨ 和 ⑩，调用"快速尺寸"工具，对界面中的点进行尺寸约束，精确确定其位置。单击"完成草图"，返回到"孔"工具。

2. 设置螺纹尺寸

操作 ⑪ ~ ⑯，在"螺纹尺寸"栏中，设置："大小=M8×1.25""径向进刀=Custom"

（用户定义）、"攻丝直径=7"（底孔直径）、"深度类型=定制""螺纹深度=12""旋向=◉右旋"。

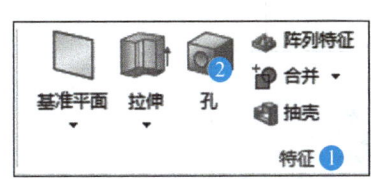

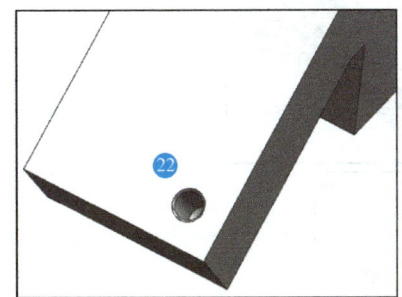

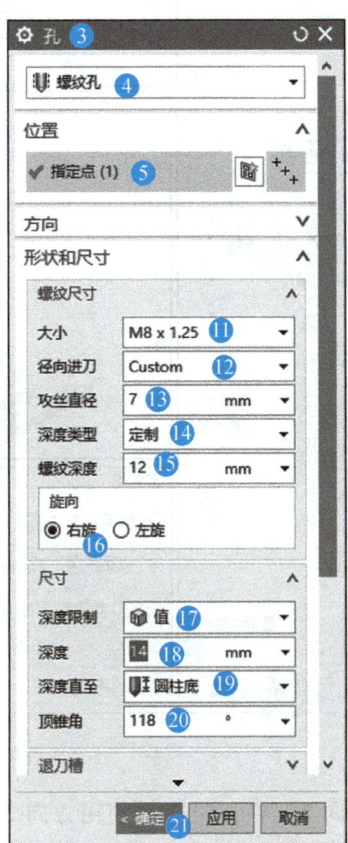

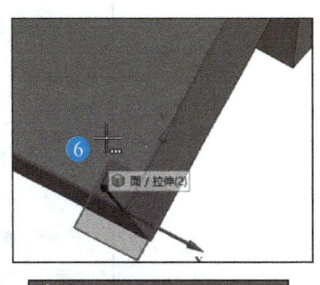

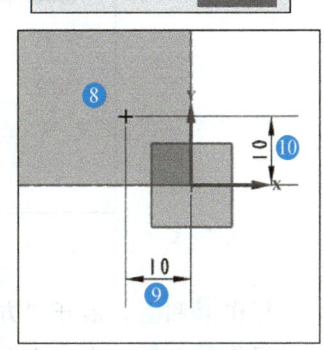

图 4-10　螺纹孔建模过程

3. 设置底孔尺寸

操作⑰~⑳，在"尺寸"栏中，设置："深度限制=值""深度=14"（底孔深度），"深度直至=圆柱底""顶锥角=118"。

操作㉑和㉒，确认正确后，单击"确定"，完成一个螺纹孔的创建。

4.3.2　阵列四个螺纹孔

阵列四个螺纹孔的过程如图 4-11 所示。

操作①~③，在主页功能卡的特征组中选择"阵列特征"，调出"阵列特征"工具。

操作④和⑤，当"要形成阵列的特征—选择特征"被选中时，在部件导航器中或界面中选中已创建的螺纹孔。

操作⑥，设置："阵列定义—布局=线性"。

操作⑦和⑧，"方向 1"栏中，当"指定矢量"被选中时，在界面中选择斜顶面的一条边作为方向 1 的指定矢量，并用"反向"工具调整好矢量方向。

操作⑨~⑪，设置："间距=数量和间隔""数量=2""节距=30"。

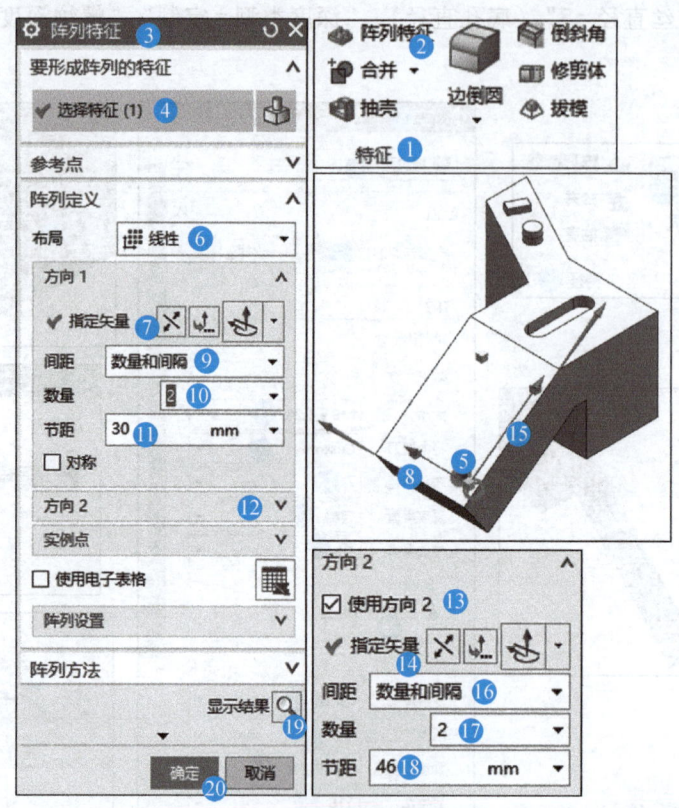

图 4-11 螺纹孔的矩形阵列

操作⑫和⑬，展开"方向 2"栏，勾选"使用方向 2"，即启用第 2 个阵列方向。

操作⑭和⑮，在"方向 2"栏中，当"指定矢量"被选中时，在界面中选择斜顶面的另一条边作为方向 1 的指定矢量，并用"反向"工具调整好矢量方向。

操作⑯~⑱，设置："间距＝数量和间隔""数量＝2""节距＝46"。

操作⑲和⑳，结果显示正确后，单击"确定"，完成四个孔的阵列。

4.3.3 台板设计缺陷

台板建模完成后，从后续的台板加工角度和台板零件用户角度反思，这一设计存在缺陷。台板顶部加工毛坯要按圆形凸台的高度尺寸 6mm 进行备料，通过铣削加工，要去除两个凸台部分以外的全部材料，才能获得此形状。其一，顶部被铣削去除的材料成为废料，所消耗的金属材料体积较大；其二，为了铣削去除顶部的材料，需要损耗工时成本、刀具、切削液及电能等；其三，使用台板时，两个凸台是强度薄弱处，极易磨损或折断，一旦磨损或折断，台板总体将报废，造成浪费。

因此，必须从绿色制造、降低资源消耗的理念出发，消除这一缺陷，重新设计台板模型，其核心的设计思想是将台板拆分为台板本体、圆形凸台镶件和矩形凸台镶件，三件分别加工后再组装在一起。若圆形凸台镶件或矩形凸台镶件损伤，则可局部更换损伤的镶件，凸台可继续使用。按此构想实现两凸台可镶装、可拆卸的台板结构设计，并实现新台板结构的建模。

4.4 台板制图要点

切换到制图界面，通过新建图纸页、导入 A4 图纸框等操作，进入视图布置阶段。

4.4.1 视图规划与布置

将台板视图规划为四个视图，一个俯视图、一个基于俯视图的阶梯剖视图、一个基于俯视图的旋转剖视图和一个正等测图。

1. 俯视图

切换到制图界面后，在主页功能卡的视图组中选择"基本视图"，调出"基本视图"工具，如图 4-12 所示。

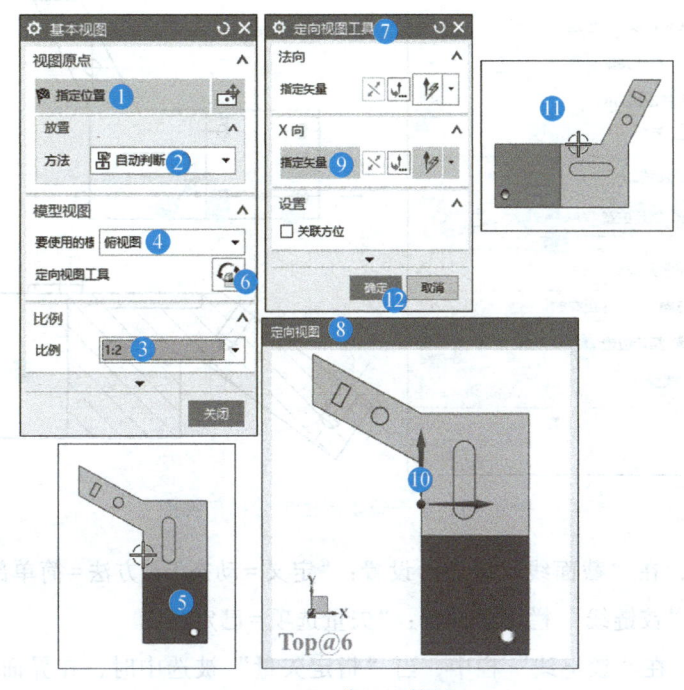

图 4-12 俯视图旋转

操作 ❶ 和 ❷，在"视图原点"栏中，"指定位置"处于被选中状态；在"放置"栏中，设置："方法＝自动判断"。

操作 ❸，在界面中移动光标，观察到视图过大，故在"比例"栏中设置："比例＝1∶2"。

操作 ❹~❻，在界面中观察到俯视图呈竖直布置样式，改为水平布置样式后，才符合设计意图，故单击"定向视图工具"右侧的"定向视图工具"图标，进行布置样式的设置。

操作 ❼ 和 ❽，单击"定向视图工具"图标后，界面中出现"定向视图工具"工具，同时出现"定向视图"浏览窗。

操作⑨和⑩，在"定向视图工具"工具中，当"X 向—指定矢量"被选中时，用光标在"定向视图"浏览窗中选择 Y 轴，将该轴切换成视图放置的 X 向矢量。

操作⑪和⑫，在界面和"定向视图"浏览窗中，视图放置样式由竖直布置样式旋转为水平布置样式。确认正确后，单击"定向视图工具"工具中的"确定"，将光标移动到合适位置，单击放置俯视图。

2. 阶梯剖视图

台板主视图是基于俯视图制作的阶梯剖视图，其制作过程如图 4-13 所示。

操作①~④，在主页功能卡的视图组中选择"剖视图"，调出"剖视图"工具。

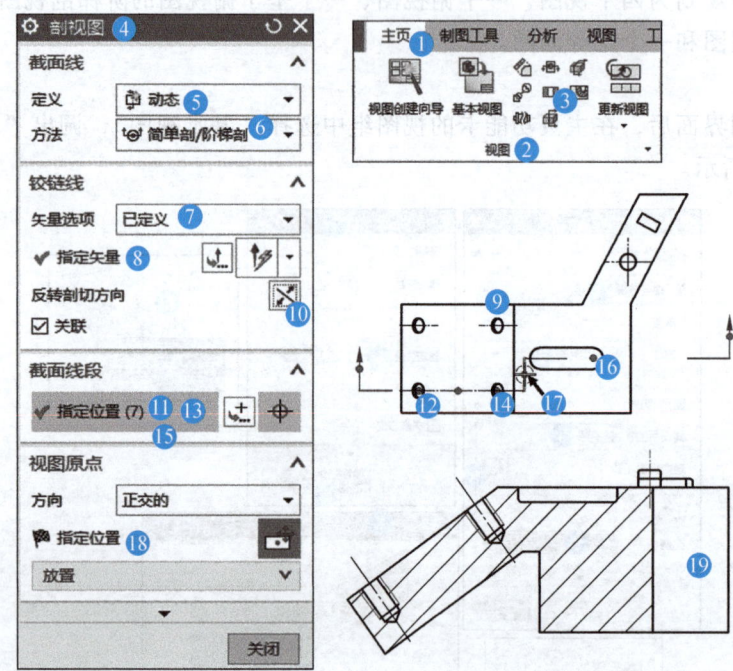

图 4-13 基于俯视图生成阶梯剖视图

操作⑤和⑥，在"截面线"栏中，设置："定义=动态""方法=简单剖/阶梯剖"。

操作⑦，在"铰链线"栏中，设置："矢量选项=已定义"。

操作⑧~⑩，在"铰链线"栏中，当"指定矢量"被选中时，在界面中选择俯视图中的一条水平边或 X 轴作为剖切线布置方向。在界面中移动光标，观察剖切线两端表示剖切方向的两个箭头是否指向上方，若不是，则在"铰链线"栏中单击"反转剖切方向"右侧的"反向"图标，调整好剖切方向。

操作⑪和⑫，在"截面线段"栏中，当"指定位置"被选中时，在界面中选择左侧一个螺纹孔的中心，作为剖切线的起点。

操作⑬和⑭，再次选中"截面线段—指定位置"，在界面中选择右侧一个螺纹孔的中心作为剖切线的一个经过点。

操作⑮和⑯，再次选中"截面线段—指定位置"，在界面中选择平键槽右侧的圆弧中心作为剖切线的终点。

操作 ⑰，在界面中选中一条竖直的阶梯剖切线，按住鼠标将其拖移到靠近平键草图的位置，释放确定。

操作 ⑱ 和 ⑲，在"视图原点"栏中，当"指定位置"被选中时，在界面中将视图移动至合适位置单击，放置生成的阶梯全剖视图。

3. 旋转剖视图

在制图界面中主页功能卡的注释组的中心线下拉菜单中选择"2D 中心线"，调出"2D 中心线"工具，选择"从曲线"方法、"☑单独设置延伸"等，利用俯视图中圆头平键上下侧的两条边界线以及矩形凸台的四侧边界线在俯视图上添加中心线 A、B 和 C，如图 4-14 所示。

（1）创建辅助直线 A 和 B 经过实验测试，在添加中心线和生成旋转剖视图的过程中，在制图界面中不能捕捉点 O1、O2 和 O3，致使圆形凸台的另一条垂直的中心线难以正确添加，所以旋转剖视图的旋转中心无法精确捕捉。故需要在建模界面中预先创建三个制图辅助点 O1、O2 和 O3。

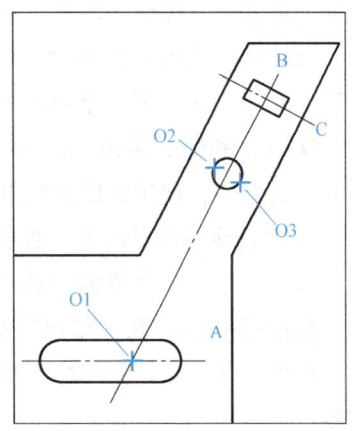

图 4-14　俯视图中的作图点

切换到建模界面，创建辅助直线，如图 4-15 所示。

操作 ①~④，在曲线功能卡的曲线组中选择"直线"，调出"直线"工具。

在操作 ⑤~⑦，在"开始"栏中，设置："起点选项=自动判断或点"，当"选择点"

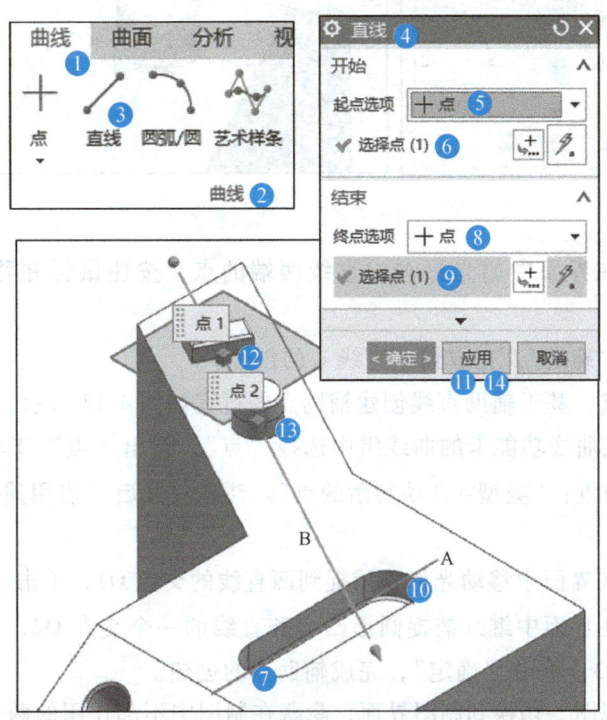

图 4-15　创建辅助直线 A 和 B

被选中时,在界面中选择平键槽左侧圆弧的圆心(注意:开启"启用捕捉点"及"圆弧中心"捕捉工具)作为直线的起点。

操作⑧~⑩,采用相同的方法,选择平键槽右侧圆弧的圆心作为直线的终点,在界面中用光标选中直线两端的点,按住鼠标移动,拉长或缩短以调节直线的长度。

操作⑪,直线长度调整好后,单击"应用",完成辅助直线 A 的创建。继续留在"直线"工具中,进入下一条直线的创建过程。

操作⑫和⑬,采用相同的方法,在界面中选择矩形凸台底部一条边的中心以及圆形凸台底部的圆心,创建辅助直线 B,完成后单击"应用"(⑭),继续下一条直线的创建。

(2)创建辅助直线 L 创建辅助直线 L 的主要步骤如图 4-16 所示。

操作①~③,在界面中选择圆形凸台下部的圆心,作为直线的起点。

操作④和⑤,在"结束"栏中,设置:"终点选项=成一角度""角度=90"。

操作⑥和⑦,当"选择对象"被选中时,在界面中选择直线 B 作为垂直的参考基准线。

图 4-16 创建垂直于直线 B 的辅助直线 L

操作⑧和⑨,在界面中用光标选中直线两端的点,按住鼠标并移动,以调节直线的长度。

操作⑩,单击"确定",完成辅助直线 L 的创建。

(3)创建辅助点 基于辅助直线创建辅助点的过程如图 4-17 所示。

操作①~④,在曲线功能卡的曲线组中选择"点",调出"点"工具。

操作⑤~⑦,设置:"类型=自动判断的点"。注意:开启"启用捕捉点"和"相交点"两个工具。

操作⑧和⑨,在界面中移动光标,捕捉到两直线的交点 O1,单击"应用"。

操作⑩和⑪,在界面中继续捕捉圆形凸台和直线的一个交点 O2,单击"应用";再继续捕捉另一个交点 O3,单击"确定",完成辅助点的创建。

(4)添加旋转视图 切换到制图界面,隐藏在制图中不起作用的两条辅助直线如图 4-18 所示。俯视图中已有三个辅助点 O1、O2、O3。

若此时看不到三个辅助点，则需进行视图的更新操作，即操作❶选中俯视图的边界线，右击；操作❷在展开栏中单击"更新"，使三个辅助点显示在俯视图中。辅助点显示后，进行旋转剖视图的创建过程。

操作❸~❺，在主页功能卡的视图组中选择"剖视图"，调出"剖视图"工具。在"截面线"栏中，设置："定义=动态""方法=旋转"。

操作❻和❼，在"截面线段"栏中，当"指定旋转点"被选中时，在界面中选择 O1 点，作为旋转剖切线的旋转点。

操作❽和❾，当"指定支线 1 位置"被选中时，在界面中选择矩形凸台一条边的中心，作为旋转剖切线的一个经过点。

操作❿和⓫，当"指定支线 2 位置"被选中时，在界面中选择剖切线的另一个经过点。

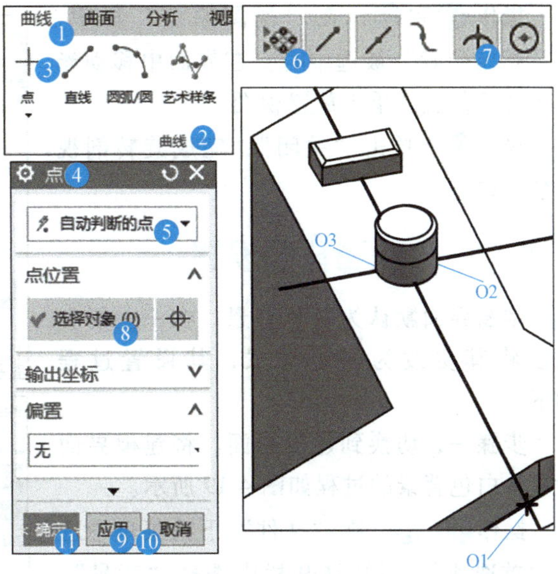

图 4-17　创建辅助点

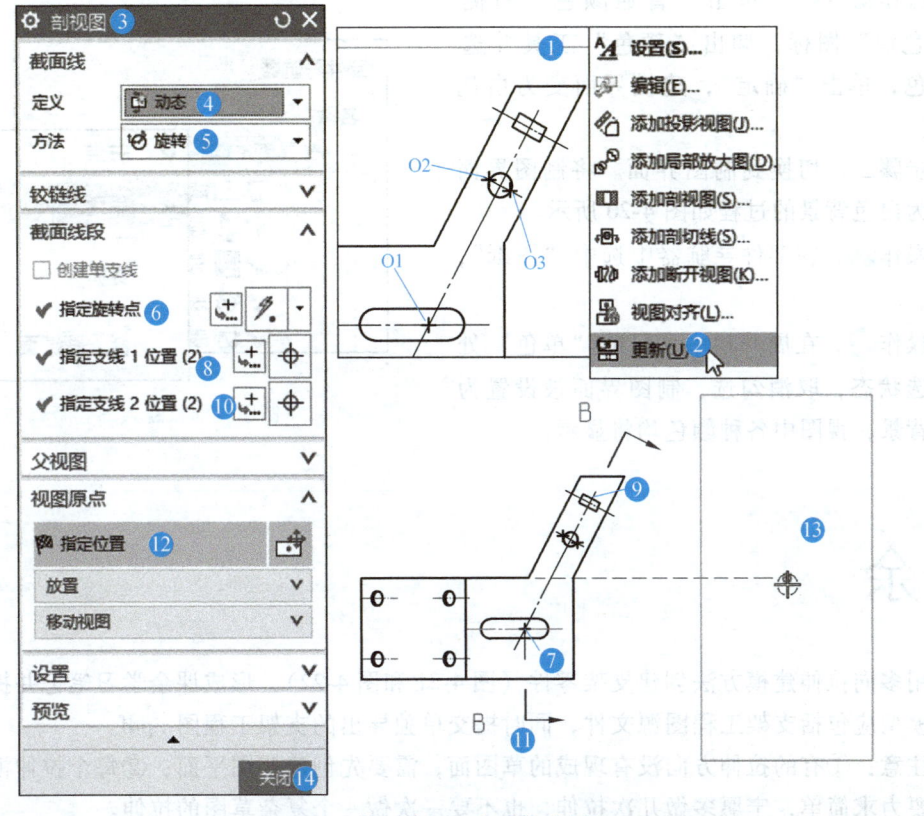

图 4-18　基于俯视图生成旋转剖视图

操作⑫和⑬，在"视图原点"栏中，当"指定位置"被选中时，在界面中移动光标至合适位置，单击放置视图。

操作⑭，单击"关闭"，完成旋转剖视图的创建。

4.4.2 工程图背景设置

制图界面默认为灰色背景。在一些场合需要将其更改为白色背景，其设置过程如下：

步骤一，切换到建模界面。将建模界面设置为白色背景的过程如图4-19所示。

操作①~④，在"文件"下拉菜单中选择"首选项"，再从展开栏中选择"背景"，调出"编辑背景"工具。

操作⑤和⑥中，在"着色视图"栏中，选择："⦿纯色"；在"线框视图"栏中，选择："⦿纯色"。

操作⑦~⑩，单击"普通颜色"右侧的"色块"图标，调出"颜色"工具并选择白色，单击"确定"，建模界面变为白色背景。

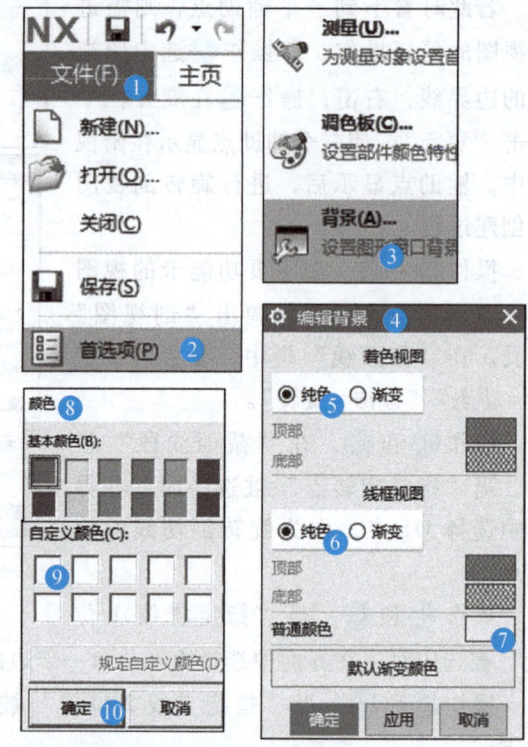

图4-19 将建模界面设置为白色背景的过程

步骤二，切换到制图界面。将制图界面设置为白色背景的过程如图4-20所示。

操作①，在部件导航器中选中"图纸"，右击。

操作②，在展开栏中，目前"单色"处于勾选状态，取消勾选，制图界面被设置为白色背景，视图中各种颜色均将显示。

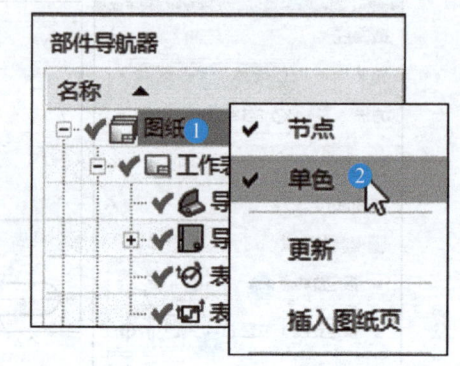

图4-20 将制图界面设置为白色背景的过程

课余

用多向拉伸建模方法创建支架零件（图4-21和图4-22），形成课余学习笔记并提交。提交的模型应包括支架工程图源文件，同时提交单独导出的支架工程图.pdf。

注意：①有的拉伸方向没有现成的草图面，需要先创建草图平面；②每个拉伸模型的草图都要力求简单，宁愿多做几次拉伸，也不要一次做一个复杂草图的拉伸。

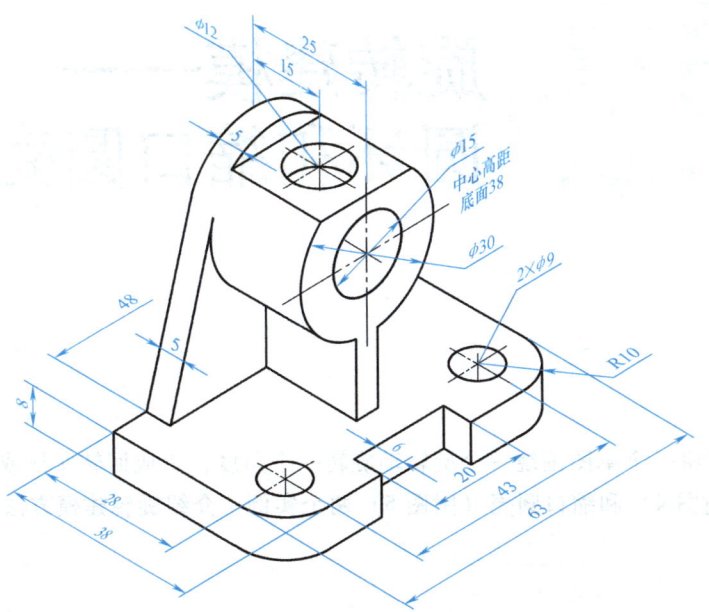

图 4-21 支架一

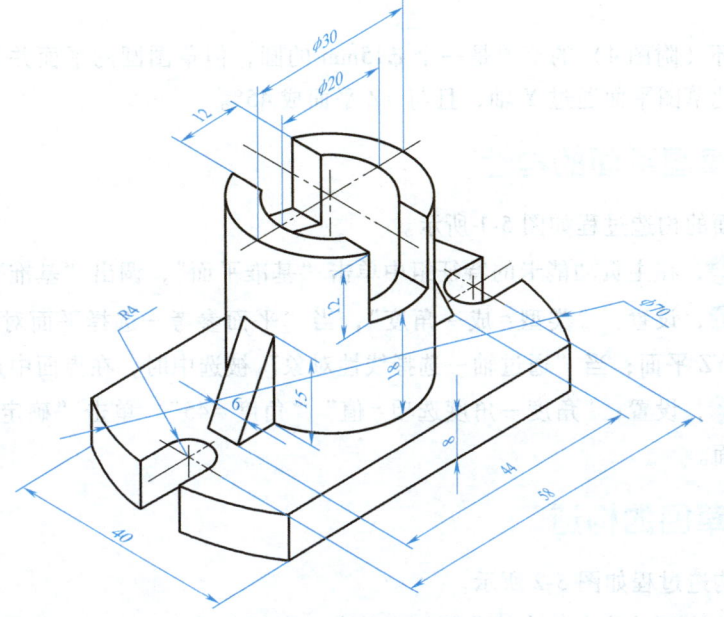

图 4-22 支架二

第5章 旋转建模——圆环和缩口圆壳

CHAPTER 5

旋转建模是将一个草图围绕一个旋转轴旋转一个角度,生成回转实体或曲面。本章通过不完全圆环(附图4)和缩口圆壳(附图5)两个实例,介绍旋转建模方法。

5.1 不完全圆环旋转建模

不完全圆环(附图4)的草图是一个 φ15mm 的圆,但草图圆的平面并非是现成的,需要重新构造。此草图平面通过 Y 轴,且与 YZ 平面成 45°。

5.1.1 圆草图平面的构造

圆草图平面的构造过程如图 5-1 所示。

操作 ❶~❹,在主页功能卡的特征组中单击"基准平面",调出"基准平面"工具。

操作 ❺~❾,设置:"类型=成一角度",当"平面参考—选择平面对象"被选中时,在界面中选择 YZ 平面;当"通过轴—选择线性对象"被选中时,在界面中选择 Y 轴。

操作 ❿~⓭,设置:"角度—角度选项=值""角度=45°",单击"确定",完成在界面中构造基准平面。

5.1.2 圆草图的构造

圆草图的构造过程如图 5-2 所示。

操作 ❶,在主页功能卡的直接草图组中单击"草图",调出"创建草图"工具。

1. 确定草图平面

操作 ❷~❻,设置:"类型=在平面上""草图平面—平面方法=新平面",当"指定平面"被选中时,在界面中选择圆草图平面,通过单击"指定平面"右侧❺处的"反向"图标,将草图平面的视角方向❻,调整为指向界面内。

操作 ❼~⓬,设置:"草图方向—参考=水平",当"指定矢量"被选中时,在界面中选择 Y 轴,即定义草图的水平放置方位;设置:"草图原点—原点方法=指定点",当"指定点"被选中时,单击"点对话框"图标(⑪),调出"点"工具,在"点"工具中设置坐标点为(0,50,0),单击"确定"后,回到"创建草图"工具,单击"确定"完成。

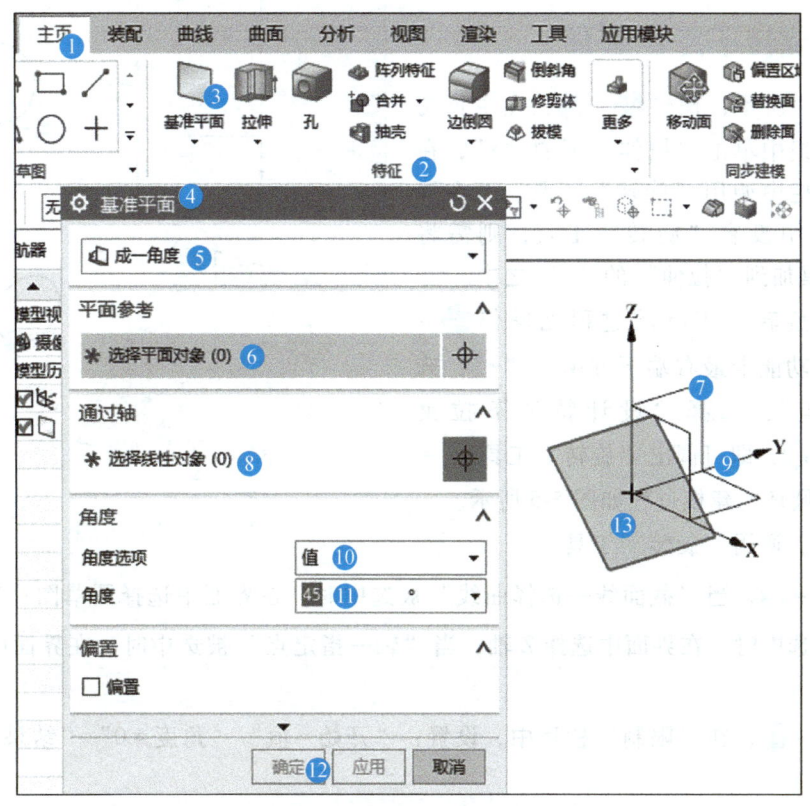

图 5-1 圆草图平面构造过程

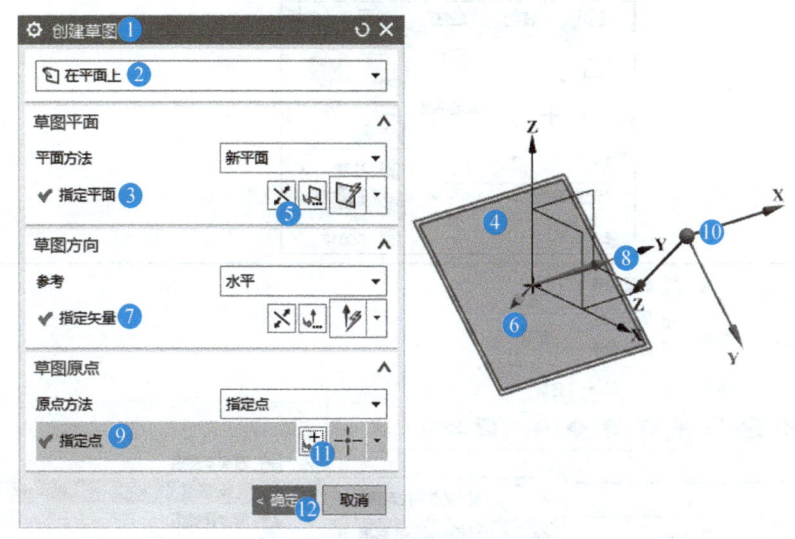

图 5-2 圆草图构造过程

2. 圆草图的绘制

圆草图的绘制过程如图 5-3 所示。界面中出现草图绘制平面后,按❶所示绘制一个

φ15mm 的圆草图②，完成草图后，回到建模界面，界面中圆草图如③所示。

5.1.3 旋转不完全圆环

如图 5-4 所示，操作①~③，在主页功能卡的特征组中单击"拉伸"下的"▼"，在展开的工具栏中调用"旋转"工具。若在展开的工具栏中没有"旋转"工具，则需将"旋转"工具加到"拉伸"的"▼"之中。

调出"旋转"工具的过程见操作④~⑦，在主页功能卡最右端下方单击"▼"，选择"特征组"，选择"设计特征下拉菜单"—旋转⑦，即可调出"旋转"工具。

不完全圆环的建模过程如图 5-5 所示。

操作①，调用"旋转"工具。

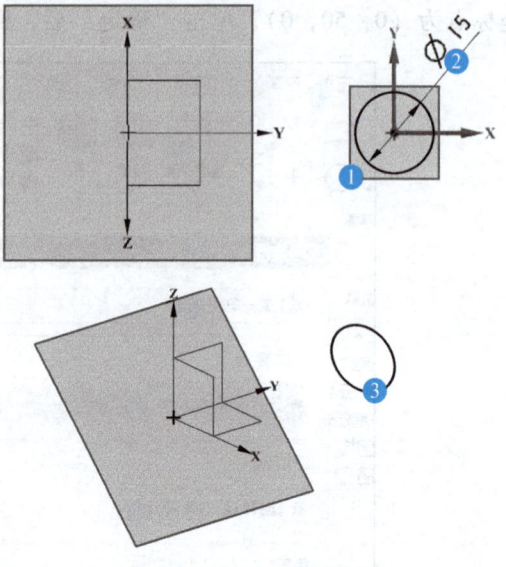

图 5-3 圆草图绘制过程

操作②~⑦，当"截面线—选择曲线"被选中时，在界面中选择圆草图；当"轴—指定矢量"被选中时，在界面中选择 Z 轴；当"轴—指定点"被选中时，在界面中选择⑦处的坐标原点。

操作⑧~⑪，在"限制"栏目中，设置："开始=值""角度=0""结果=值""角度=340"。

操作⑫和⑬，预览确认正确后，单击"确定"，完成不完全圆环的建模。

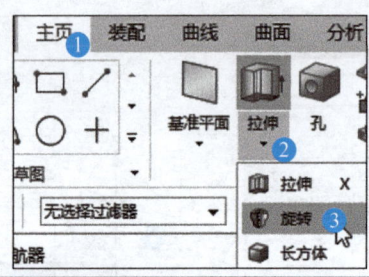

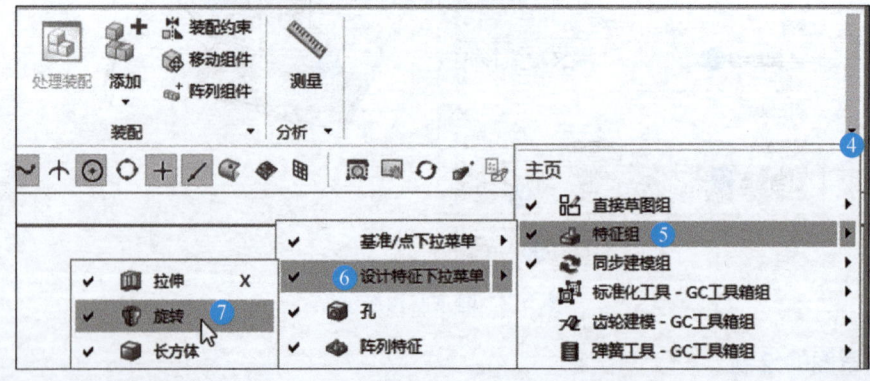

图 5-4 "旋转"工具的调用过程

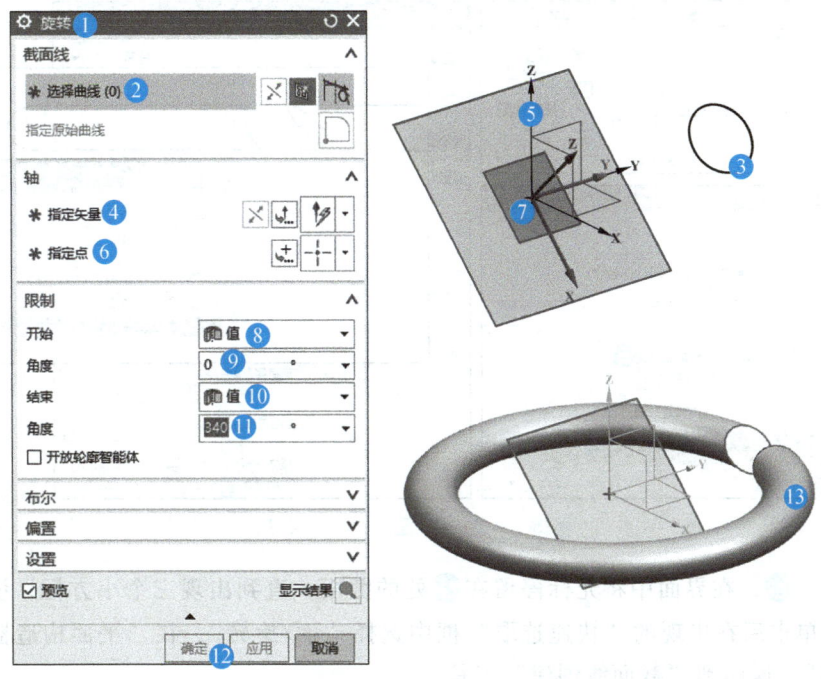

图 5-5 不完全圆环建模过程

5.2 不完全圆环制图

隐藏基准坐标系和基准平面,进入制图界面。以第一视角新建 A4 图纸页,导入 A4 图纸框。

5.2.1 生成圆环后视图

如图 5-6 所示,调用"基本视图"工具,设置:"放置—方法=自动判断""模型视图—要使用的模型视图=后视图""比例—比例=1∶2",在界面中放置一个后视图。

5.2.2 生成定向剖视图

进行圆草图标注时,需要一个垂直于圆草图平面的定向剖视图。定向剖视图工具的调用如图 5-7 所示。

操作①~④,在主页功能卡的视图组中单击"定向剖视图",调用"截面线创建"工具。

操作⑤~⑧,设置:"◉3D 剖切""◉剖切方向",单击"选择平面",调出"平面构造器"工具。

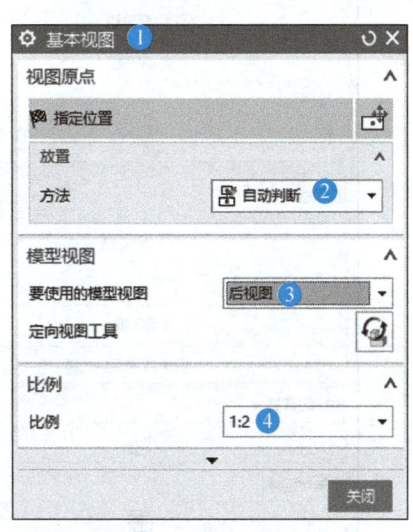

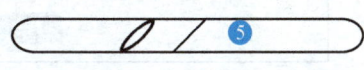

图 5-6 放置不完全圆环后视图

NX数字化设计基础

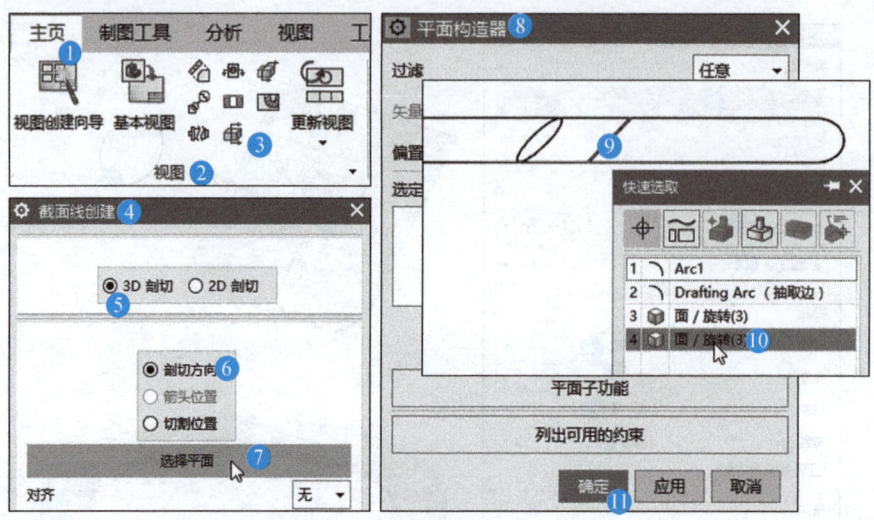

图5-7 定向剖视图工具的调用

操作⑨~⑪，在界面中将光标停留在⑨处的截面，直到出现三个小方框，说明此处有多种选择，单击后在出现的"快速选取"框中选择"面/旋转"，在"平面构造器"工具中单击"确定"，返回到"截面线创建"工具。

如图5-8所示，在操作⑫~⑭中，设置："⊙切割位置""选择点=曲线/边上的点"，在

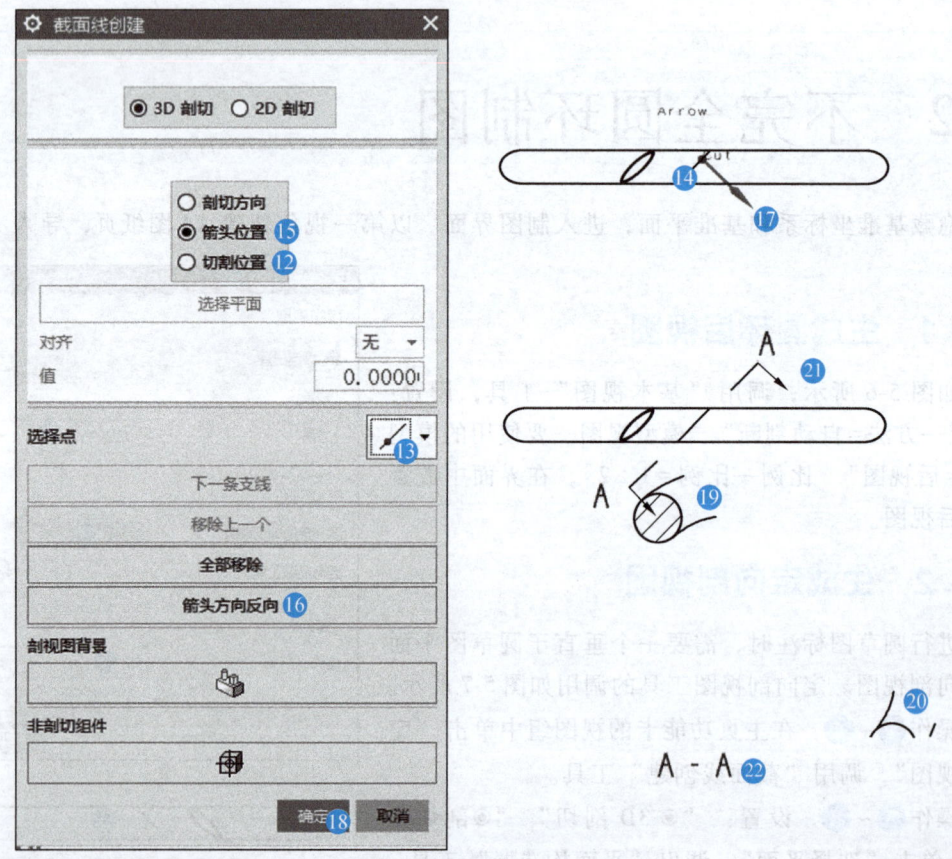

图5-8 生成定向剖视图过程

— 68 —

界面中将光标再次停留在截面线⑭处，在出现的"快速选取"框中选择"抽取的边"。

操作⑮~⑱，在"截面线创建"工具中，自动设置："⊙箭头位置"，利用⑯处的"箭头方向反向"工具，调整界面中剖切视图的箭头指向状态，指向右下方向⑰，单击"确定"。

结果见⑲~㉒。将⑲、⑳处多余的线隐藏。将㉑、㉒处的截面标记调整到合适状态。

5.2.3 角度尺寸标注

角度尺寸标注如图5-9所示。

操作①~③，在主页功能卡的尺寸组中单击"角度尺寸"，调出"角度尺寸"工具。

操作④~⑨，设置："参考—选择模式=矢量和对象"，当"选择第一个对象"被选中时，在界面中⑥处选择圆环的外轮廓线，当"指定第一个矢量"被选中时，在⑧处再次选择轮廓线，结果出现箭头⑨。

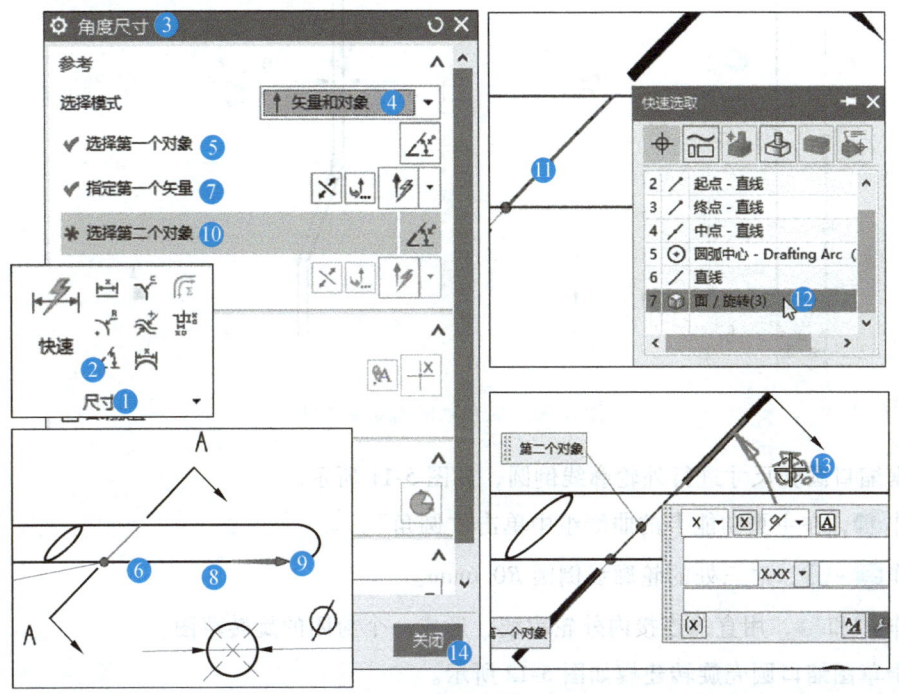

图5-9　角度尺寸标注

操作⑩~⑭，当"选择第二个对象"被选中时，在界面中将光标停留在⑪处，待出现表示多选的小方框后，单击，在出现的"快速选取"框中选择"圆/旋转"，在界面中移动光标到合适位置放置角度尺寸，完成后单击"关闭"。

5.3　缩口圆壳旋转建模

缩口圆壳（附图5）依据不同的草图设计，有三种基本的旋转建模方法，分别为完全草图旋转法、外轮廓旋转偏置法、外轮廓实体和抽壳法等。

5.3.1 完全草图旋转法

完全草图的绘制方法如图 5-10 所示。

进入草图界面，操作①，根据缩口圆壳的外轮廓，绘制外轮廓线。

操作②~④，在主页功能卡的曲线组中单击"偏置曲线"，将外轮廓线向内偏置 0.4mm。

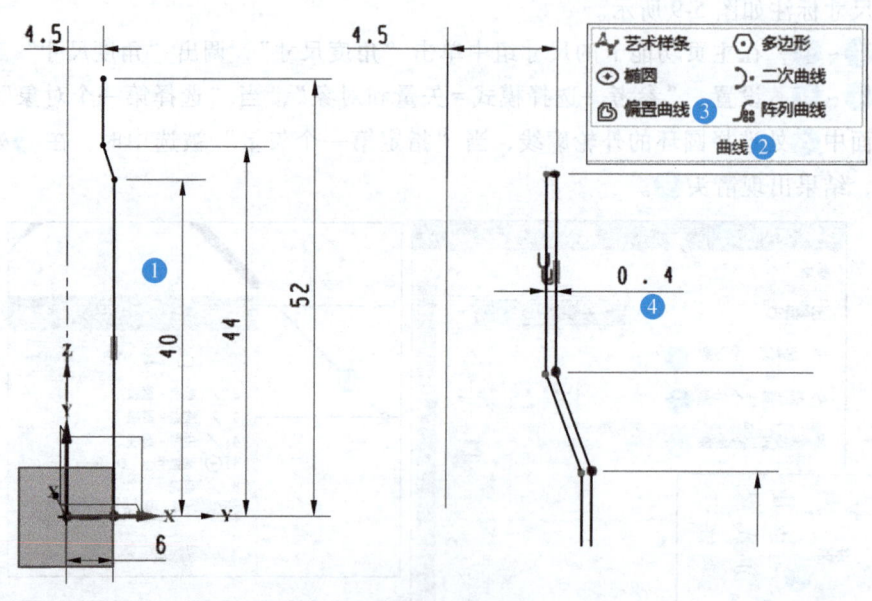

图 5-10 完全草图的绘制方法

根据缩口圆壳尺寸进行外轮廓线倒圆，如图 5-11 所示。

操作①，在主页功能卡的曲线组中单击"圆角"。

操作②~④，对三处的轮廓线倒圆 $R0.6$mm。

操作⑤和⑥，用直线连接内外轮廓线，形成一个封闭的旋转草图。

完全草图缩口圆壳旋转建模如图 5-12 所示。

操作①，完成草图后，调用"旋转"工具。

操作②~⑤，当"截面线—选择曲线"被选中时，在界面中或部件导航器中选择草图；当"轴—指定矢量"被选中时，在界面中选择 Z 轴，指定点为（0，0，0）；在"限制"栏目中，设置："开始=值""角度=0""结束=值""角度=360"，结果显示正确后，单击"确定"，完成缩口圆壳旋转建模。

5.3.2 外轮廓旋转偏置法

在 ZY 平面上绘制包括倒圆特征的外轮廓草图，如图 5-13 所示，缩口圆壳轮廓由一组曲线构成，但没有构成封闭的曲线组。外轮廓旋转偏置设置如图 5-14 所示。

操作①，接着调用"旋转"工具，选择草图、旋转轴、旋转起始角和结束角等。

旋转建模——圆环和缩口圆壳 第5章

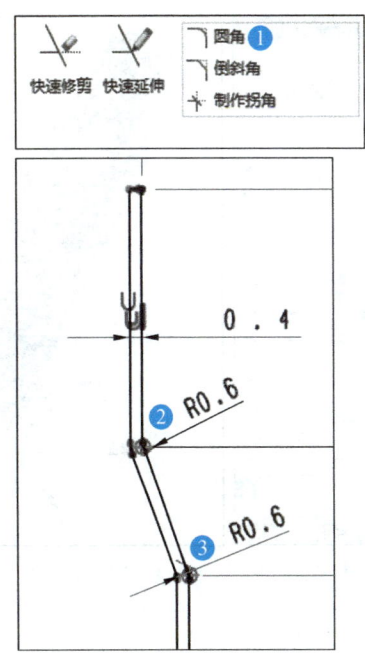
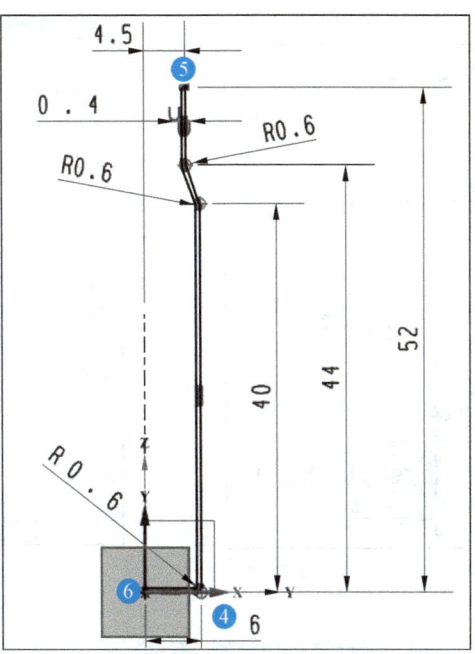

图 5-11 外轮廓线倒圆

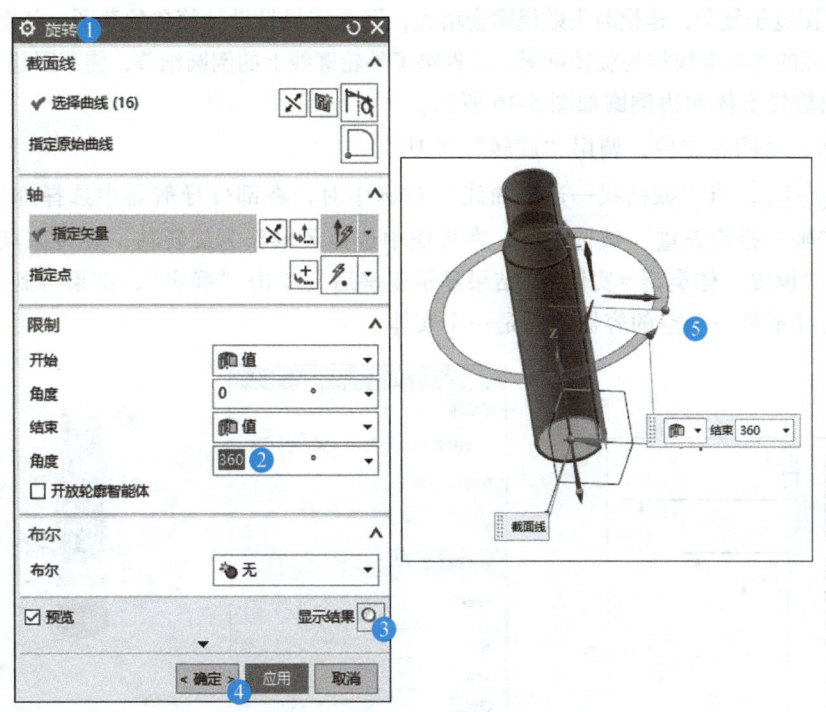

图 5-12 完全草图缩口圆壳旋转建模

操作❷~❺，设置："偏置—偏置＝两侧""开始＝0""结束＝0.4"，"设置—体类型＝实体"。

操作❻~❽，结果显示正确后，单击"确定"，完成壁厚为 0.4mm 的缩口圆壳的旋转建模。

— 71 —

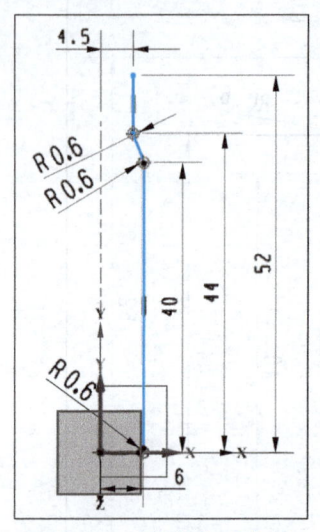

图 5-13 外轮廓完全草图

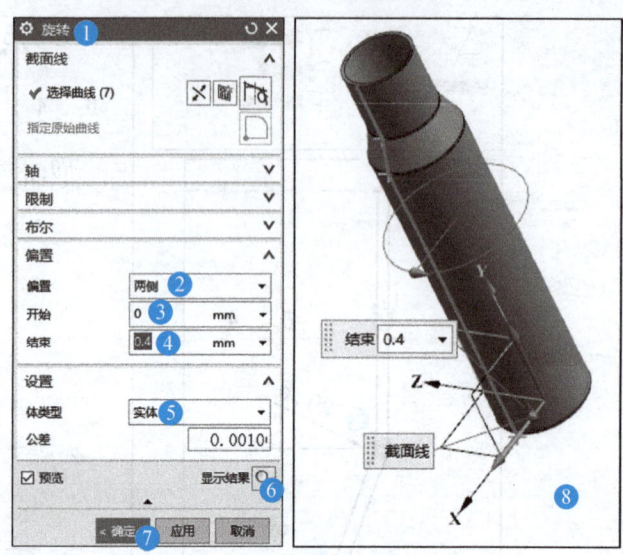

图 5-14 外轮廓旋转偏置设置

5.3.3 外轮廓实体和抽壳法

如果草图过于复杂，建模时失败概率会增大，因此需尽量设计简单的草图。如图 5-15 所示，仅以缩口圆壳的外轮廓线作为旋转草图，且省略了外轮廓线上的倒圆细节，使草图趋于简单。

外轮廓旋转实体和边倒圆如图 5-16 所示。

操作①，草图完成后，调用"旋转"工具。

操作②~⑦，当"截面线—选择曲线"被选中时，在部件导航器中选择外轮廓线作为草图，当"轴—指定矢量"被选中时，在界面中选择 Z 轴作为旋转轴，旋转原点为（0，0，0），设置："设置—体类型=实体"，结果显示正确后，单击"确定"，结果得到一个缩口的实体，即内部不是一个空的容器，而是一个实体。

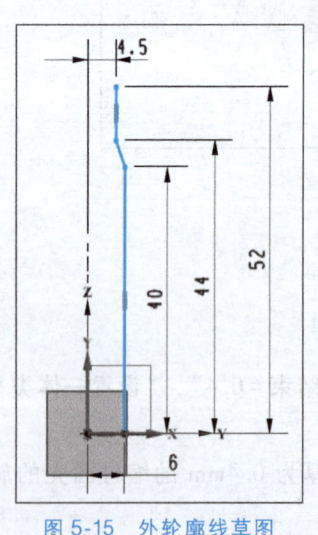

图 5-15 外轮廓线草图

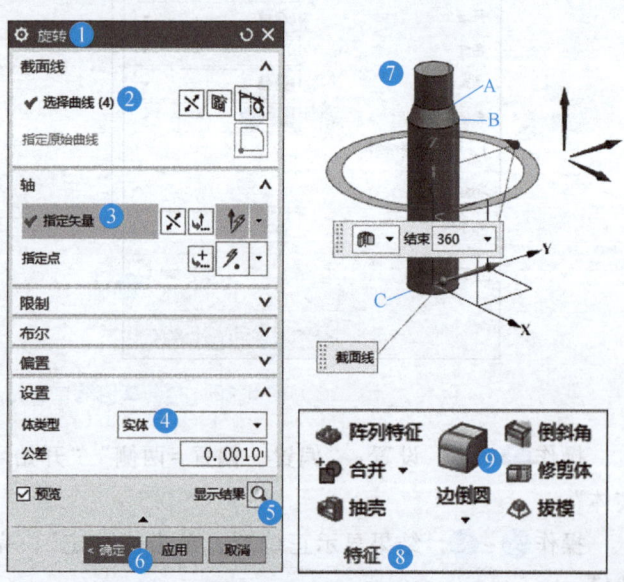

图 5-16 外轮廓旋转实体和边倒圆

操作❽和❾，在主页功能卡的特征组中选择"边倒圆"，在调出的"边倒圆"工具中，在设置半径 1 = 0.6mm，在界面中依次选择"A""B""C"三条边，完成边倒圆 R0.6mm。

完成上述操作后，进行抽壳建模，如图5-17 所示。

操作❶～❸，在主页功能卡的特征组中单击"抽壳"，调出"抽壳"工具。

操作❹～❼，设置："类型＝移除面，然后抽壳"，当"要穿透的面—选择面"被选中时，使"厚度—厚＝0.4"，从界面中选择实体的顶面。

操作❽～❿，结果显示正确后，单击"确定"，完成缩口圆壳的建模造型。

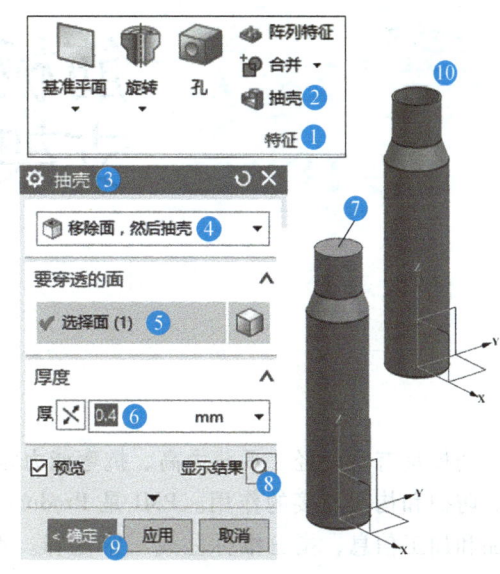

图 5-17 抽壳建模

课余

完成图 5-18 所示手柄的建模，形成课余学习笔记并提交，提交的模型应包括工程图源文件，同时提交单独导出的工程图 .pdf。

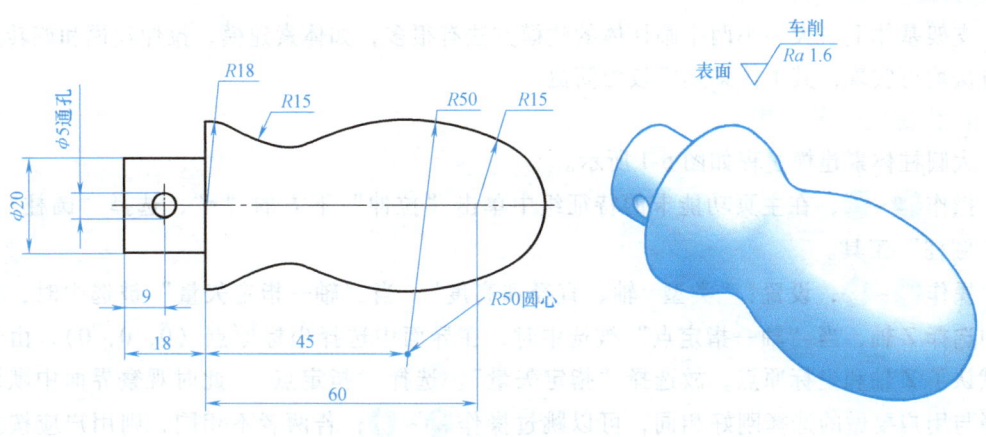

图 5-18 手柄（材料：45）

第6章 筋板和PMI——支架

筋板具有重量轻、承载力高、抗弯能力强以及占用空间小等特点，经合理设计可以起支撑、防护和构架连接的作用。PMI 是 Product Manufacturing Information 的缩写，中文含义是产品和加工信息，指三维标注或三维注释。本章以典型的支架零件（附图6和附图7）为例，介绍筋板建模技术和 PMI 技术。

6.1 支架基体建模

支架（附图6）的基体由一大一小两个圆柱体和连接两个圆柱体的连接板组成，基体建模主要采用体素建模和拉伸建模两种方法。

6.1.1 圆柱体建模

支架基体上一大一小两个圆柱体的建模方法有很多，如体素建模、拉伸建模和旋转建模等方法均可实现，其中体素建模较为简捷。

1. 大圆柱体素建模

大圆柱体素建模过程如图 6-1 所示。

操作①~③，在主页功能卡的特征组中单击"拉伸"下方的"▼"，选择"圆柱"，调出"圆柱"工具。

操作④~⑧，设置："类型＝轴、直径和高度"，当"轴—指定矢量"被选中时，在界面中选择 Z 轴，当"轴—指定点"被选中时，在界面中选择坐标原点（0，0，0），由于软件默认了 Z 轴和坐标原点，故选择"指定矢量"，选择"指定点"，此时观察界面中默认的选择与用户要做的选择刚好相同，可以跳过操作⑤~⑧；若两者不相同，则用户应按操作⑤~⑧重新选择。

操作⑨~⑫，设置："尺寸—直径＝60""高度＝80"，结果显示正确后，因仍需实施圆柱建模操作，故单击"应用"，界面中完成一个大圆柱的建模。

2. 大圆柱内孔建模

如图 6-2 所示，仍在"圆柱"工具中。

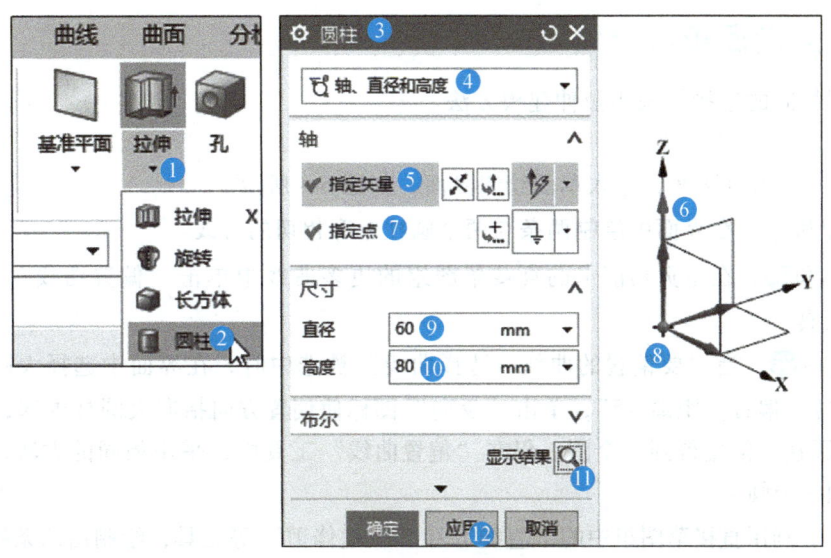

图 6-1 大圆柱体素建模过程

操作❶和❷，修改："尺寸—直径＝40"，"高度＝100"（超过大圆柱高度，以确保布尔减结果的可靠性）。

操作❸，设置"布尔—布尔＝减去"。

操作❹~❻，结果显示正确后，单击"应用"，生成大圆柱内孔。

采用相同的方法，定位于（0，-100，0）处，完成小圆柱及其内孔的建模，结果如图 6-3 所示。

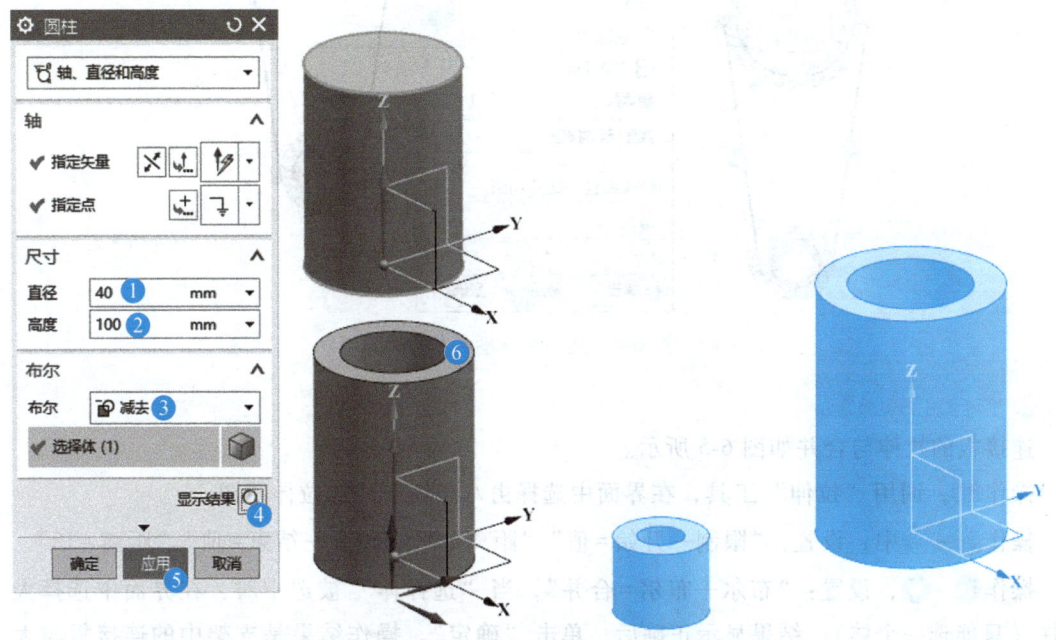

图 6-2　大圆柱内孔建模过程　　　　　图 6-3　两个圆柱及内孔建模结果

6.1.2 连接板和槽建模

两个圆柱间的连接板采用拉伸建模方法。

1. 入体法绘制拉伸草图

以 XY 平面为草图面，进入草图绘制界面，如图 6-4 所示。

操作①和②，在界面中绘制两条与两个圆柱轮廓相切的直线。

操作③和④，在主页功能卡的直接草图组的更多曲线中单击"偏置曲线"，调出"偏置曲线"工具。

操作⑤~⑪，当"要偏置的曲线—选择曲线"被选中时，在界面中选择大圆柱的外轮廓线，设置："偏置—距离=5"，单击"反向"图标使偏置方向指向大圆柱内部，单击"应用"，向大圆柱内偏置得到一个圆。仍在"偏置曲线"工具中，采用相同的方法，向小圆柱内偏置得到一个圆。

操作⑫，利用直接草图组中的"直线"和"快速修剪"等工具，绘制由八条线组成的一个拉伸草图。该草图是封闭曲线，其形状深入到两个圆柱的内部，以确保布尔合并的可靠性。

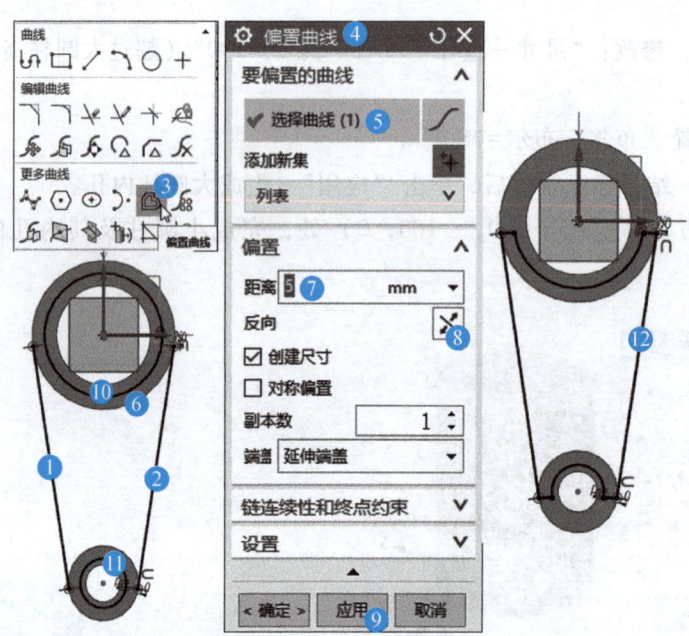

图 6-4　连接板草图绘制

2. 拉伸合并连接板

连接板的拉伸与合并如图 6-5 所示。

操作①，调用"拉伸"工具，在界面中选择由八条线组成的拉伸草图。

操作②~⑤中，设置："限制—开始=值""距离=0""限制—结束=值""距离=18"。

操作⑥~⑨，设置："布尔—布尔=合并"，当"选择体"被选中时，在界面中选择大圆柱（只能选一个体），结果显示正确后，单击"确定"。操作结果是支架中的连接板与大圆柱合并为一体，但与小圆柱没有合并，需进一步进行合并操作。

筋板和PMI——支架 第6章

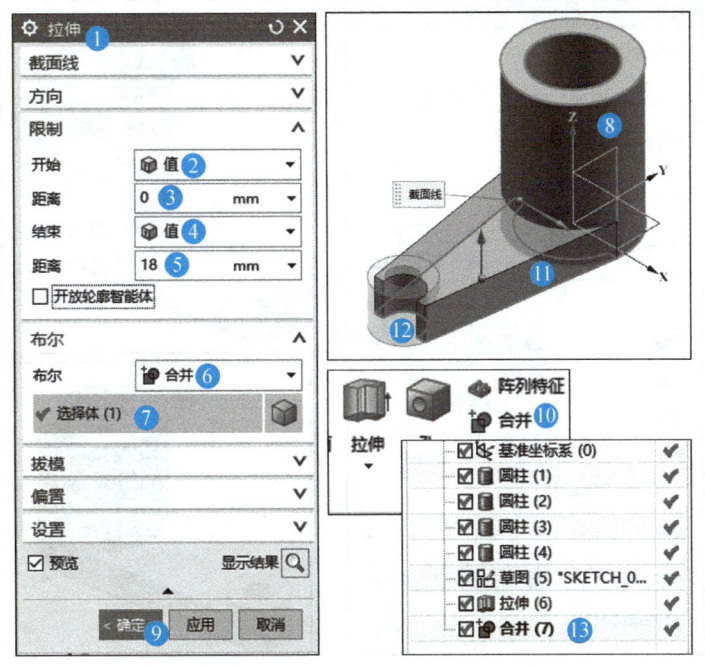

图 6-5 连接板的拉伸与合并

操作❿~⓭，在主页功能卡的特征组中选择"合并"，调用"合并"工具，选择已合并为一体的连接板和大圆柱，再选择没有合并的小圆柱，在"合并"工具中单击"确定"，将支架基体合并为一体，以部件导航器中出现"合并"特征为合并成功的标志。

3. 拉伸法切割大圆柱槽

以大圆柱顶面为草图面，进入草图绘制界面，如图6-6所示。

操作❶~❺，在主页功能卡的直接草图组中单击"矩形"，调出"矩形"工具，选择"从中心"方法。

操作❻~❾，在界面中选择大圆柱中心，在出现的矩形参数文本框中，输入："宽度=90"（尺寸大于圆柱外径，以确保切割的完整性），"高度=16"，"角度=0"，完成草图绘制。

拉伸切槽过程如图6-7所示。

操作❶~❺，调用"拉伸"工具，当"截面线—选择曲线"被选中时，在界面中或部件导航器中选择大圆柱顶面的矩形草图，单击"方向—指定矢量"右侧的"反向"图标，使界面中的拉伸方向指向-Z方向。

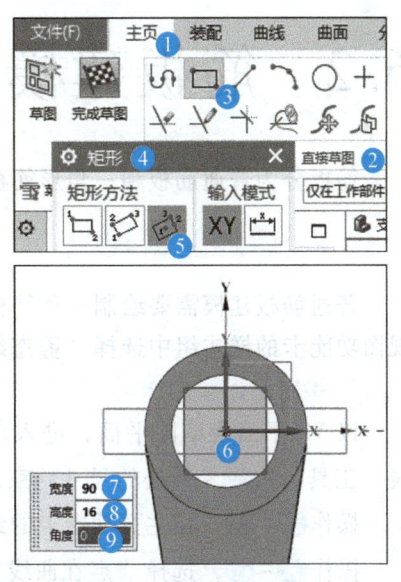

图 6-6 切槽草图绘制

操作❻~❾，设置："限制—开始=值""距离=0""限制—结束=值""距离=20"。

操作❿~⓭，设置："布尔—布尔=减去"，当"选择体"被选中时，在界面中选择大圆柱，结果显示正确后，单击"确定"，完成大圆柱顶面的槽切割。

— 77 —

NX数字化设计基础

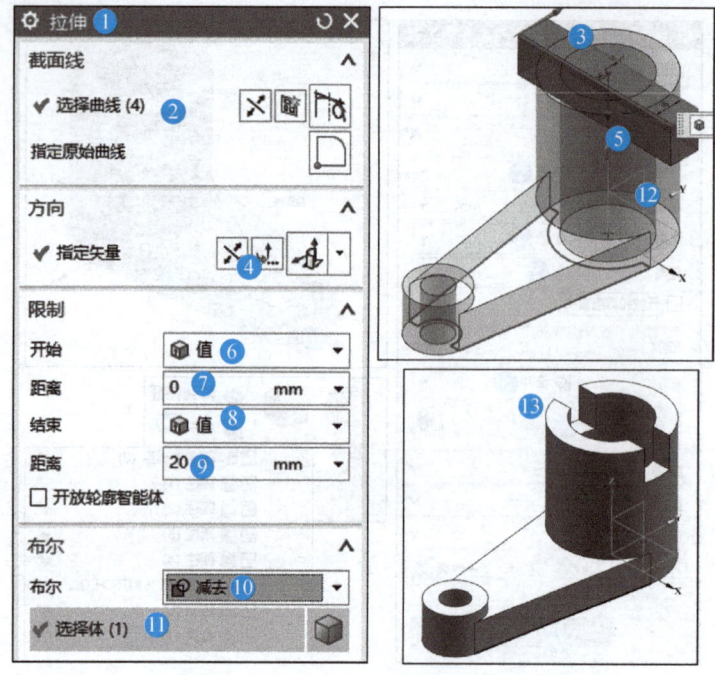

图 6-7 拉伸切槽过程

6.2 筋板建模

筋板分为普通筋板和三角形筋板两种结构。

6.2.1 普通筋板建模

普通筋板建模需要绘制一条筋板草图线，为方便观察支架基体的几何特征，操作前，在视图功能卡的样式组中选择"静态线框"样式，界面中的模型将按"静态线框"样式显示。

1. 绘制筋板草图线

以 YZ 平面为草图平面，进入草图绘制界面，如图 6-8 所示。操作①~④，利用"直线"工具，按①~③处的尺寸约束，绘制一条筋板草图线。

操作⑤~⑦，在主页功能卡的约束组中选择"几何约束"，调出"几何约束"工具。

操作⑧~⑩，选择"点在曲线上"约束，通过"选择要约束的对象"和"选择要约束到的对象"两个操作，将④处的筋板草图线的左下端点约束到连接板上的轮廓线上，以获得正确的筋板草图线。

2. 普通筋板建模过程

普通筋板建模过程如图 6-9 所示。

操作①~④，在主页功能卡的特征组中单击"更多"下方的"▼"，在"设计特征"栏中选择"筋板"，调出"筋板"工具。

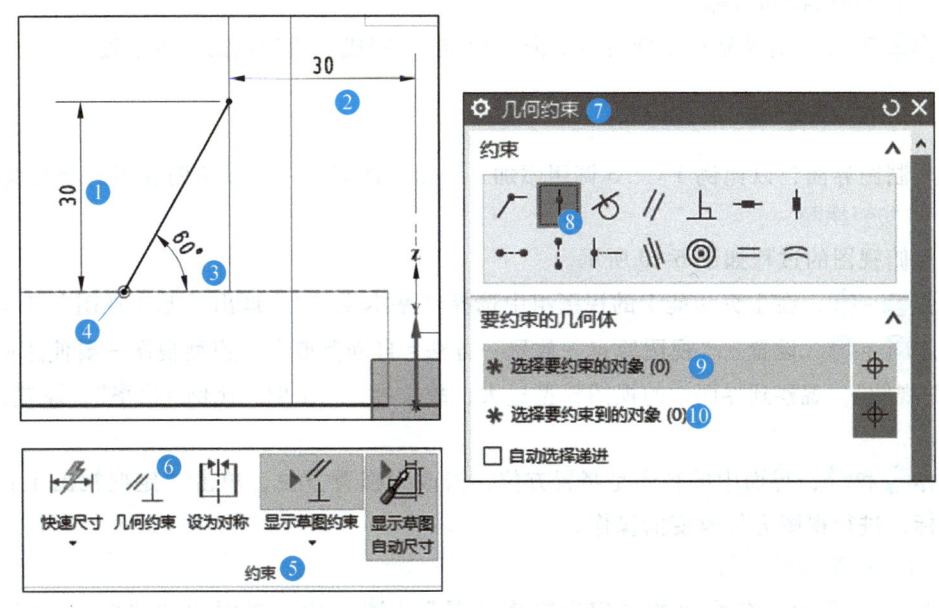

图 6-8 筋板草图线绘制

操作 ⑤ ~ ⑦，当"目标—选择体"被选中时，在界面中选择支架基体，在"筋板"工具中，"选择体"前出现绿色"√"，说明工具已选中默认的目标对象，界面中自动选中的目标对象将变色。若支架基体刚好是工具默认的目标对象，则跳过在界面中选择目标对象的操作。

操作 ⑧ ~ ⑪，设置："壁=⊙平行于剖切平面""反转筋板侧—尺寸=对称""厚=6"，

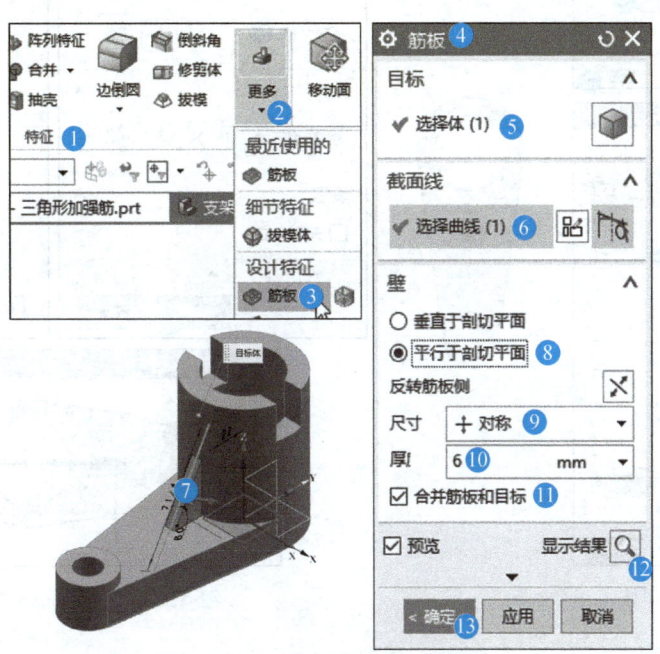

图 6-9 普通筋板建模过程

选择："☑合并筋板和目标"。

操作⑫和⑬，结果显示正确后，单击"确定"，完成普通筋板的建模过程。

6.2.2 普通筋板制图要点

进入制图界面，以比例1∶1.5调用添加一个俯视图以及一个基于俯视图的全剖视图。

1. 添加俯视图

添加俯视图的过程如图6-10所示。

操作①~④，在主页功能卡的视图组中选择"基本视图"，调出"基本视图"工具。

操作⑤~⑧，设置："视图原点—放置—方法=自动判断""模型视图—要使用的模型视图=俯视图"，观察到界面中的视图模型过大，故选择："比例—比例=比率"，设置比例=1∶1.5。

操作⑨和⑩，界面中的视图是竖置方位，需改为横置方位，单击"定向视图工具"右侧的图标，进行视图方位改变的操作。

2. 改变俯视图的方位

如图6-11所示，在调出的"定向视图工具"（⑪）中，视图的"法向—指定矢量"（⑫）不需改变，故选中⑬处的"X向—指定矢量"。

操作⑭~⑯，在"定向视图"界面中选择Y坐标轴，即将Y轴指定为X向的矢量，于是"定向视图"界面中的俯视图旋转为横置方位。单击"确定"，完成视图定向操作，返回到"基本视图"工具，在界面中单击鼠标放置俯视图。

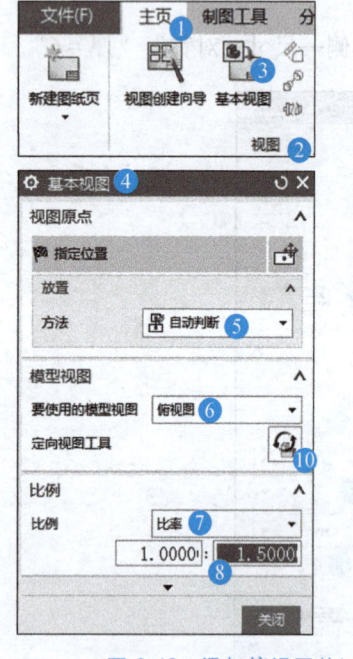

图6-10 添加俯视图的过程　　　　图6-11 改变俯视图的方位

3. 生成全剖视图

生成全剖视图的过程如图6-12所示。

操作❶~❹，在主页功能卡的视图组中选择"剖视图"，调出"剖视图"工具。

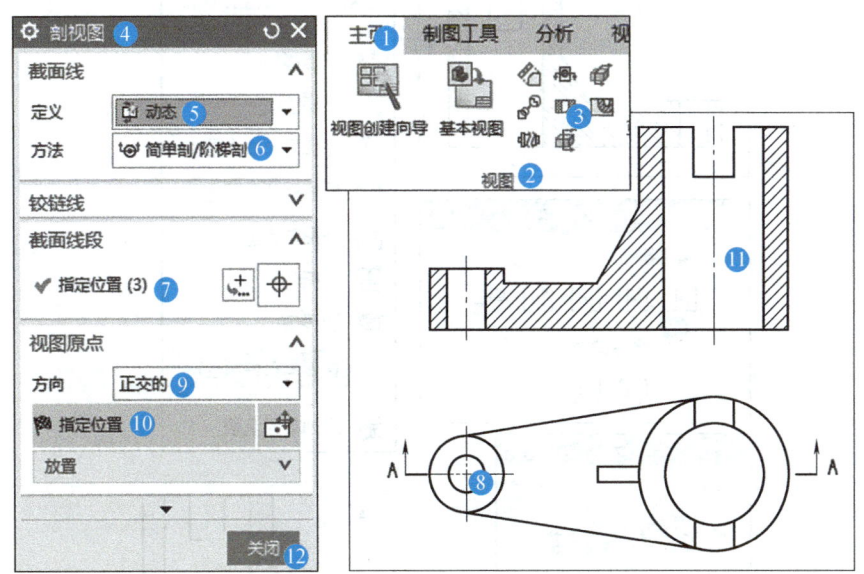

图 6-12 生成全剖视图的过程

操作❼~⓬，当"截面线段—指定位置"被选中时，在界面中选择小圆柱中心作为剖切位置，设置："视图原点—方向＝正交的"。当"指定位置"被选中时，在界面中移动光标至合适位置，单击放置全剖视图，单击"关闭"，完成全剖视图添加。

在完成的全剖视图中，筋板也被剖切。但按照制图规则，筋板部分是不剖切的，故应对全剖视图做进一步修改。

4. 修改全剖视图

全剖视图修改分为擦除剖面线、添加剖面线边界以及重新添加剖面线三个步骤。

（1）擦除剖面线　擦除剖面线的过程如图 6-13 所示。

操作❶~❸，在界面中选择全剖视图的边界线，右击，在展开的工具栏中选择"视图相关编辑"，调出"视图相关编辑"工具。

操作❹和❺，在"添加编辑"栏中选择"擦除对象"，调出"类选择"工具。

操作❻和❼，在界面中选择自动生成的剖面线，结果"类选择"工具中的"对象—选择对象"显示已选中，呈亮橙色。

操作❽和❾，单击"确定"，界面中的剖面线被擦除。

（2）添加剖面线边界　添加剖面线边界的过程如图 6-14 所示。

操作❶和❷，在界面中选择全剖视图，右击，在展开的工具栏中选择"活动草图视图"。

操作❸~❻，在主页功能卡的草图组中选择"直线"和"快速修剪"等草图绘制工具，在全剖视图上添加❺和❻两条剖切边界线。

（3）重新添加剖面线　重新添加剖面线的过程如图 6-15 所示。

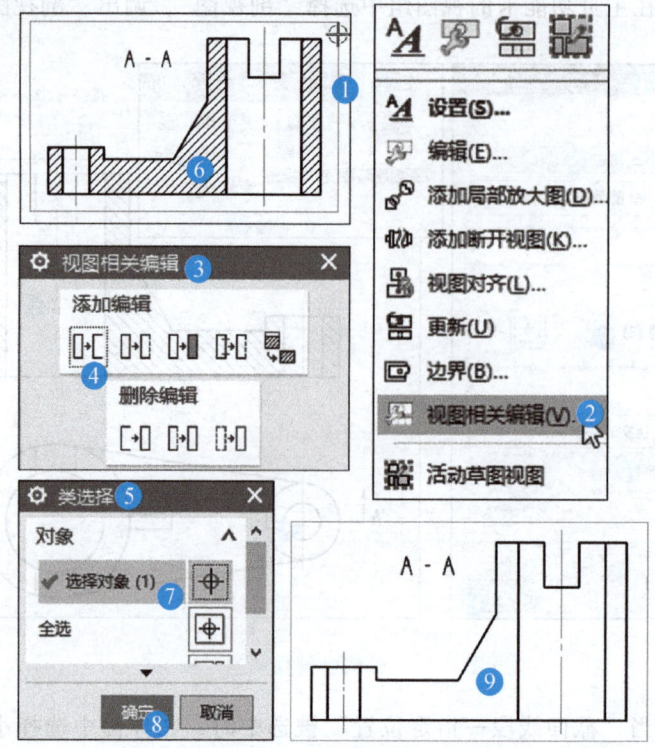

图 6-13 擦除剖面线的过程

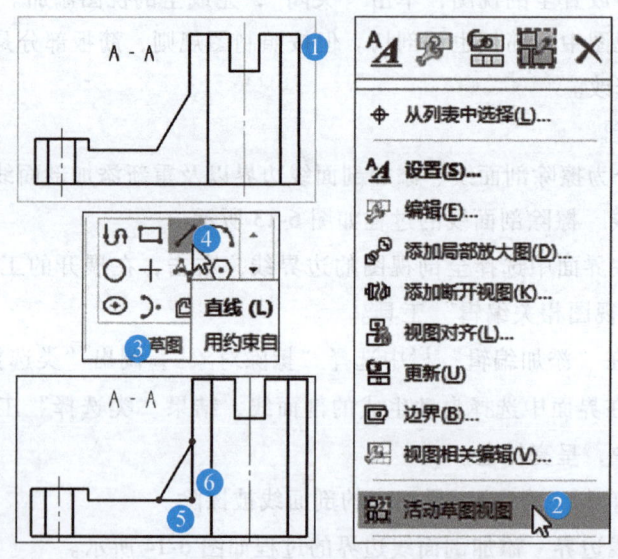

图 6-14 添加剖面线边界的过程

操作❶~❸，在主页功能卡的注释组中选择"剖面线"，调出"剖面线"工具。

操作❹~❽，设置："边界—选择模式=区域中的点"，当"指定内部位置"被选中时，在界面中选择❻~❽三个区域。

操作❾~⓫，结果显示正确后，单击"确定"。

筋板和PMI——支架 第6章

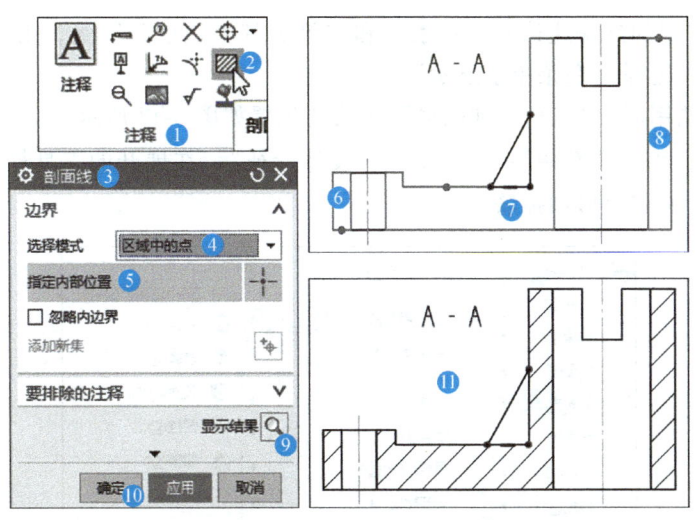

图 6-15 重新添加剖面线的过程

6.2.3 调用三角形加强筋工具

以三角筋支架（附图 7）为例，在支架的两个面相交处添加三角形加强筋是一种常用的结构。但在 NX 12.0 中，三角形加强筋工具默认是隐藏的，需用"命令查找器"工具进行查找和调用。

查找和调用三角形加强筋的过程如图 6-16 所示。

操作❶~❸，在功能栏右端的命令查找框内输入"三角形加强筋"，单击"搜索"图标，调出"命令查找器"工具。

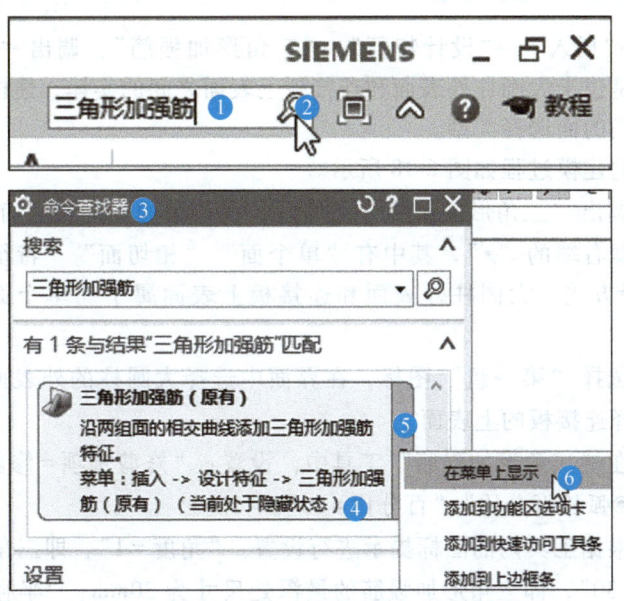

图 6-16 查找和调用三角形加强筋过程

操作❹~❻，提示"三角形加强筋"工具当前处于隐藏状态，单击右端的展开工具，在展开的工具栏中有多种调用"三角形加强筋"工具的方式，如"在菜单上显示""添加到

— 83 —

功能区选项卡""添加到快速访问工具条"和"添加到上边框条"等，由于该工具不常用，为保持界面简洁，选择"在菜单上显示"。

完成查找和调用后，"三角形加强筋"工具的位置如图6-17所示。

操作❼~❿，单击"菜单"→"插入"→"设计特征"，在展开的工具栏中将出现"三角形加强筋"，选择"三角形加强筋"。

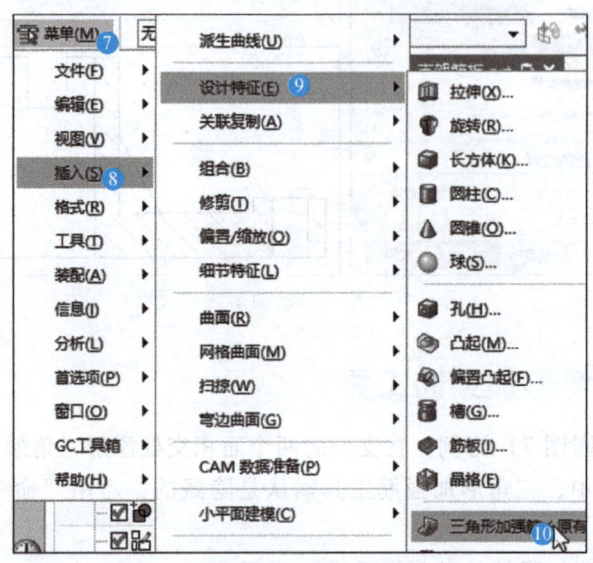

图6-17 "三角形加强筋"工具的位置

6.2.4 三角形加强筋建模

单击"菜单"→"插入"→"设计特征"→"三角形加强筋"，调出"三角形加强筋"工具。三角形加强筋是位于大圆柱外表面和连接板上表面之间的实体，建模时需要选择两个表面，故需要设定正确的面选择类型。

三角形加强筋的建模过程如图6-18所示。

操作❶~❸，调出"三角形加强筋"工具后，在菜单的中间位置有一个"面规则"选择框，单击该选择框右端的"▼"，其中有"单个面""相切面""特征面"和"体的面""区域面"等面选择方式，大圆柱外表面和连接板上表面属于"单个面"，故选择"单个面"方式。

操作❹~❼，选择"第一组"图标，在界面中选择大圆柱的外表面。选择"第二组"图标，在界面中选择连接板的上表面。

操作❽~⓫，在"三角形加强筋"工具中，设置："修剪选项=修剪与缝合""方法=沿曲线"，选择："⊙弧长百分比""百分比=50"。

操作⓬~⓮，根据工具内的图标提示进行设置："角度=1"，即三角形加强筋两侧面的夹角为1°；"深度=30"，即三角形加强筋的最深处尺寸为30mm；"半径=5"，即三角形加强筋上的圆弧半径为$R5$mm。

操作⓯和⓰，勾选"预览三角形加强筋"，使界面中三角形加强筋可预览。确认正确后，单击"确定"，完成三角形加强筋的建模。

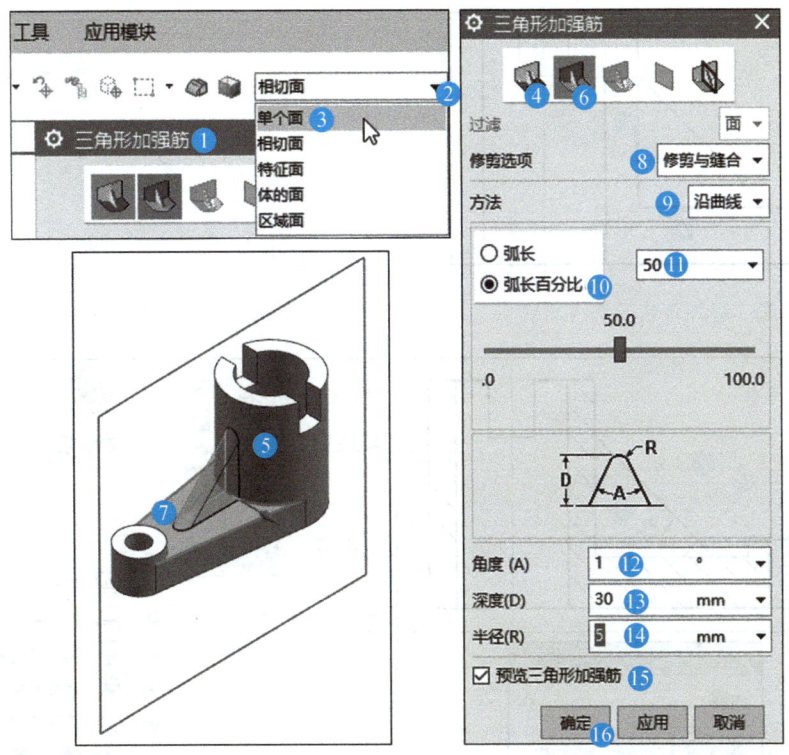

图 6-18 三角形加强筋建模过程

6.2.5 三角形加强筋制图要点

进入制图界面,添加一个俯视图和一个全剖视图,如图 6-19 所示。

1. 不剖三角形加强筋设置

步骤一,在界面中选择全剖视图,右击,在展开的工具栏中选择"视图相关编辑",调出"视图相关编辑"工具。按选择"擦除对象""类选择"和"界面中选择剖面线"的顺序,擦除全剖视图中的剖面线。

步骤二,在界面中选择全剖视图,右击,在展开的工具栏中选择"活动草图视图"。在主页功能卡的草图组中选择"直线"和"快速修剪"等草图绘制工具,在全剖视图上添加两条剖切边界线,如图 6-20 所示。

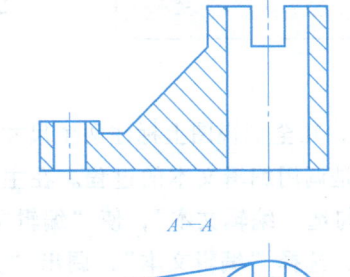

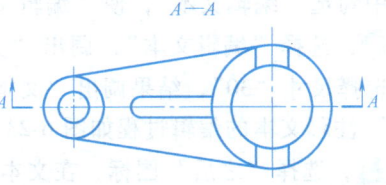

图 6-19 三角形加强筋视图

步骤三,在主页功能卡的注释组中选择"剖面线",调出"剖面线"工具。重新添加剖面线,结果如图 6-21 所示。

2. 三角形加强筋尺寸标注

三角形加强筋尺寸标注原则上采用"集中注释法",如图 6-22 所示。

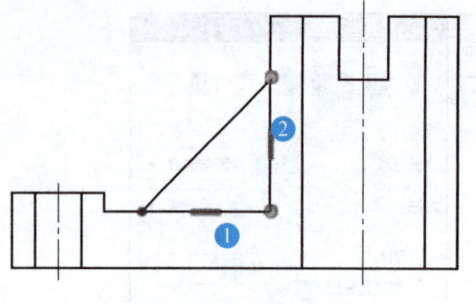
图6-20 添加两条剖切边界线

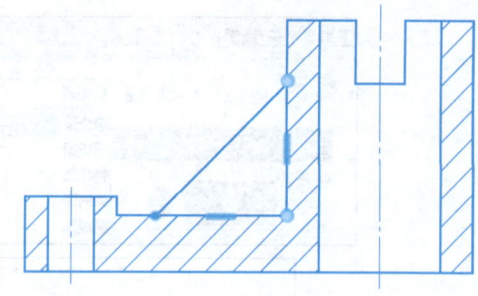
图6-21 三角形加强筋不剖设置结果

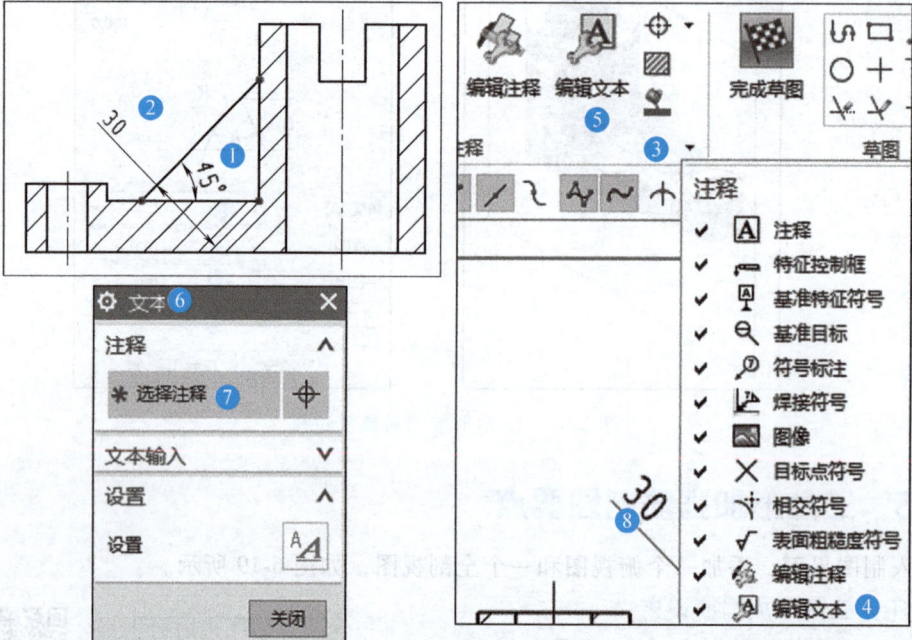
图6-22 调用"编辑文本"工具

操作①和②,在全剖视图上标注两个尺寸。

操作③~⑤是调用编辑文本的过程。在主页功能卡的注释组中单击右下角的"▼",在展开的工具栏中勾选"编辑文本",使"编辑文本"工具出现在注释组中。

操作⑥~⑧,选择"编辑文本",调出"文本"工具,当"注释—选择注释"被选中时,在界面中选择尺寸"30",结果调出"文本编辑器"工具。

尺寸"30"注释文本的编辑过程如图6-23所示。

操作①和②,选择"之后"图标,在文本编辑框中输入"(三角形加强筋)"。

操作③和④,选择"下面"图标,在文本编辑框中输入"顶部R5,两侧面拔模1°"。

操作⑤,输入"°"时,用制图符号中的"X°"。

操作⑥,单击"关闭",结束文本编辑。

3. 附加文本的修改设置

若集中注释文本格式不符合制图要求,则在界面中右击需修改的文本,例如尺寸"30"及其注释文本。

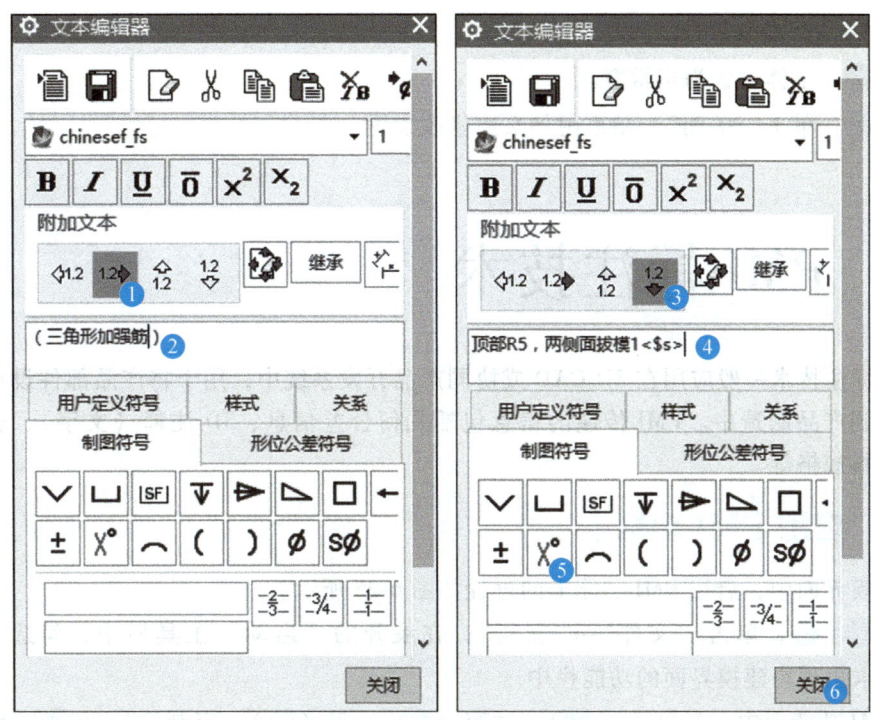

图 6-23　编辑注释文本过程

操作❶，在展开的工具栏中选择"设置"，调出"设置"工具，接着按图 6-24 所示进行修改和设置。

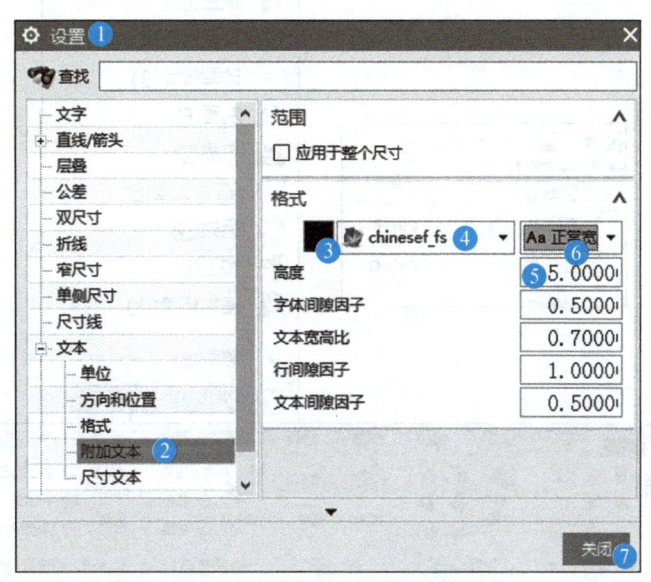

图 6-24　附加文本修改设置

操作❷，选择"附加文本"。

操作❸，单击色块，将其修改为黑色。

操作❹，选择"chinesef_fs"字体，即仿宋体。

操作⑤，设置："高度=5"。

操作⑥，字体设置为正常宽。

操作⑦，单击"关闭"，结束附加文本修改设置。

6.3　PMI 标注技术

PMI 标注技术一般应用在 3D CAD 或协同产品开发系统中，用于将产品部件设计的信息正确传递到产品制造中。PMI 传递的信息包括几何公差信息、3D 注释（文字）、表面粗糙度以及材料规格等。

6.3.1　启用 PMI 功能卡

在建模界面中，启用 PMI 功能卡的过程如图 6-25 所示。

操作①~⑤，单击"文件"→"新建"，在展开的"启动"工具栏中，勾选"PMI"，PMI 功能卡出现在建模界面的功能栏中。

在 PMI 功能卡中，有尺寸（⑥）、注释（⑦）、表（⑧）、定制符号（⑨）和补充几何信息（⑩）等功能组。

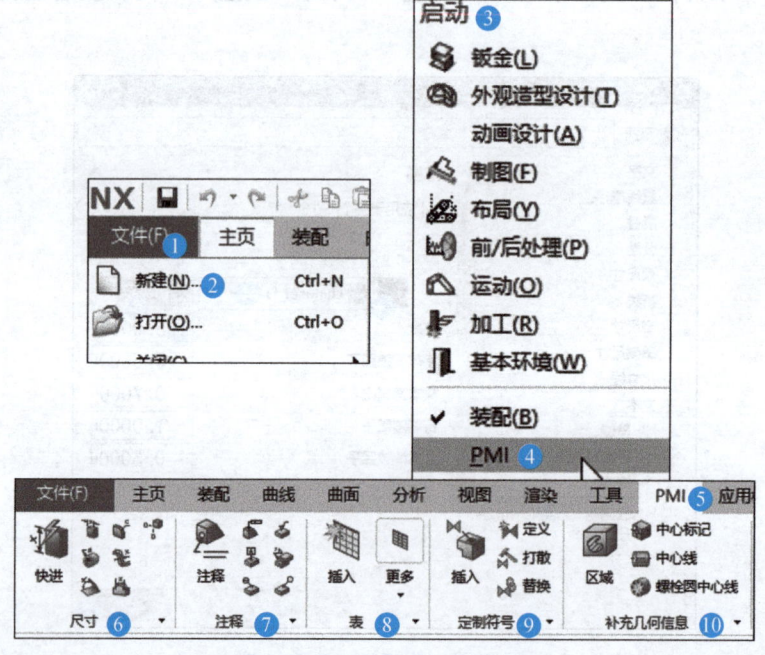

图 6-25　启用 PMI 功能卡的过程

6.3.2　PMI 标注案例

以普通筋板支架为例，大圆柱上表面放置内径和外径两个尺寸。PMI 标注尺寸时，只能基于一个特定的模型方位进行标注,一旦模型方位发生改变,原先标注的尺寸将随着模型方位的改变而改变,可能使原先标注的尺寸失去最佳的标注位置。以普通筋板支架为例,在视图功能卡的操作组中选择"正等测图"工具,将界面中的模型调整到"正等测图"方位,以下依据该方位进行 PMI 标注。

1. 使用模型视图标注

以标注大圆柱内径 $\phi 40^{+0.025}_{0}$ mm 为例,其标注过程如图 6-26 所示。

操作 ❶~❸,在 PMI 功能卡的尺寸组中选择"快速尺寸",调出"快速尺寸"工具。

操作 ❹~❻,当"参考—选择第一个对象"被选中时,在界面中大圆柱顶面上选择内孔边,展开"对齐"栏,取消勾选全部复选项,即不选任何对齐约束。

操作 ❼,在"方向—平面"右边的设置框中单击"▼",展开后有七种设置选项,分别为"XC-YC 平面""XC-ZC 平面""YC-ZC 平面""模型视图""用户定义的上一个""用户定义"和"显示快捷方式"。PMI 标注的一个关键是设置正确的尺寸放置平面,本例选择"方向—平面=模型视图",即让软件自动判断 PMI 放置平面。

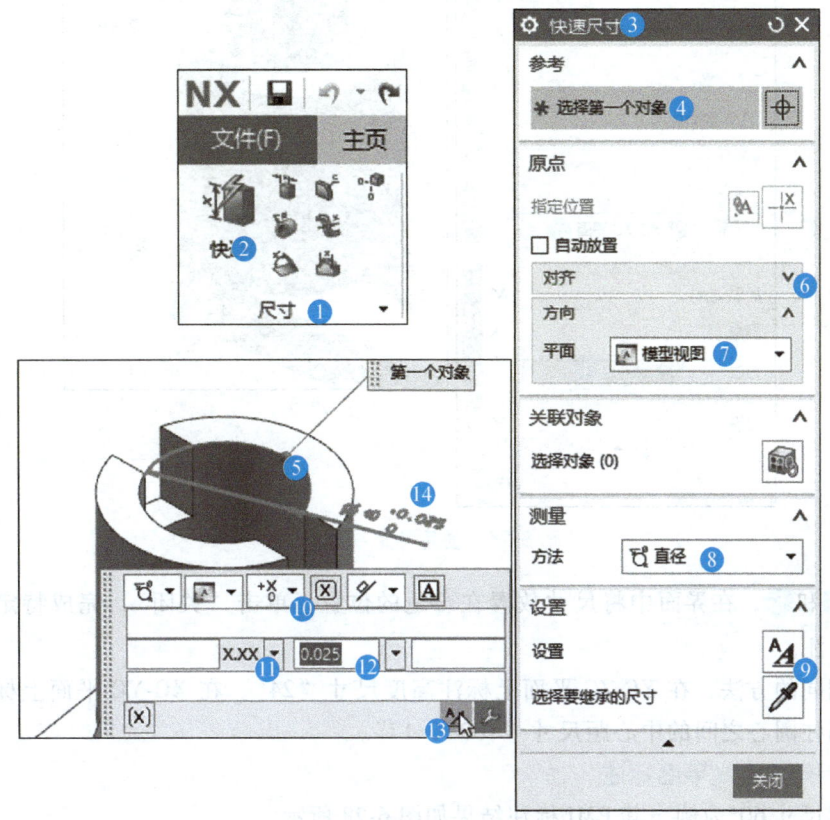

图 6-26 使用模型视图标注

操作 ❽和❾,设置:"测量—方法=直径",单击"设置—设置"右侧的"$\underline{A\!\!\!A}$"图标,对 PMI 尺寸文本进行设置。

操作 ❿~⓭,在调出的动态设置框中,设置公差类型=单向正公差,设置尺寸小数点后的位数=3,即显示小数点后 3 位,设置该尺寸的正向公差值=+0.025mm。操作 ⓭与操作 ❾

功能相同，也可单击"设置"图标，对PMI尺寸文本进行设置。

采用相同的方法，完成大圆柱上表面的外径以及小圆柱上表面的内径和外径的PMI标注，这四个尺寸均可通过"模型视图"自动判断出尺寸放置平面。

2. 使用特定平面标注

以高度尺寸"80"为例，其PMI标注结果如图6-27所示。

操作①和②，设置："测量—方法=点到点""方向—平面=XC-ZC平面"，即将尺寸放置在XC-ZC平面上。

操作③~⑥，当"参考—选择第一个对象"被选中时，在界面中选择大圆柱上表面的圆心。当"参考—选择第二个对象"被选中时，在界面中选择大圆柱下表面的圆心。

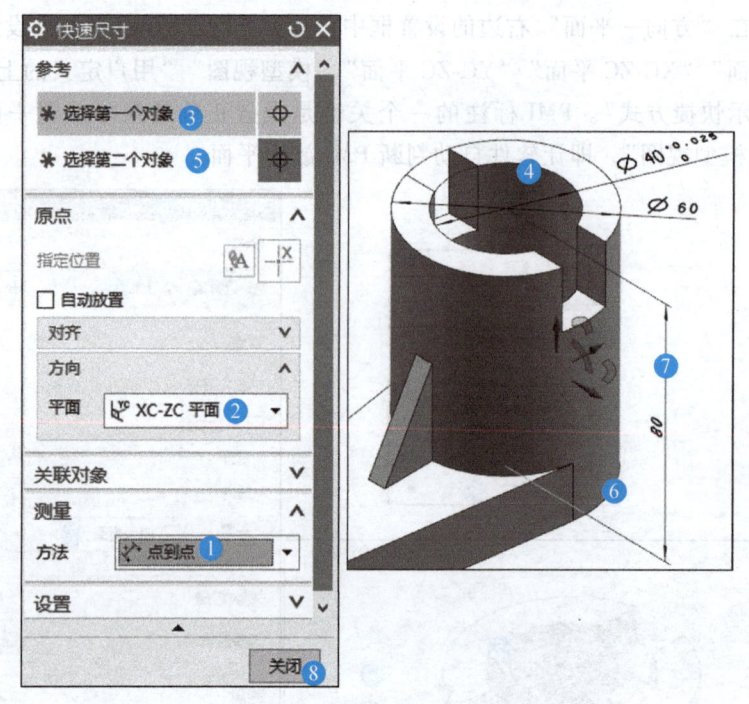

图6-27 使用特定平面标注

操作⑦和⑧，在界面中将尺寸放置在合适的位置，单击"关闭"，完成特定放置平面PMI尺寸标注。

采用相同的方法，在YC-ZC平面上标注高度尺寸"24"，在XC-YC平面上标注大圆柱圆心和小圆柱圆心之间的中心距尺寸"100±0.17"。

3. 使用用户定义平面标注

以角度尺寸60°为例，其PMI标注结果如图6-28所示。

操作①和②，设置："测量—方法=斜角""方向—平面=用户定义"，即将尺寸放置在用户定义的平面上。

操作③~⑥，当"参考—选择第一个对象"被选中时，在界面中选择筋板的斜边。当"参考—选择第二个对象"被选中时，在界面中选择筋板的底边。

操作⑦和⑧，当"平面—指定坐标系"被选中时，在界面中选择筋板前侧的三角形平面,即将尺寸放置在筋板前侧的三角形平面上。

操作⑨和⑩,在界面中移动光标到合适的位置,单击放置尺寸,单击"关闭",完成用户定义平面 PMI 尺寸标注。

采用相同的方法,在连接板前侧平面上标注连接板高度尺寸"18"。

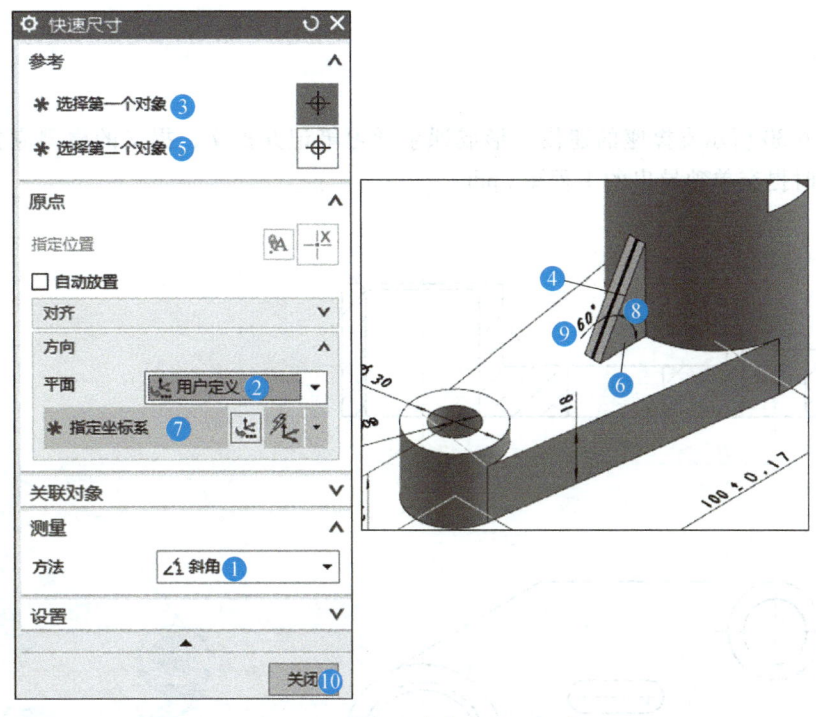

图 6-28　使用用户定义平面标注

4. 使用几何元素标注

以筋板高度尺寸"30"为例,其 PMI 标注如图 6-29 所示。

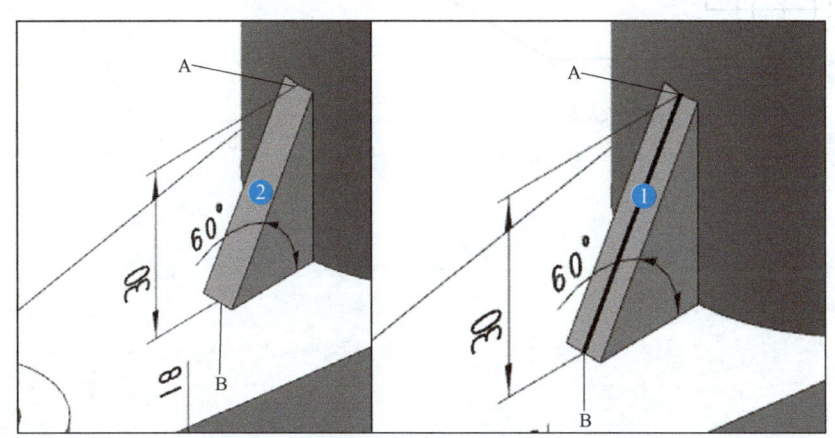

图 6-29　使用几何元素标注

标注尺寸时,需要捕捉的 A、B 两点在模型中无法获取。其解决的方法是,使建模时的筋板草图线(①)处于显示状态,然后即可调用"快速尺寸"工具,设置:"方向—平面=

YC-ZC 平面""测量—方法=竖直",通过捕捉筋板草图线两端的端点,完成 PMI 尺寸标注,完成后再隐藏筋板草图线(②)。

课余

完成图 6-30 所示支撑座的建模,形成课余学习笔记并提交,提交的模型应包括工程图源文件,同时提交单独导出的工程图 .pdf。

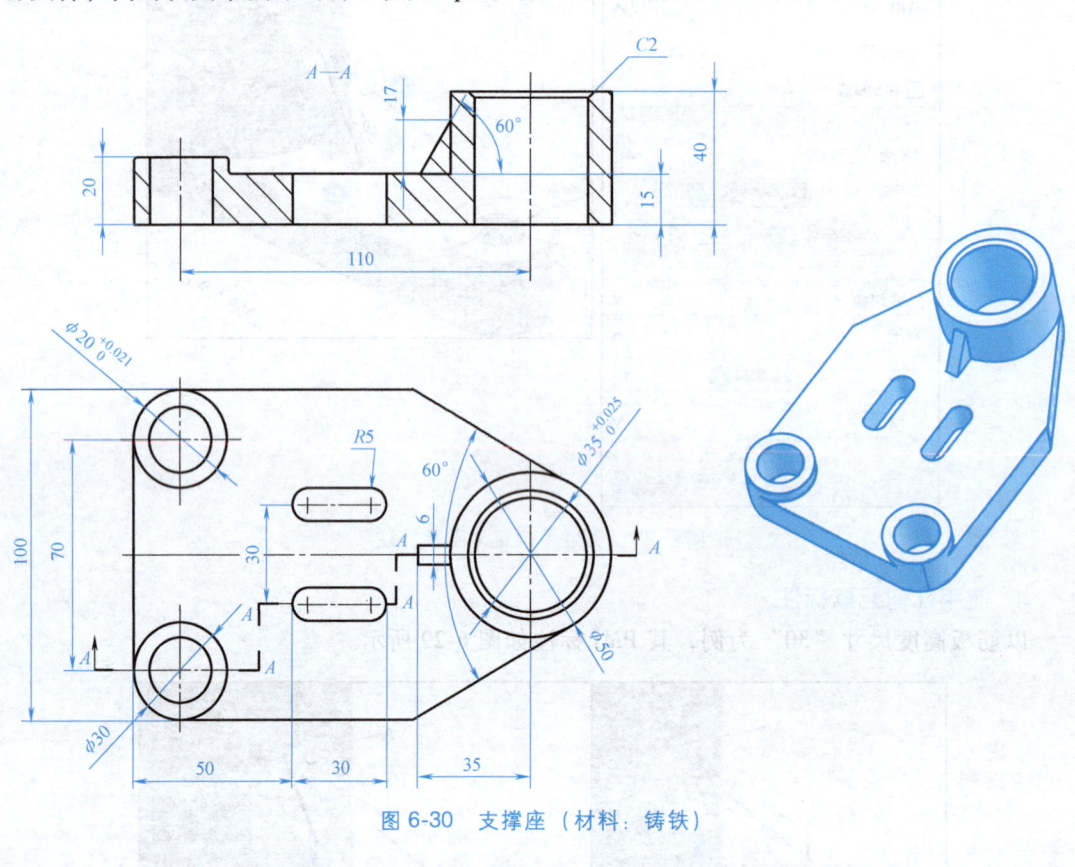

图 6-30 支撑座(材料:铸铁)

第7章 扫掠建模——四个工具
CHAPTER 7

扫掠是较为常见的建模工具,主要包括"扫掠""沿引导线扫掠""管道"和"变化扫掠"四个工具。

7.1 基本扫掠工具

基本扫掠建模指一个或多个截面沿着一条或多条引导线进行扫掠运动,从而生成实体或片体。椭圆扫掠体(附图 8)是一个椭圆截面沿着一条艺术样条曲线进行基本扫掠运动生成的实体。其中,艺术样条曲线是一条在 XY 平面上,通过(0,0)、(40,20)、(80,0)、(120,30)和(160,0)五个点的 3 次样条曲线。

7.1.1 创建扫掠引导线

以 XY 平面为草图平面,进入草图绘制界面。

操作❶,在主页功能卡的曲线组中选择"艺术样条",调出"艺术样条"工具,如图 7-1 所示。

操作❷~❺是通过大致的五个点创建艺术样条线的过程。设置:"类型=通过点""参数化—次数=3",当"点位置—指定点"被选中时,在界面中用光标按大致位置点选五个点:O1(原点)、O2、O3、O4 和 O5,单击"确定",退出"艺术样条"工具。

操作❻是精确约束五个通过点坐标的过程。在主页功能卡的约束组中选择"快速尺寸"工具,对 O1、O2、O3、O4 和 O5 五个点按照(0,0)、(40,20)、(80,0)、(120,30)和(160,0)坐标点进行约束,得到符合设计要求的 3 次样条曲线草图。

7.1.2 创建扫掠截面

椭圆草图的中心通过原点,且椭圆截面的法向与艺术样条曲线 O1 点的切向一致。创建椭圆草图需要首先创建一个草图平面,该草图平面通过原点,其平面的法向与艺术样条曲线上 O1 点的切向一致。

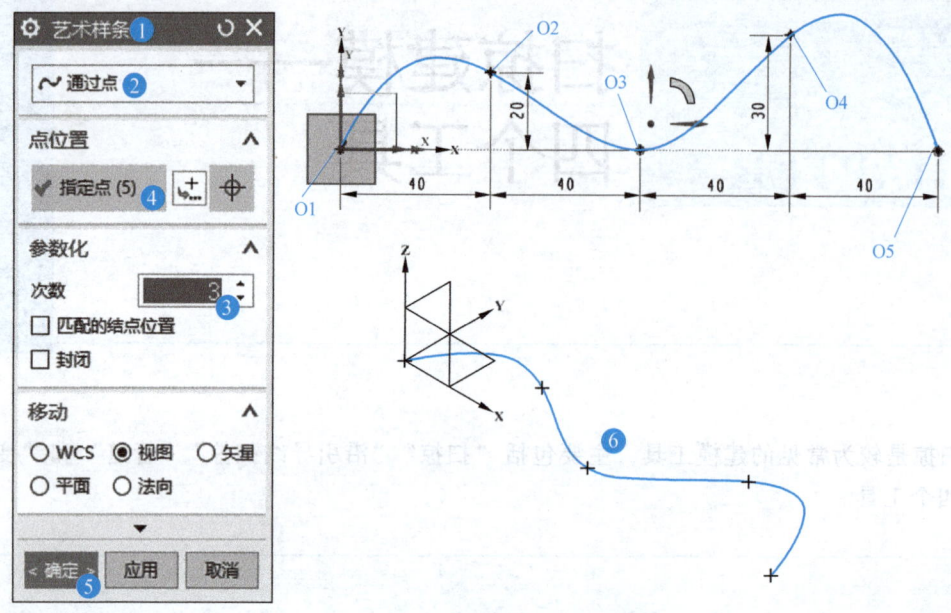

图 7-1 创建通过五点的艺术样条曲线的过程

1. 调用基准平面工具

基准平面创建工具如图 7-2 所示。

操作①~③，在主页功能卡的特征组中选择"基准平面"，调出"基准平面"工具。

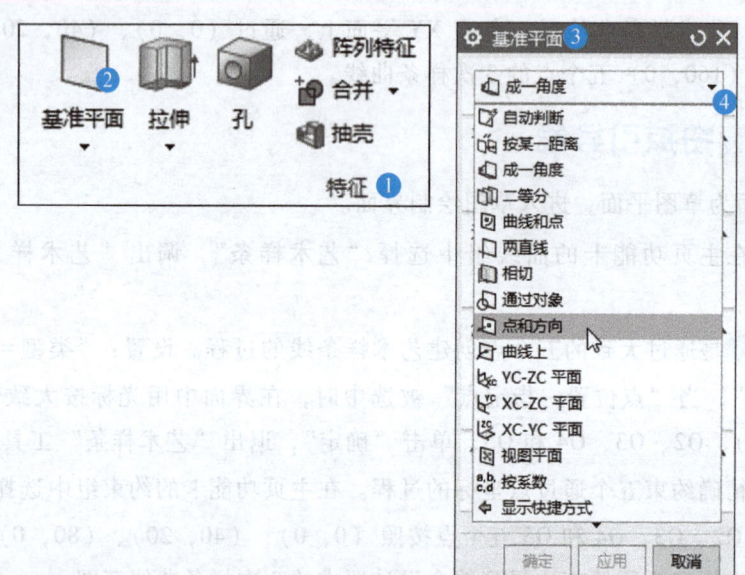

图 7-2 基准平面创建工具

操作④，单击"类型"选择框右端的"▼"，展开基准平面的创建工具，包括"自动判断""按某一距离""成一角度""二等分""曲线和点""两直线""相切""通过对象""点和方向""曲线上""YC-ZC 平面""XC-ZC 平面""XC-YC 平面""视图平面""按系数"以及"显示快捷方式"等方法。本例选择"点和方向"方法。

2. 创建椭圆草图平面

椭圆草图平面创建过程如图 7-3 所示。

操作①~③，在"基准平面"工具中选择"点和方向"方法，当"通过点—指定点"被选中时，在界面中选择坐标原点。

操作④和⑤，当"法向—指定矢量"被选中时，在界面中选择艺术样条曲线在原点处的切向矢量。通常情况下，工具已自动选择了一个矢量，且该矢量刚好与用户准备选择的矢量相同，此时可跳过操作④和⑤。

操作⑥，确认正确后，单击"确定"，完成椭圆草图平面的创建。

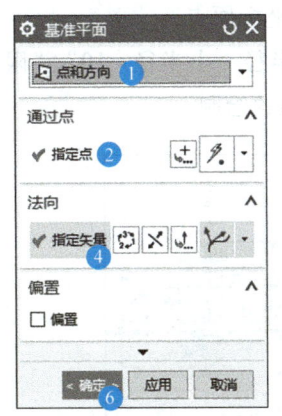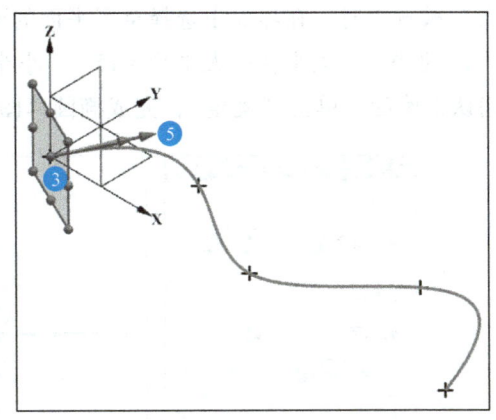

图 7-3 椭圆草图平面创建过程

3. 创建椭圆草图

（1）选择最佳草图平面　在主页功能卡的直接草图组中，单击"草图"，调出"创建草图"工具（①），如图 7-4 所示。

操作②，设置："类型＝在平面上"。

操作③~⑦，在"创建草图"工具中，当"草图坐标系—指定坐标系"被选中时，界面中光标在椭圆基准平面内移动，不同的光标位置，选择到的草图平面以及草图平面的放置

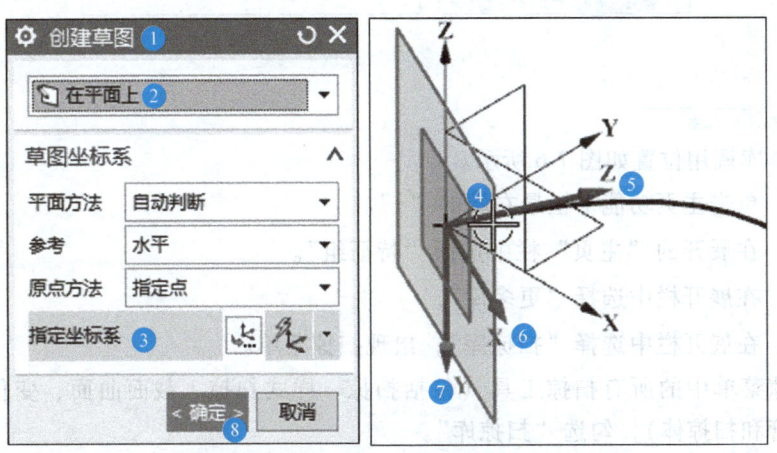

图 7-4 寻找草图平面的最佳放置位置

位置也是不同的。当光标移动到④附近时，显示椭圆草图平面被选中，此时椭圆草图平面的 Z 坐标指向⑤，这是用户的视角方向矢量，椭圆草图平面的 X 坐标指向⑥，这是椭圆草图平面的水平放置方向，椭圆草图平面的 Y 坐标指向⑦，这是椭圆草图平面的竖直放置方向，上述即椭圆草图平面的最佳放置位置。

操作⑧，单击"确定"，完成椭圆草图平面的选择后，界面中将显示椭圆草图平面的选择结果，为用户绘制草图提供了"画板"。

（2）绘制椭圆草图　创建椭圆草图过程如图 7-5 所示。

操作①~③，在主页功能卡的直接草图组中单击"椭圆"，调出"椭圆"工具，当"中心—指定点"被选中时，在界面中选择草图平面的坐标原点。

操作④~⑧，设置："大半径—大半径 = 15""小半径—小半径 = 10""限制 = ☑ 封闭""角度 = 0"，确认正确后，单击"确定"，完成椭圆草图的绘制。

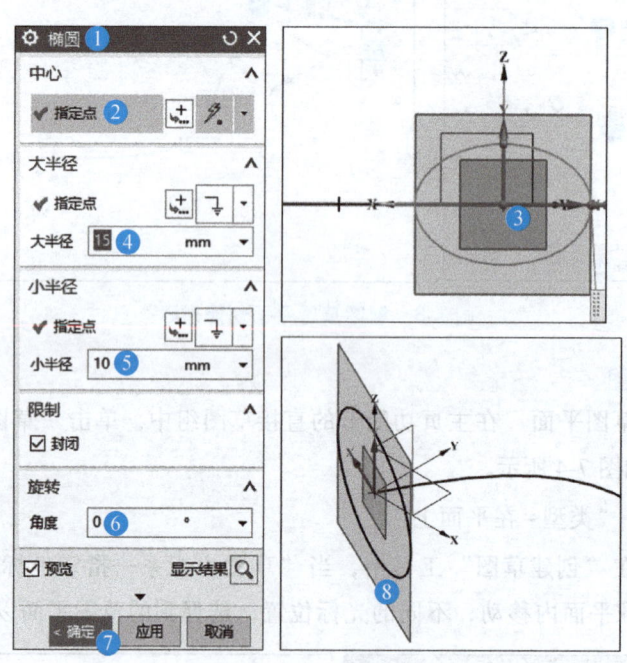

图 7-5　创建椭圆草图过程

4. 调用扫掠工具库

扫掠工具库调用位置如图 7-6 所示。

操作①，单击主页功能卡栏最右端的"▾"。

操作②，在展开的"主页"栏中选择"特征组"。

操作③，在展开栏中选择"更多库"。

操作④，在展开栏中选择"扫掠库"，出现扫掠菜单。

勾选扫掠菜单中的所有扫掠工具（包括扫掠、样式扫掠、截面曲面、变化扫掠、沿引导线扫掠、管和扫掠体），勾选"扫掠库"。

以上操作完成后，扫掠工具库将出现在主页功能卡的特征组的"更多"中，如图 7-7 所示。

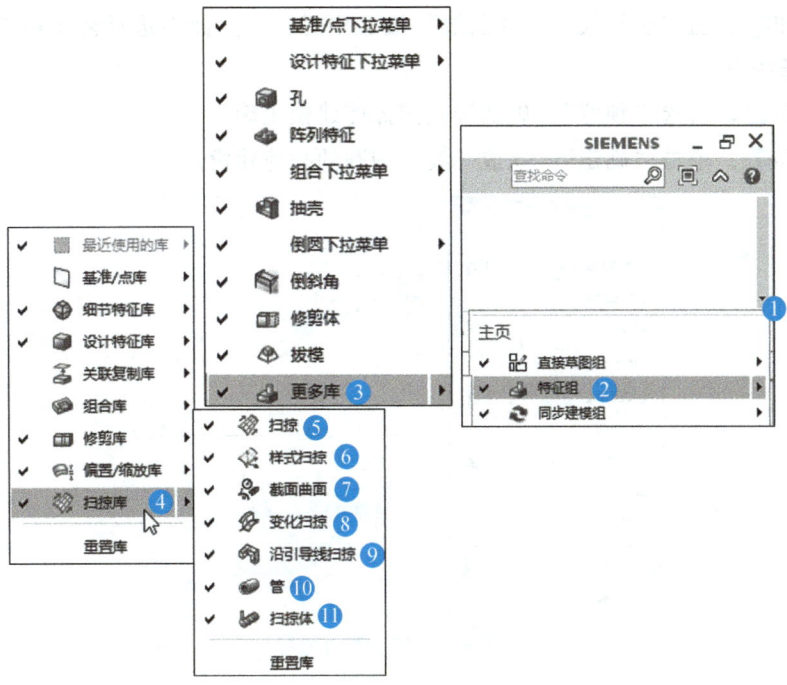

图 7-6 调用扫掠工具库

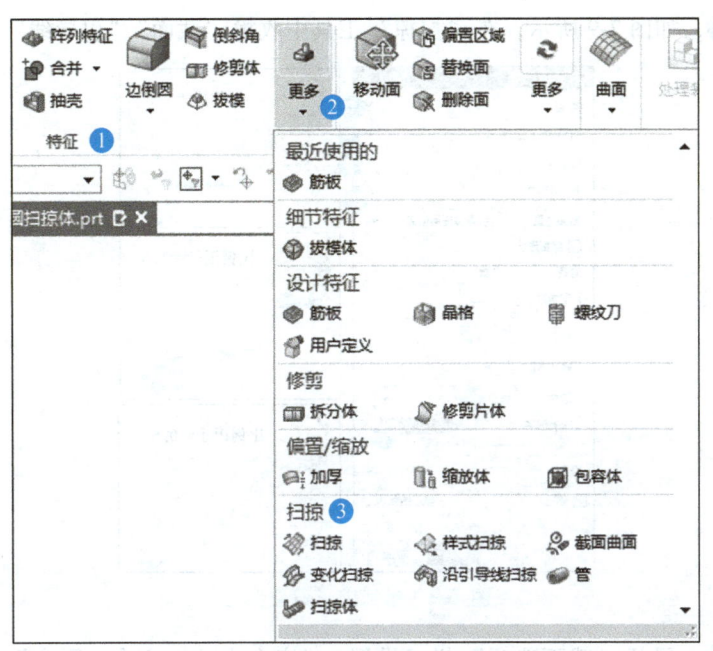

图 7-7 "更多"中的扫掠工具库

5. 一线一截面扫掠

一线一椭圆扫掠如图 7-8 所示。

操作❶，在主页功能卡的特征组的"更多"中调用"扫掠"工具。

操作❷和❸，当"截面—选择曲线"被选中时，在界面中选择椭圆草图。最多可以选择 150 条截面线串。

操作❹和❺，当"引导线—选择曲线"被选中时，在界面中选择艺术样条曲线。最多可以选取3条线串。

操作❻和❼，勾选"预览"，确认椭圆扫掠体建模正确。

操作❽和❾，单击"确定"，完成一线一椭圆的扫掠建模。

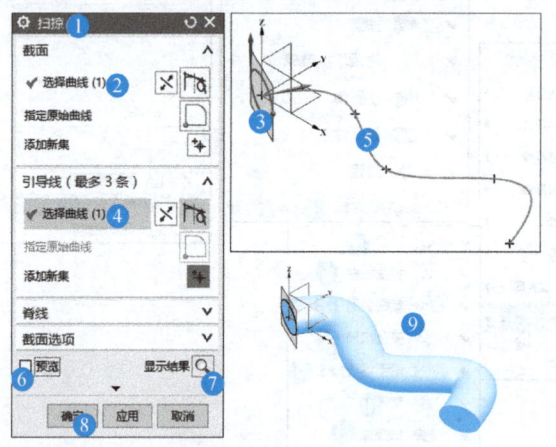

图 7-8　一线一椭圆扫掠

6. 比例因子设置实验

操作❶~❸，如图 7-9 所示，在"扫掠"工具中收拢"截面""引导线""脊线"三栏。

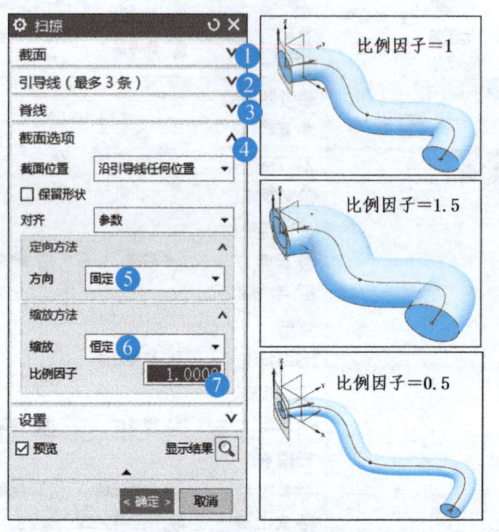

图 7-9　比例因子设置实验

操作❹~❼，展开"截面选项"栏，设置："定向方法—方向＝固定""缩放方法—缩放＝恒定""比例因子＝1"。

实验一，设置："比例因子＝1.5"，按键盘上的<Enter>键确认。

实验二，设置："比例因子＝0.5"，按键盘上的<Enter>键确认。

实验结果：椭圆扫掠体的截面按设置的比例因子发生相应的变化。

7.1.3 一线三截面扫掠

通过基本扫掠命令可在扫掠路径上设置不同的截面,得到不同位置、不同扫掠截面的扫掠体。现以椭圆正方形扫掠体(附图9)为例,通过五个点的3次艺术样条曲线以及曲线起始位置上的椭圆截面为基础,在艺术样条曲线的结束位置添加一个矩形截面,形成一条艺术样条扫掠曲线以及椭圆、矩形两个截面,调用基本扫掠工具形成扫掠体。

1. 添加不同位置的截面

添加扫掠截面如图 7-10 所示。

操作❶,在主页功能卡的直接草图组中单击"草图",调出"创建草图"工具。

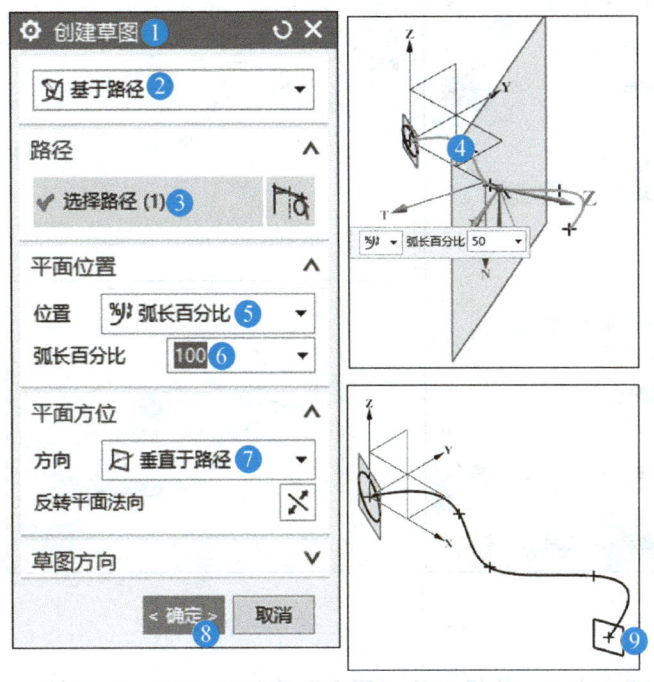

图 7-10 添加扫掠截面

操作❷,设置:"类型=基于路径"。

操作❸和❹,当"路径—选择路径"被选中时,在界面中艺术样条曲线的右半段上选择一个点。

操作❺和❻,设置:"平面位置—位置=弧长百分比""弧长百分比=100",即选择的一个点的位置在弧长的100%处。

操作⑦和⑧，设置："平面方位—方向＝垂直于路径"，单击"确定"，完成创建新的草图平面，并进入草图绘制界面。

调用"矩形"工具，选择"从中心"方法，在艺术样条曲线的结束处绘制一个 16mm×16mm 的正方形（⑨）。

2. 三截面扫掠建模过程

一线三截面扫掠过程如图 7-11 所示。

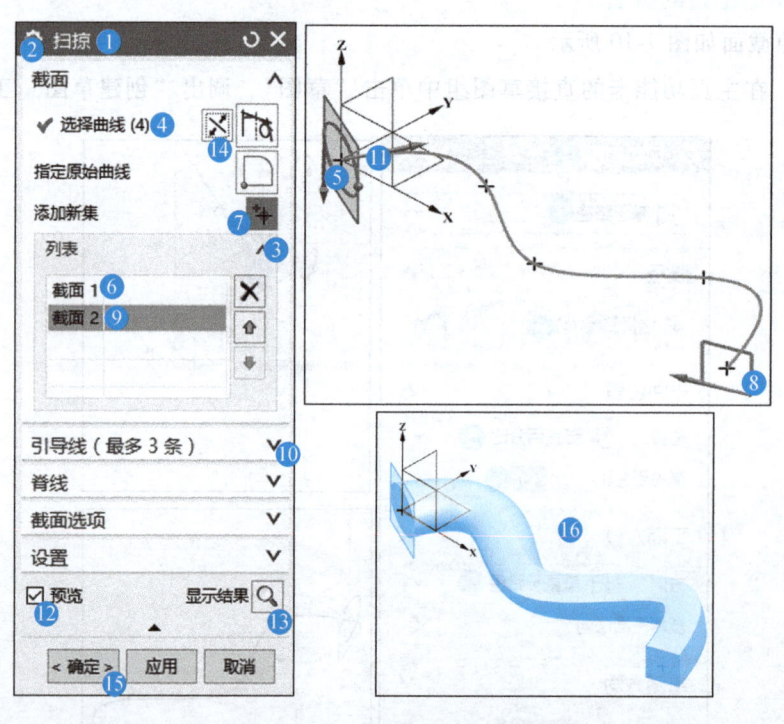

图 7-11　一线三截面扫掠过程

操作①，在主页功能卡的特征组的"更多"中调用"扫掠"工具。

操作②，单击"对话框选项"图标，在展开栏中选择"扫掠（更多）"。

操作③，展开"列表"栏。

操作④~⑥，当"截面—选择曲线"被选中时，在界面中选择椭圆草图，列表中出现"截面 1"，即第一个椭圆截面已选入列表中。

操作⑦~⑨，先单击"添加新集"右侧的图标，然后在界面中选择正方形截面，于是列表中出现"截面 2"，即第二个正方形截面已选入列表中。

操作⑩和⑪，展开"引导线"栏，当其中的"引导线—选择曲线"被选中时，在界面中选择艺术样条曲线，即选中一条扫掠路径。

操作⑫~⑭，勾选"预览"，观察显示结果。如果发现扫掠体扭曲，则单击"选择曲线"右侧的"反向"图标，尝试得到另外一个扫掠体不扭曲的解。

操作⑮，预览正确后，单击"确定"，完成一线三截面扫掠体建模，结果见⑯。

在一线一截面基本扫掠中,扫掠线各处扫掠体截面保持不变。而在一线两截面基本扫掠中,在特定位置设置的截面保持不变,其余各处的截面与设置处的截面保持光顺连接。

7.1.4 扫掠体制图要点

扫掠体制图采用建模要素法,即安排视图和标注尺寸时,主要呈现扫掠路径线、扫掠路径线的通过点和扫掠截面,并对扫掠路径线和扫掠截面进行集中注释。

1. 注释标注案例

以一线两截面扫掠体制图为例,切换到制图界面,在界面中按1∶1比例放置一个俯视图,如图7-12所示。

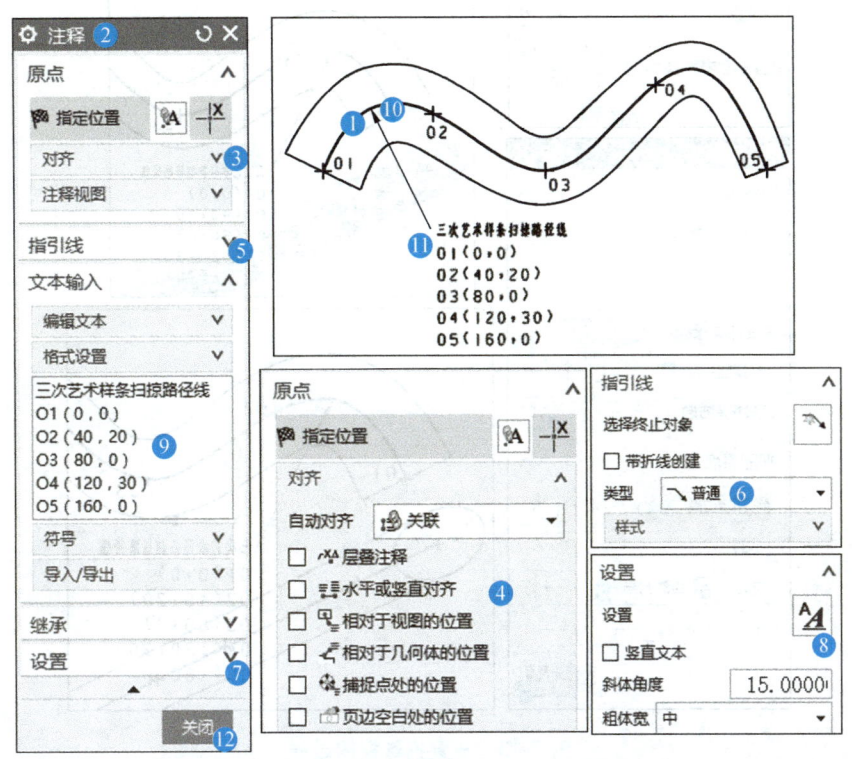

图7-12 一线两截面扫掠体俯视图

操作❶和❷,该俯视图上显示扫掠路径线,然后在主页功能卡的注释组中选择"注释",调出"注释"工具。

操作❸和❹,单击"对齐"右侧的"∨",在展开的"对齐"栏中,取消勾选所有对齐选项,即不设置任何自动对齐约束。

操作❺和❻,单击"指引线"右侧的"∨",在展开的"指引线"栏中,设置:"类型=普通"。

操作❼和❽,单击"设置"右侧的"∨",在展开的"设置"栏中,单击"设置—设置"右侧的" "图标,进行字体设置。

操作❾~⓫,在"文本输入—格式设置"下方的文本框中,输入注释文字,在界面中扫掠路径线上选择一点，单击并按住鼠标移动至合适位置，松开鼠标释放注释文字。

接着在注释文字文本框中，输入"O1"，在界面中移动光标至合适位置，单击释放注释文字"O1"。采用相同的方法，标注"O2""O3""O4""O5"。

操作⑫，确认正确后，单击"关闭"，完成注释标注。

2. 放置投影视图

放置投影视图的过程如图7-13所示。

操作①~④，在主页功能卡的视图组中选择"投影视图"，调出"投影视图"工具。

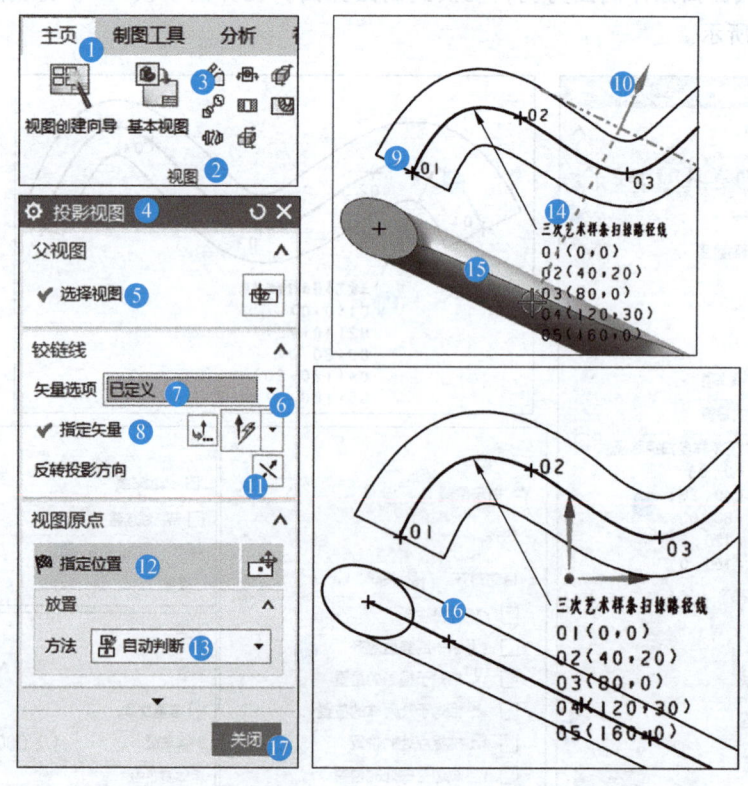

图7-13 放置投影视图过程

操作⑤，"父视图—选择视图"已自动选中界面中的主视图。

操作⑥和⑦，单击"铰链线—矢量选项"选择框右侧的"▼"，其展开栏中有"自动判断"和"已定义"两个选项，本例选择"已定义"。

操作⑧~⑪，当"指定矢量"被选中时，在界面中选择扫掠体左侧端面的投影线，出现的表达投影方向的箭头指向扫掠体内侧。若箭头指向错误，则单击⑪处的"反转投影方向"图标工具进行纠正。

操作⑫~⑰，当"视图原点—指定位置"被选中时，设置："放置—方法=自动判断"，在界面中移动光标保持移动线与投影方向箭头共线（⑭）。将光标移动到⑮处，单击鼠标释放视图（⑯）。单击"关闭"，投影视图放置完成。

采用相同的方法，放置扫掠体右侧正方形端面的投影视图。

3. 编辑定向剖视图

界面中放置两个扫掠截面后，需进行视图中多余几何元素的隐藏操作，如图 7-14 所示。

操作❶，在界面中选中一个需要隐藏的几何元素，本例为一个线段，右击鼠标。

操作❷，在展开的工具栏中选择"隐藏"，该线段在视图中消失。

4. 投影视图标注

以本例的椭圆 A 向视图为例，椭圆投影视图的几何标注如图 7-15 所示，主要包括 A 向视图中的椭圆大径和小径尺寸，通过大径的中心线和通过小径的中心线。对于大径尺寸❶，调用"快速尺寸"工具，选择"点到点"方法，在主页功能卡的注释组下方的捕捉功能开启的状况下（即❸处的"启用捕捉点"开启呈亮化状态，❹处的"控制点"开启呈亮化状态），可以顺利标注；对于通过大径的中心线❷，调用"2D 中心线"工具，也因为可以捕捉到点（A1 和 A2）而顺利绘制。

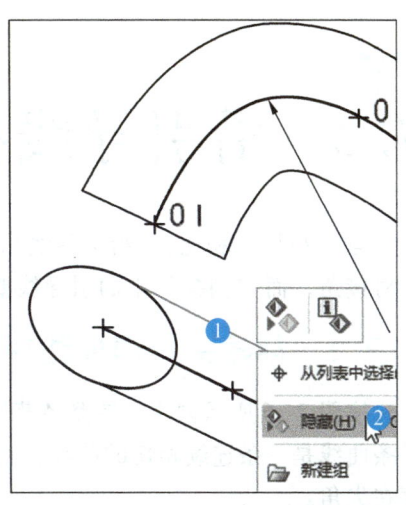

图 7-14　隐藏投影视图中多余几何元素

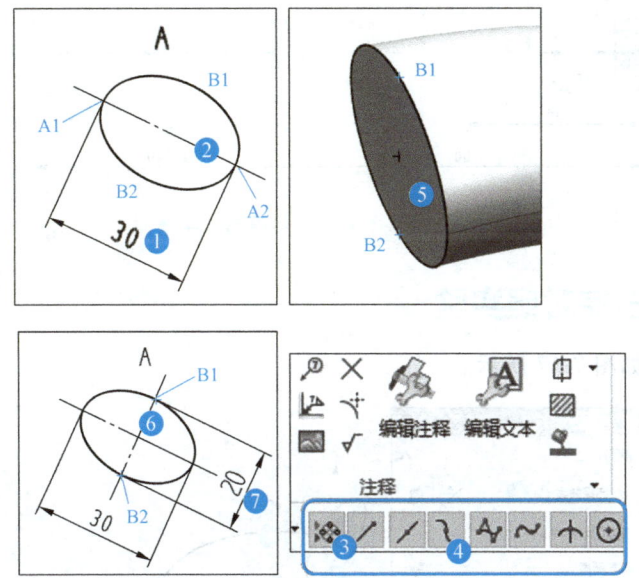

图 7-15　椭圆投影视图的几何标注

但由于椭圆短轴上的 B1 和 B2 端点无法精确捕捉，所以通过小径的中心线无法绘制，短轴直径尺寸也无法标注。解决方法是切换到建模界面，以左侧的椭圆端面（或先前为绘制椭圆草图创建的基准平面）作为草图平面，进入草图绘制界面，绘制草图点 B1 和 B2。

精确绘制草图点 B1 和 B2 的方法是，先在精确位置附近任意绘制两点，然后调用"几何约束"工具，分两步将一个点约束到椭圆曲线上，以及约束到草图的 Y 轴上。

完成草图点 B1 和 B2 后，切换到制图界面，有了两个辅助的尺寸标注点 B1 和 B2，即可调用"快速尺寸"工具，选择"点到点"方法，顺利完成椭圆小径尺寸的标注，以及调用"2D 中心线"工具，顺利绘制通过小径的中心线。

7.2 沿引导线扫掠工具

与"扫掠"相比,"沿引导线扫掠"支持沿具有尖角的引导线进行扫掠,结果会生成一个对接角,而"扫掠"中的引导线要求光顺(相切),不允许有尖角。

7.2.1 创建尖角扫掠路径

按图 7-16 所示创建扫掠路径草图曲线,左侧部分为一条通过四点的 3 次样条曲线,该样条曲线是一条连续相切的曲线,右侧部分是两条直线段,与样条曲线之间连接时不相切,存在尖角。

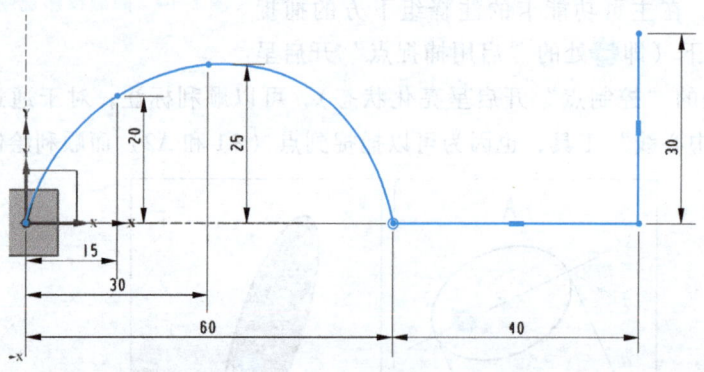

图 7-16 带尖角的扫掠路径草图

7.2.2 基本扫掠对照实验

基本扫掠实验如图 7-17 所示。

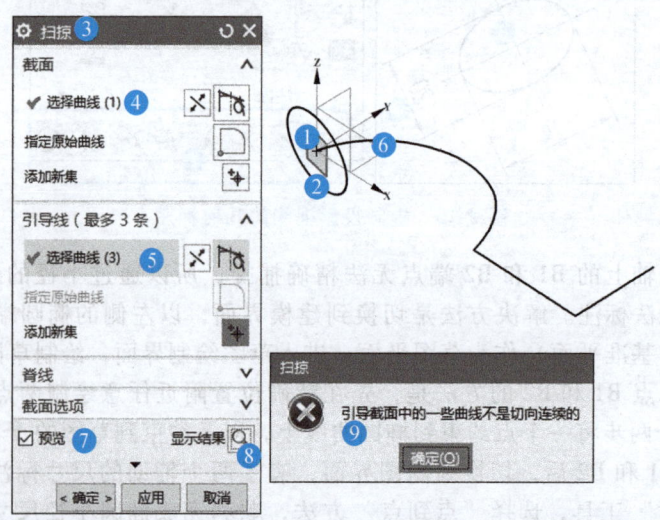

图 7-17 基本扫掠实验

操作❶和❷，扫掠路径线创建完成后，按照前述方法，在扫掠路径左侧起始点创建一个通过起始点的基准平面，该平面的法向矢量与艺术样条曲线左侧起始点处的切向矢量相同。以该基准平面为草图平面，进入草图绘制界面，创建一个大半径 = 15mm、小半径 = 10mm 的椭圆草图。

操作❸~❻，调用"扫掠"工具，当"截面—选择曲线"被选中时，在界面中选择椭圆截面线；当"引导线—选择曲线"被选中时，在界面中选择扫掠路径线。

操作❼~❾，勾选"预览"复选项，单击"显示结果"图标，出现"扫掠"提示框："引导截面中的一些曲线不是切向连续的"，说明"扫掠"工具不能用于带尖角扫掠路径线的扫掠建模，无法继续操作。

7.2.3 沿引导线扫掠建模

这里以沿外轮廓引导线扫掠体（附图10）为例，其建模过程如图 7-18 所示。

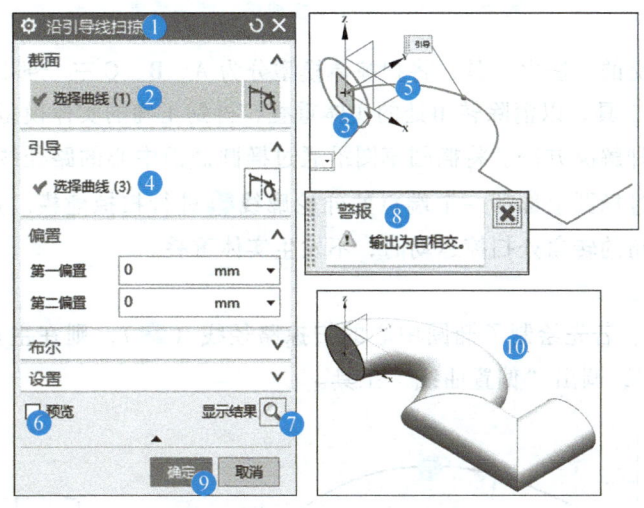

图 7-18　沿引导线扫掠建模过程

操作❶，在主页功能卡的特征组的更多中选择"沿引导线扫掠"，调出"沿引导线扫掠"工具。

操作❷~❺，当"截面—选择曲线"被选中时，在界面中选择椭圆草图；当"引导—选择曲线"被选中时，在界面中选择扫掠路径线。

操作❻~❿，勾选"预览"复选项。单击"显示结果"图标，出现"警报"："输出为自相交。"虽然如此，但单击"确定"，扫掠体仍能完成。

1. 自相交成因及解决

截面自相交是扫掠建模中的典型问题。自相交扫掠特征强行建模后（图 7-19），在部件导航器中，该特征前将出现"！"标记（❶）。

扫掠体自相交的成因是，当椭圆截面的中心沿着扫掠路径线（❷）运动时，扫掠体位于扫掠路径外侧的部分（❸），在转角处，扫掠的椭圆截面发生了相交，形成了实体重叠，使扫掠体模型发生错误。

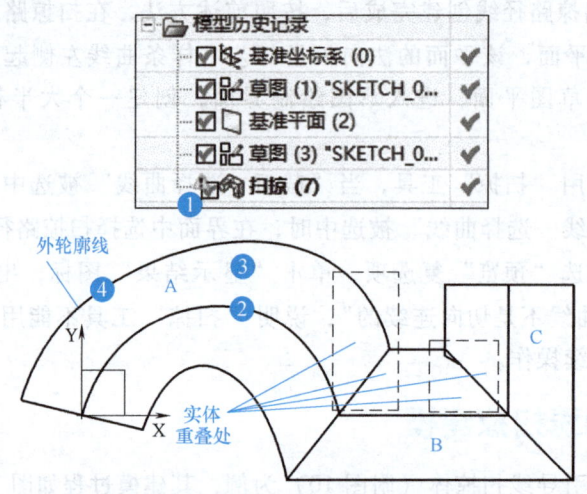

图 7-19　扫掠体自相交成因及解决方案

解决截面自相交的方法之一是，将扫掠体模型分为 A、B、C 三个部分，分别进行建模，然后使用"合并"工具，以消除转角处的实体重叠，得到正确的实体模型。

本例采用另一种解决方法。将椭圆草图沿通过椭圆截面中心的路径线 ❷ 进行扫掠建模，改为椭圆草图沿通过椭圆上部的一个端点的外轮廓线 ❹ 进行扫掠建模。这种扫掠方式确保了椭圆草图两个尖角的转角处扫掠运动时，不发生实体重叠。

2. 扫掠路径和截面线

如图 7-20 所示，若先绘制了椭圆中心的扫掠路径线（❶），则在主页功能卡的曲线组中选择"偏置曲线"，调出"偏置曲线"工具。

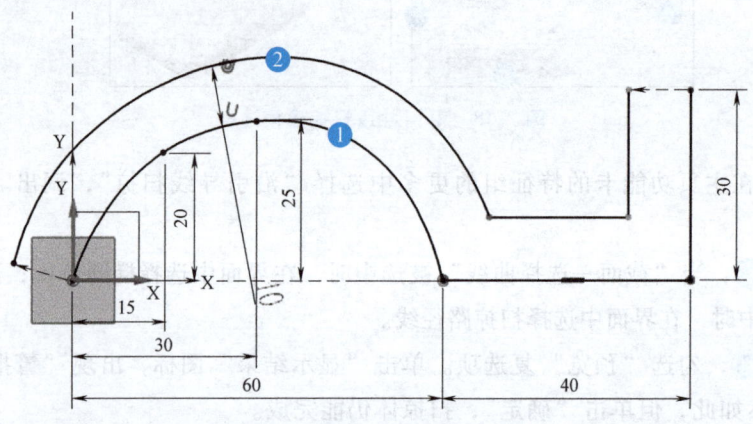

图 7-20　外轮廓扫掠路径线绘制

根据椭圆小半径，将扫掠路径线（❶）向外侧偏置 10mm，形成扫掠路径线（❷），先删除偏置约束，再删除扫掠路径线（❶）后，完成新的扫掠路径线绘制过程。椭圆截面草图的绘制如图 7-21 所示。

步骤一，在主页功能卡的特征组中调用"基准平面"工具，在扫掠路径线左侧端点处，创建一个垂直于端点切向矢量的基准平面 A。

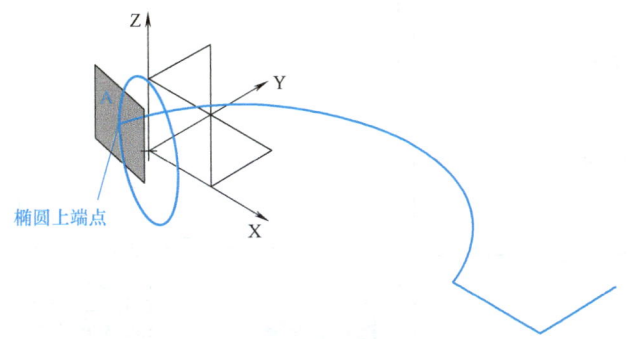

图 7-21 椭圆截面草图的绘制

步骤二，选用基准平面 A 为草图平面，进入草图绘制界面，在主页功能卡的曲线组中调用"椭圆"工具，将椭圆中心指定在扫掠路径线左侧的端点上。

步骤三，调用"移动曲线"工具如图 7-22 所示。

操作❶和❷，在主页功能卡的曲线组中单击编辑曲线工具右侧的"▼"。

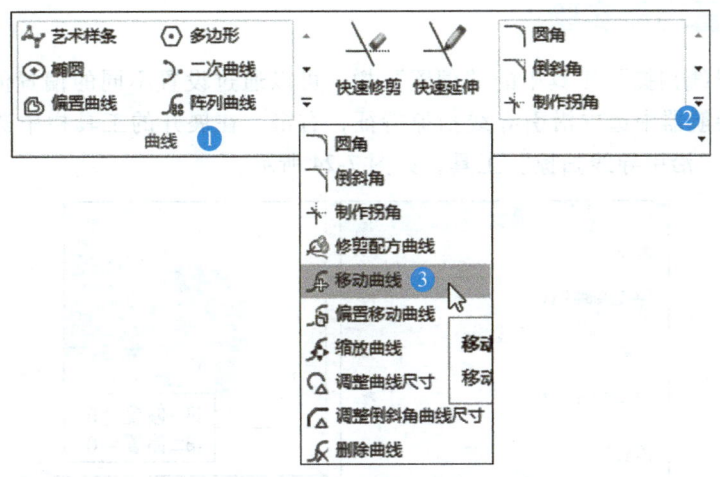

图 7-22 调用"移动曲线"工具

操作❸，在展开的工具栏中选择"移动曲线"，调出"移动曲线"工具，将步骤二中绘制的椭圆草图向下移动，直到椭圆上端点与扫掠路径线左侧端点重合。

3. 椭圆沿引导线扫掠

调用"沿引导线扫掠"工具，使椭圆截面草图的上端点沿外轮廓引导线扫掠，没有出现"截面自相交"的警报，如图 7-23 所示。

操作❶，单击"确定"后，在界面中得到正常的扫掠模型。

操作❷，在部件导航器中，扫掠特征前为绿色☑，表示创建的扫掠体模型正确。

在"沿引导线扫掠"工具中，没有"添加新集"图标，即不能设置多个扫掠截面。操作❸~❺，工具中增加了"偏置"栏，设置："偏置—第一偏置 = 0"，"第二偏置 = 0"，即没有使用偏置功能。

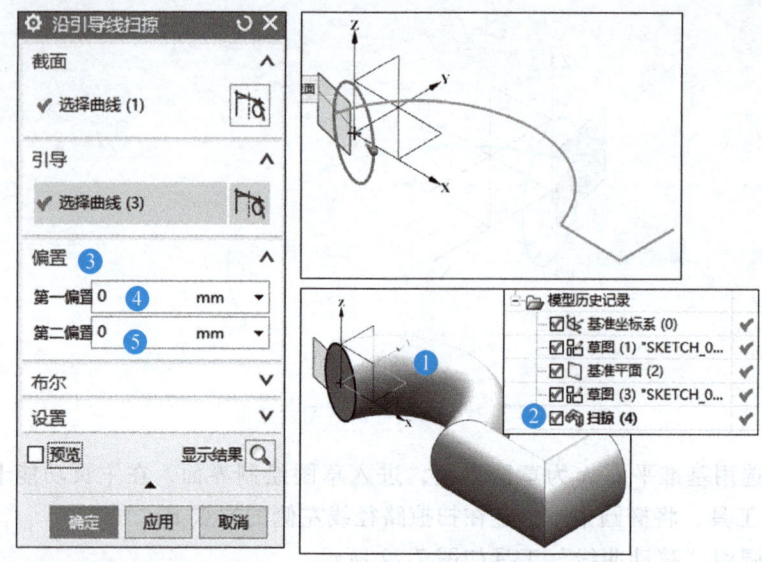

图 7-23　沿外轮廓引导线扫掠

7.2.4　偏置功能实验

在"沿引导线扫掠"工具中的"偏置"栏,可以通过设置不同的偏置值控制扫掠体的形状。在部件导航器中选中沿引导线扫掠特征,右击,在展开的工具栏中选择"可回滚编辑",重新调出"沿引导线扫掠"工具,如图 7-24 所示。

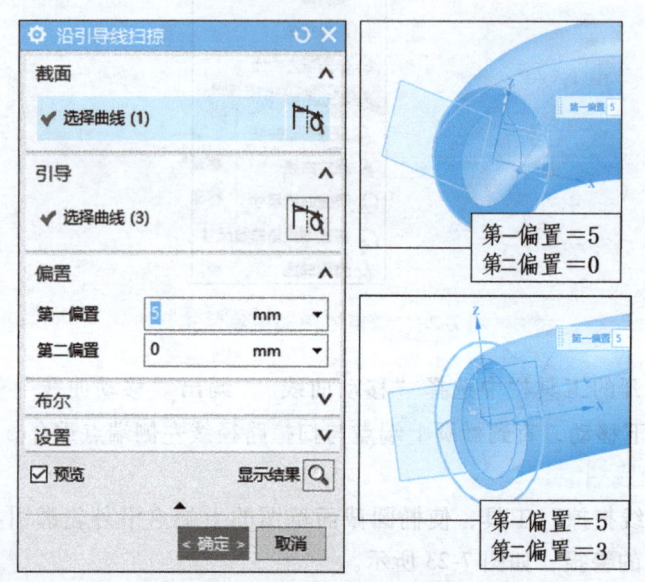

图 7-24　不同偏置设置实验

实验一,设置:"第一偏置 = 5""第二偏置 = 0",用"预览"显示结果,实验结果:椭圆向内缩小 5mm,成为壁厚为 5mm 的椭圆管道。

实验二,设置:"第一偏置 5""第二偏置 = 3",用"预览"显示结果,实验结果:椭圆向内缩小到 5mm 和 3mm 两个位置,成为壁厚为 2mm 的椭圆管道。

7.3 管道扫掠工具

扫掠截面草图线只能是单圈形成封闭曲线,一个内外两圈封闭的截面草图是不能进行扫掠的。以拱形管道(附图11)为例,扫掠截面恰好是一个两圈封闭的截面草图。为了解决这一问题,NX专门提供了"管道"扫掠工具。"管道"扫掠工具可用于创建线扎、线束、布管、电缆和管道组件等模型。

7.3.1 绘制管道扫掠路径线

按图7-25所示绘制管道的扫掠路径线。设计管道扫掠路径线时,需保证各段连接线之间以光顺和相切的方式进行连接,且扫掠路径线中不得包含缝隙或尖角。

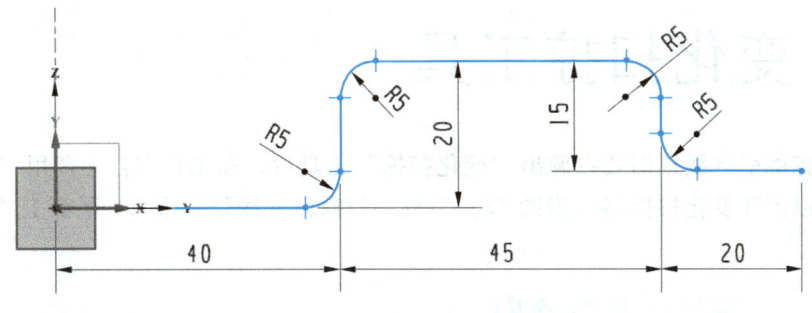

图7-25 管道扫掠路径线

7.3.2 管道扫掠建模

管道扫掠建模过程如图7-26所示。

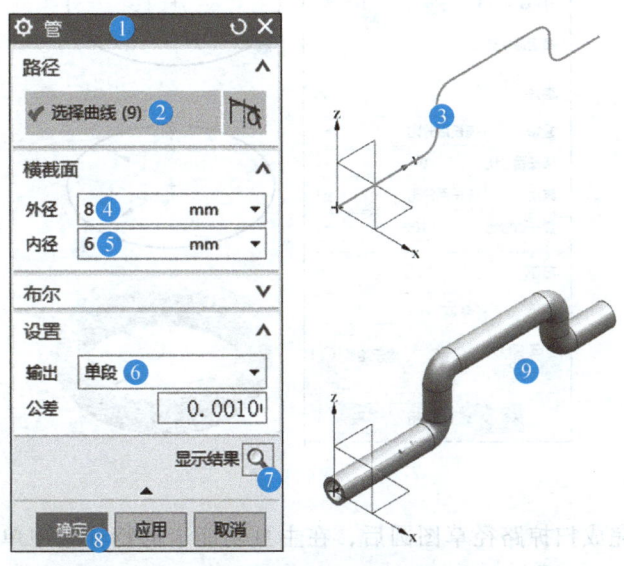

图7-26 管道扫掠建模过程

操作❶，在主页功能卡的特征组中单击"更多"下方的"▼"，在展开的工具栏中选择"管"，调出"管"工具。

操作❷和❸，当"路径—选择曲线"被选中时，在界面中选择管道扫掠路径线。

操作❹和❺，设置："横截面—外径＝8""内径＝6"。

操作❻～❾，设置："设置—输出＝单段"（有"单段"和"多段"两个选项），显示结果正确后，单击"确定"，完成管道建模，结果见❾。

对于直线扫掠路径线，当"设置—输出＝单段"时，生成的实体不能进行切槽等其他建模操作，而当"设置—输出＝多段"时，生成的实体可以进行切槽等其他建模操作。对于曲线扫掠路径线，当"设置—输出＝多段"时，可以在"设置—公差"中输入更小的数值，如"设置—公差＝0.0001"，使生成的管道外表面更符合扫掠路径线的引导效果，生成的实体可以进行其他建模操作。

7.4 变化扫掠工具

变化扫掠的引导线草图要在调出"变化扫掠"工具后，在工具内自动调用"创建草图"工具绘制。以圆环变化扫掠体（附图12）为例，扫掠路径线是一个XY平面上的φ66mm的草图圆。

7.4.1 变化扫掠体基体建模

"变化扫掠"工具如图7-27所示。

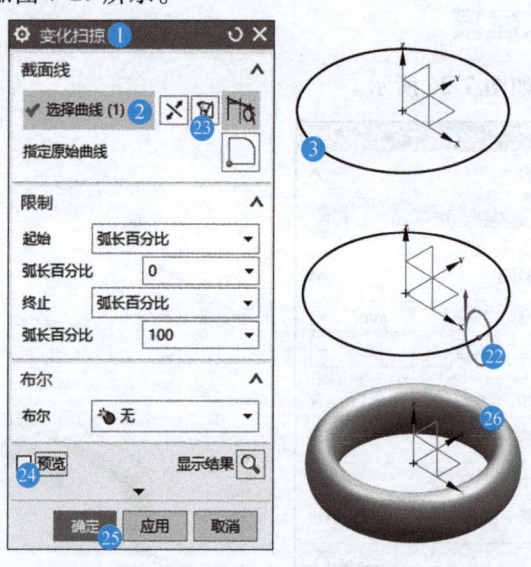

图7-27 "变化扫掠"工具

操作❶，绘制完成扫掠路径草图圆后，在主页功能卡的特征组中单击"更多"下方的"▼"，在展开的工具栏中选择"变化扫掠"，调出"变化扫掠"工具。

操作❷~❹，当"截面线—选择曲线"被选中时，在界面中选择扫掠路径线，"变化扫掠"工具自动调出"创建草图"工具，如图7-28所示。

操行❺，当"路径—选择路径"被选中时，且已选到了一条路径，即界面中呈亮橙色的扫掠路径线。

操作❻和❼，设置："平面位置—位置=弧长百分比""弧长百分比=0"。

操作❽~❿，设置："平面方位—方向=垂直于路径""草图方向—方法=自动"，界面中草图平面位于路径的"弧长百分比=0"处。

操作⓫，确认正确后，单击"确定"，进入草图绘制界面，如图7-29所示。

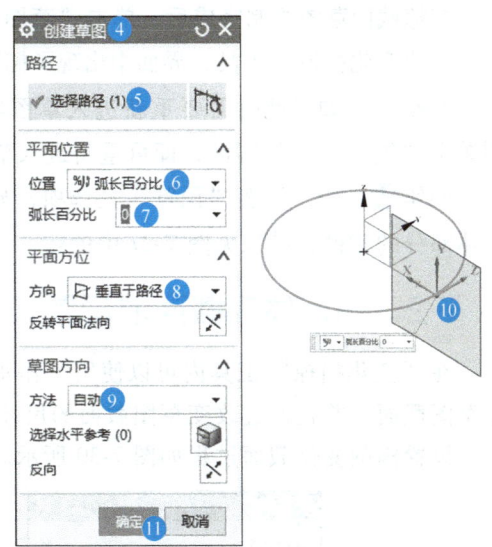

图7-28 "创建草图"工具设置

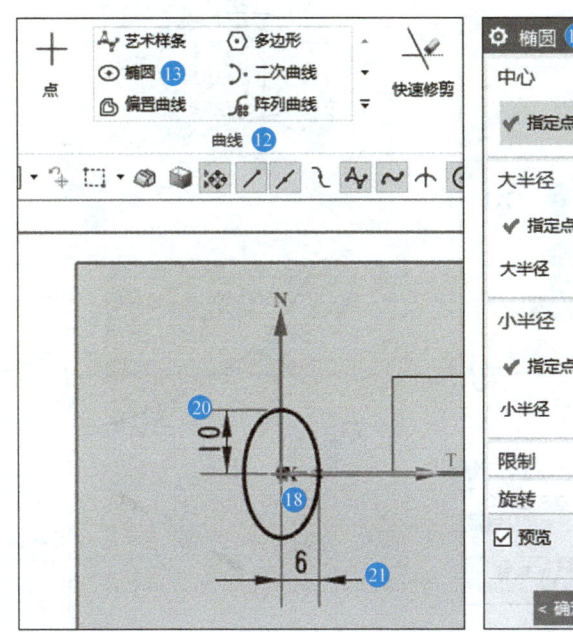
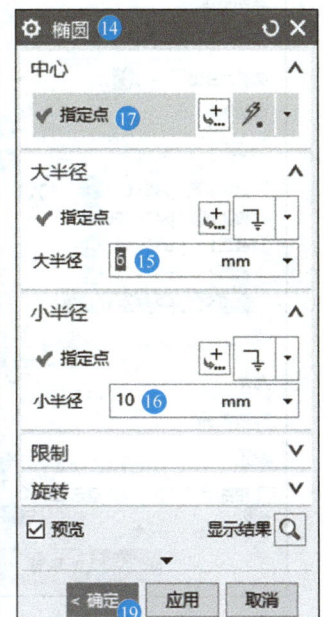

图7-29 椭圆截面草图绘制过程

操作⓬~⓮，在主页功能卡的曲线组中选择"椭圆"，调出"椭圆"工具。

操作⓯和⓰，设置："大半径—大半径=6"（图中T为大半径方向），"小半径—小半径=10"（图中N为小半径方向）。

操作⓱~⓳，当"中心—指定点"被选中时，在界面中选择草图平面中心，单击"确定"，结束椭圆形状绘制。

操作⓴和㉑，调用"快速尺寸"工具，标注椭圆草图的大半径和小半径尺寸。在"变化扫掠"工具中，只有截面草图上标注有尺寸时，才能通过重新设置尺寸值，改变截面形状。

扫掠截面草图绘制完成后,单击"草图完成"图标,退出草图绘制界面,返回到图 7-27 所示的"变化扫掠"工具,界面中出现了椭圆截面草图(㉒)。

操作㉓,如果此时需要重新进入草图绘制界面进行扫掠截面草图的修改或尺寸标注,则单击"绘制截面"图标,即可重新进入草图绘制界面。

操作㉔~㉖,勾选"预览"复选项,显示结果正确后,单击"确定",完成变化扫掠体基体部分的建模,结果见图 7-27 中的㉖。

7.4.2 扫掠体变截面的设置

在"变化扫掠"工具内可以使用"添加新集"工具。在扫掠路径线的不同位置设置多个草图截面,并且通过改变草图截面的尺寸,可形成变化的多个草图截面。

设置椭圆变化截面过程如图 7-30 所示。

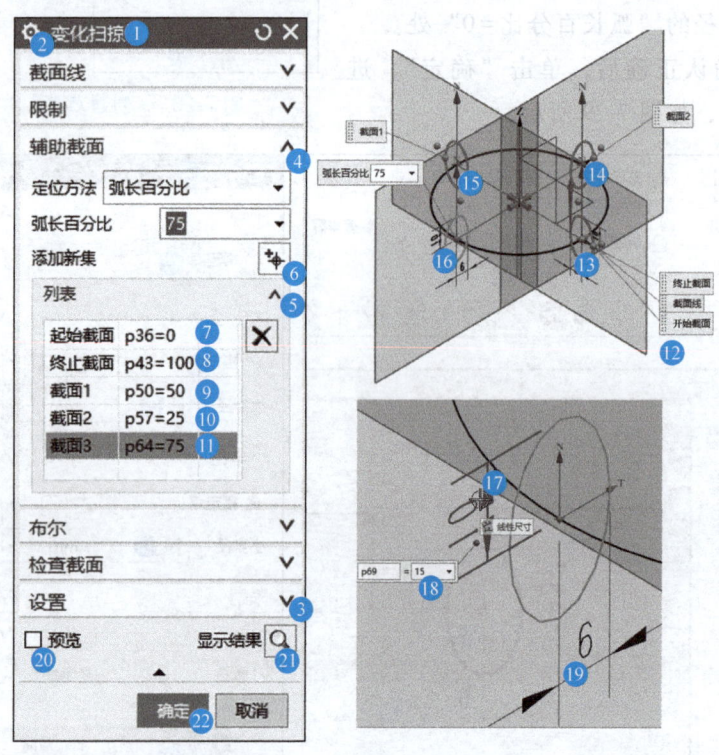

图 7-30 设置椭圆变化截面过程

操作❶,在部件导航器中,选择"变化扫掠"特征,右击,在展开的工具栏中选择"可回滚编辑",重新调出"变化扫掠"工具。

操作❷,单击"对话框选项"图标,勾选"变化扫掠(更多)"复选项。

操作❸,单击"设置"右侧的"∨",勾选"尽可能合并面""显示草图尺寸"复选项。

操作❹和❺,展开"辅助截面"栏和"添加新集"下方的列表。

操作❻~❾,单击一次"添加新集"右侧的"添加新集"图标,列表中出现"起始截面""终止截面"和"截面 1"。

操作⑩和⑪，单击一次"添加新集"图标，列表中出现"截面2"。再单击一次"添加新集"图标，列表中出现"截面3"。

操作⑫~⑯，界面中出现了列表中的五个截面，其中起始截面和终止截面重合在一起（⑫和⑬），界面中的截面2是"弧长百分比=25"处的截面（⑭），界面中的截面1是"弧长百分比=50"处的截面（⑮），界面中的截面3是"弧长百分比=75"处的截面（⑯）。

操作⑰~⑲，在列表中选中"截面3"，界面中"弧长百分比=75"处的截面显示标注的椭圆尺寸，选中尺寸"10"，在动态修改框中修改为"15"；选中尺寸"6"，在动态修改框中修改为"10"，将"弧长百分比=25"处的截面也修改为"小半径=15"，"大半径=10"。

操作⑳~㉒，勾选"预览"复选框，显示结果正确后，单击"确定"，完成变化扫掠体变截面设置。结果如图7-31所示。

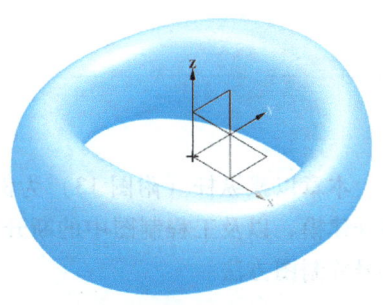

图7-31　变化扫掠体模型

课余

完成图7-32所示T轨扫掠体的建模，形成课余学习笔记并提交，提交的模型应包括工程图源文件，同时提交单独导出的工程图.pdf。

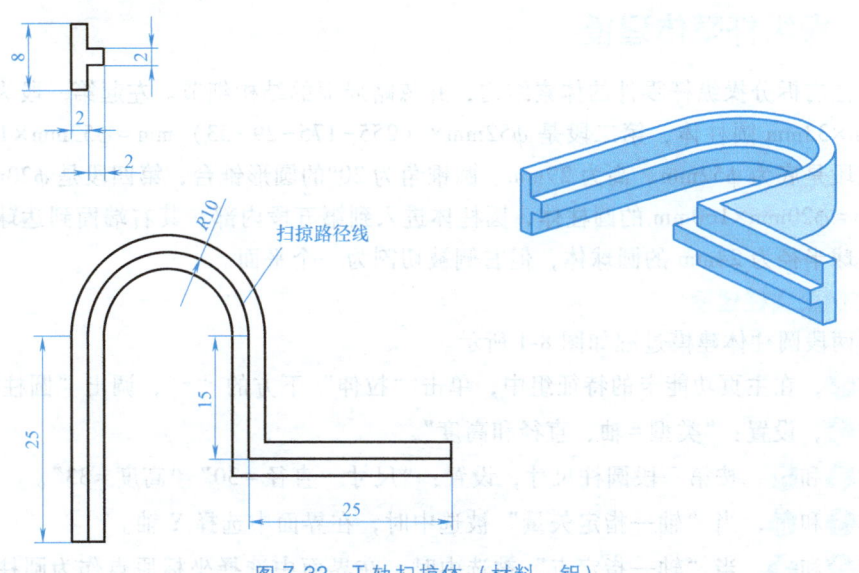

图7-32　T轨扫掠体（材料：铝）

第8章 轴类件建模——操纵杆

8.1 操纵杆建模

本章以操纵杆（附图 13）为例，介绍利用体素特征、槽、拆分体和螺纹等命令进行操纵杆建模，以及工程制图中的断开视图、局部剖视图、局部放大图、特征控制框、基准特征符号等制图方法。

操纵杆由圆柱体、锥台和球等体素特征组成，通常采用体素建模方法，配合布尔运算创建模型，再通过孔、槽、倒圆和倒角等工具完善设计细节。操纵杆还有其他可行的建模方法和程序，但本例介绍的方法和程序较为简洁，体现了"分步实施，便于修改"的建模思想。

8.1.1 操纵杆基体建模

从左往右拆分操纵杆零件的体素结构，并忽略局部的结构细节。左起第一段为水平放置的 φ30mm×33mm 圆柱体，第二段是 φ52mm×（255-175-29-33）mm = φ52mm×18mm 圆柱体，第三段是底为 φ52mm、高为 29mm、圆锥角为 20°的圆形锥台，第四段是 φ20mm×（175-15）mm = φ20mm×160mm 的圆柱体，圆柱体进入到第五段内部，其右端面到达球心的位置，第五段是球半径为 24mm 的圆球体，但右侧被切割为一个平面。

1. 左侧两圆柱建模

左侧两段圆柱体建模过程如图 8-1 所示。

操作 ❶，在主页功能卡的特征组中，单击"拉伸"下方的"▼"，调出"圆柱"工具。

操作 ❷，设置："类型=轴、直径和高度"。

操作 ❸ 和 ❹，按第一段圆柱尺寸，设置："尺寸—直径=30""高度=33"。

操作 ❺ 和 ❻，当"轴—指定矢量"被选中时，在界面中选择 Y 轴。

操作 ❼ 和 ❽，当"轴—指定点"被选中时，在界面中选择坐标原点作为圆柱建模的基准点。

操作 ❾，设置："布尔—布尔=无"。

轴类件建模——操纵杆　第8章

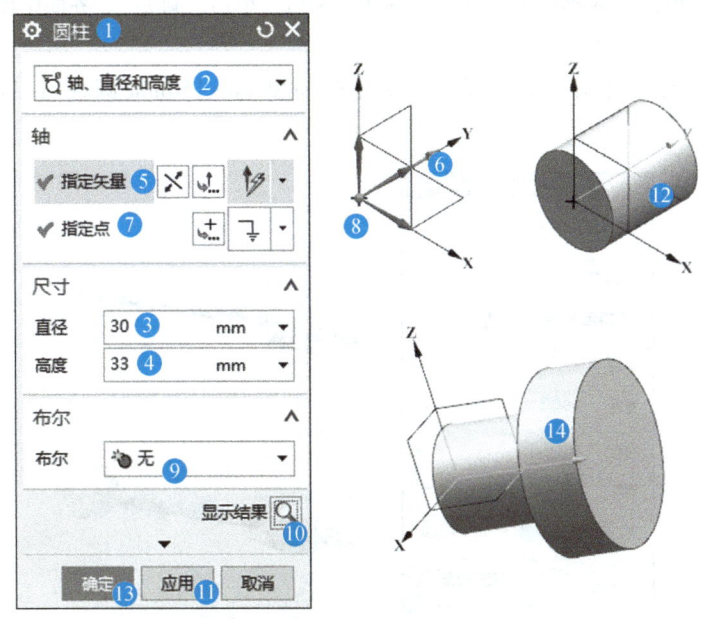

图 8-1　左侧两段圆柱体的建模过程

操作❿~⓬，显示结果正确后，因下一步仍需用"圆柱"工具建模，故单击"应用"，完成第一段圆柱的建模，结果见⓬。

仍按照❸~❿的步骤，创建左侧第二段圆柱。不同的是，操作❸和❹设置："直径=52""高度=18"，操作❽指定第一段圆柱右侧端面圆心为基准点，操作❾设置："布尔=合并"，在界面中确认或点选选择体为第一段圆柱。

操作⓭和⓮，显示结果正确后，单击"确定"，退出"圆柱"工具，完成第二段圆柱的建模，结果见⓮。

2. 左侧第三段圆形锥台建模

左侧第三段圆形锥台建模过程如图 8-2 所示。

操作❶，在主页功能卡的特征组中单击"拉伸"下方的"▼"，调出"圆锥"工具。

操作❷和❸，单击类型设置右侧的"▼"，展开后有"直径和高度""直径和半角""底部直径、高度和半角""顶部直径、高度和半角""两个共轴的圆弧"以及"显示快捷方式"等选项，本例选择"底部直径、高度和半角"。

操作❹~❼，当"轴—指定矢量"被选中时，在界面中选择 Y 轴；当"轴—指定点"被选中时，在界面中选择右端面的中心点。

操作❽~⓫，设置："尺寸—底部直径=52""高度=29""半角=10""布尔—布尔=合并"。

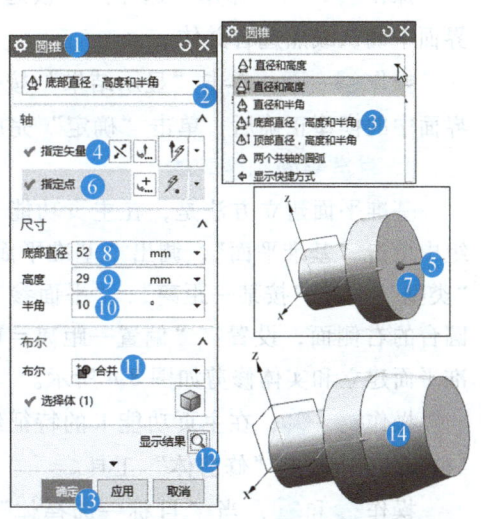

图 8-2　左侧第三段圆形锥台建模过程

— 115 —

操作⑫~⑭，单击"显示结果"按钮，确认正确后，单击"确定"，界面中出现完成的模型。

3. 右侧圆柱和球体建模

再次调用"圆柱"工具，以相同的方法创建 $\phi 20mm \times 160mm$ 圆柱后，进入球体建模过程，如图 8-3 所示。

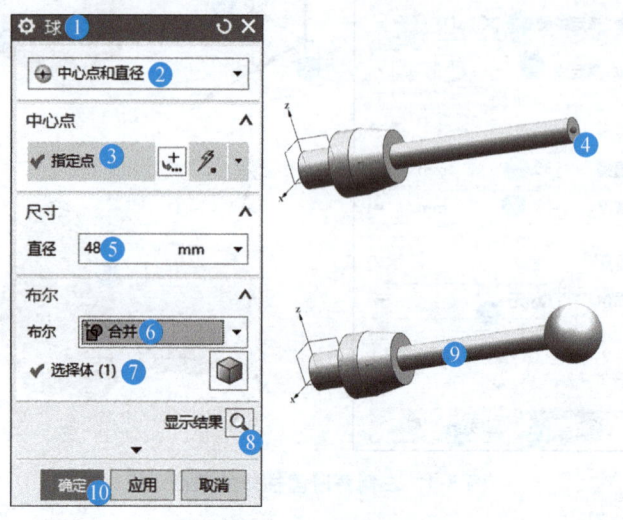

图 8-3 球体建模过程

操作①，在主页功能卡的特征组中单击"拉伸"下方的"▼"，调出"球"工具。

操作②，设置："类型＝中心点和直径"。

操作③和④，当"中心点—指定点"被选中时，在界面中选择 $\phi 20mm \times 160mm$ 圆柱右侧端面圆心为球体的球心。

操作⑤和⑥，设置："尺寸—直径＝48""布尔—布尔＝合并"。

操作⑦，当"布尔—选择体"被选中时，在界面中确认或点选合并体。

操作⑧~⑩，单击"显示结果"按钮，确认界面中的模型正确后，单击"确定"完成建模。

4. 基准平面和修剪体

基准平面建立方法是，在主页功能卡的特征组中单击"基准平面"，调出"基准平面"工具。"类型"选择"按某一距离"，"平面参考"选择圆台的右侧面，设置："偏置—距离＝175"。基准平面建立和实体修剪如图 8-4 所示。

操作①~③，在主页功能卡的特征组中单击"修剪体"，调出"修剪体"工具。

操作④和⑤，当"目标—选择体"被选中时，在界面中选择操纵杆基体。

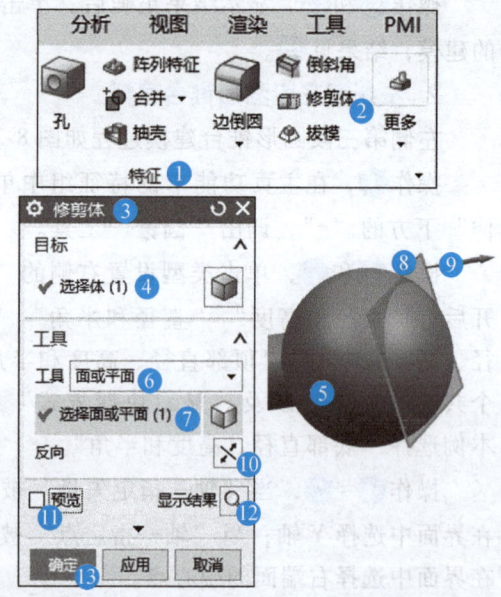

图 8-4 基准平面的建立和实体修剪

操作⑥~⑩，设置："工具—工具＝面或平面"，当"选择面或平面"被选中时，在界面中选择基准平面，观察除料方向箭头是否向右，若不符合，则单击"反向"图标进行调整。

操作⑪~⑬，勾选"预览"，显示结果正确后，单击"确定"，完成操纵杆基体的建模过程。

8.1.2 操纵杆细节建模

NX 中有若干专门针对模型结构细节的建模工具。使用专门的细节建模工具，可降低建模过程中失败的风险，也使基体建模更为简单。用户要善于运用细节建模工具，使设计方法更为灵活，设计结果更为合理。

1. 在轴上切割越程槽

越程槽是轴类件的常见结构。例如操纵杆左侧第一段圆柱和第二段圆柱之间的一段越程槽，图样标注为"2×3"。越程槽建模过程如图8-5所示。

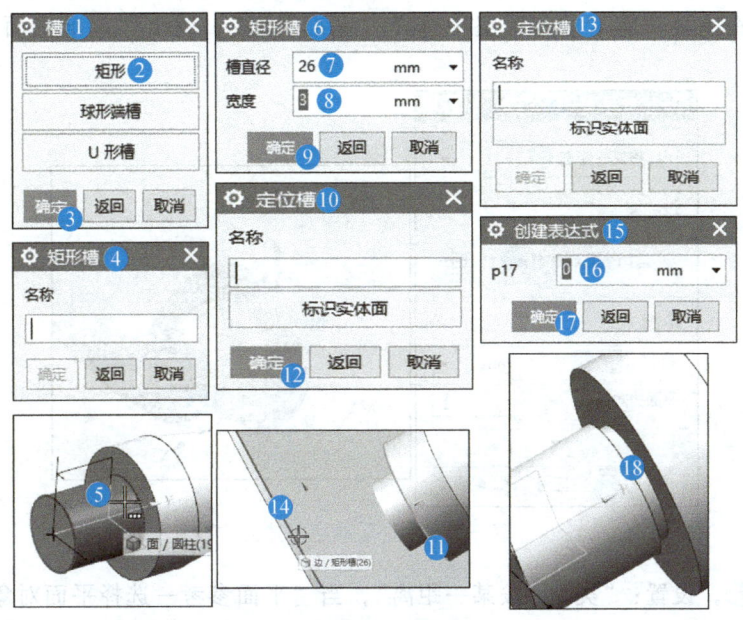

图 8-5 越程槽建模过程

操作①，单击"菜单"→"插入"→"设计特征"→"槽"，调出"槽"工具。NX中"槽"的建模采用"流程导航"方式，即将一个建模过程分为若干个步骤，每一个步骤提供不同的工具，用户可根据每一步的提示完成建模过程。

操作②~④，"槽"工具中提供了"矩形""球形端槽"和"U形槽"三种工具，本例选择"矩形"，单击"确定"，调出"矩形槽"工具。界面底部的状态栏提示："选择放置面"。

操作⑤和⑥，在界面中选择左侧第一段圆柱作为槽的放置面，单击该圆柱，调出"矩形槽"工具。状态栏提示："输入槽参数"，同时界面中以实体方式显示"槽"，可以将槽的实体显示方式理解为一把"槽"刀。

操作⑦~⑩，在"矩形槽"工具中，根据槽的设计尺寸，设置："槽直径＝30－2×2＝26""高度＝3"，单击"确定"，调出"定位槽"工具。状态栏提示：选择目标边或"确定"接受初始位置。

操作⑪~⑬，在界面中选择第二段圆柱的左侧圆边，作为槽刀切割的到达位置，单击"确定"，调出"定位槽"工具。状态栏提示："选择刀具边"。

操作⑭和⑮，在界面中选择槽刀右侧的边，调出"创建表达式"工具。状态栏提示："输入新的定位值"。

操作⑯~⑱，在文本框中输入"0"，即槽刀上选择的边与目标边之间的距离定义为"0"，单击"确定"，完成切槽建模操作，结果见⑱。

2. 在轴圆柱表面钻孔

在左侧第二段圆柱的外表面上钻孔4×φ6mm的程序是，通过一个孔的孔口中心，建立与孔中心线垂直的一个基准平面，调用专门的"孔"工具，计算一个孔口中心的坐标，从一个孔的中心垂直于基准平面钻一个孔，再将一个孔阵列为四个孔。

（1）创建钻孔基准平面

操作①，在主页功能卡的特征组中选择"基准平面"，调出"基准平面"工具，如图8-6所示。

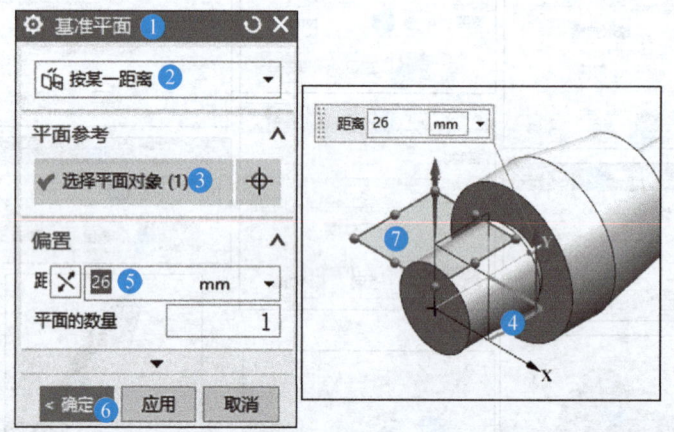

图 8-6　钻孔基准平面建立

操作②~④，设置："类型=按某一距离"，当"平面参考—选择平面对象"被选中时，在界面中选择XY平面。

操作⑤~⑦，设置："偏置—距离=26"，并用"反转"工具，调整为基准平面生成方向为向上。单击"确定"，完成钻孔基准平面的创建。

（2）创建钻孔口中心点　为简化钻孔建模过程，事先建立一个钻孔口的中心点作为钻孔时的基准点。计算基准平面上钻孔口的中心坐标：X=0，Y=33+18/2=42，Z=26。

操作①~④，如图8-7所示，在曲线功能卡的曲线组中选择"点"，调出"点"工具。

操作⑤~⑨，在"坐标"栏中，输入钻孔口的中心坐标，单击"确定"，完成钻孔口中心基准点的建立。

（3）钻一个孔

操作①，在主页功能卡的特征组中选择"孔"，调出"孔"工具，如图8-8所示。

操作②和③，设置："类型=常规孔"，当"位置—指定点"被选中时，在界面中选择已建立的钻孔口中心基准点。

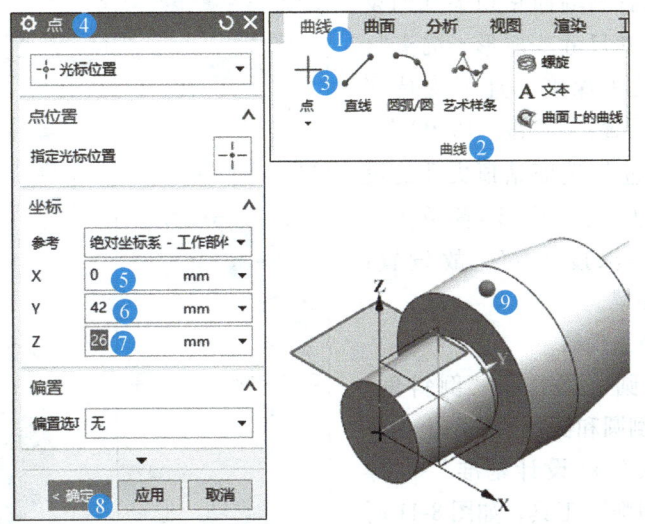

图 8-7　在基准平面上建立钻孔口中心基准点

操作④和⑥,展开"方向"栏,设置:"孔方向=垂直于面""形状和尺寸—成形=简单孔"。

操作⑦~⑪,按钻孔尺寸进行设置。

操作⑫和⑬,展开"布尔"栏,设置:"布尔=减去",在界面中选择操纵杆基体为布尔的选择体。

操作⑭~⑰,勾选"预览",结果显示正确后,单击"确定",完成一个孔的钻孔过程。

(4)阵列四个孔　操作①~③,在主页功能卡的特征组中选择"阵列特征",调出"阵列特征"工具,如图 8-9 所示。

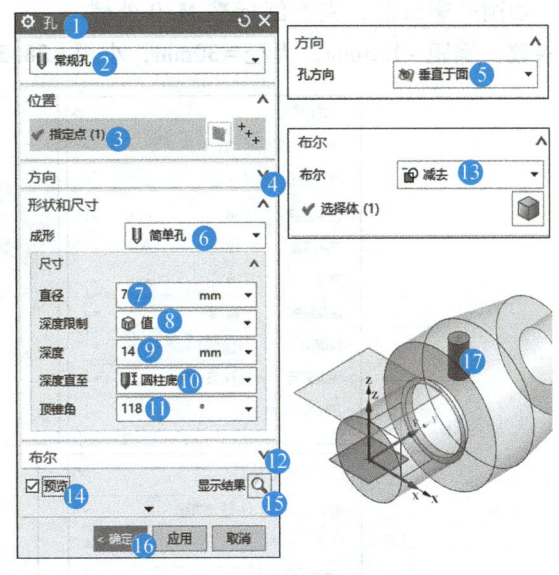

图 8-8　钻一个孔的过程

操作④,当"要形成阵列的特征—选择特征"被选中时,在界面中或部件导航器中选择已形成的孔特征。

操作⑤,设置:"阵列定义—布局=圆形"。

操作⑥~⑩,当"旋转轴—指定矢量"被选中时,在界面中选择 Y 轴;当"旋转轴—指定点"被选中时,在界面中选择坐标原点(或单击"点对话框"图标直接输入)。

操作⑪~⑭,展开"斜角方向"栏,设置:"间距=数量和跨距""数量=4""跨角=360°"。

操作⑮和⑯,结果显示正确后,单击"确定",完成阵列四个孔的过程。

(5)创建两侧顶尖孔　采用相同的方法,调用"孔"工具,钻右侧端面和左侧端面的顶尖孔,如图 8-10 所示。

NX数字化设计基础

操作①~③是右侧端面钻顶尖孔的设置，设置："形状和尺寸—成形=沉头"，其中深度应大于沉头深度，且不支持深度=沉头深度，故设置："深度=18.001"。

操作④~⑥是左侧端面钻顶尖孔的设置，设置："形状和尺寸—成形=简单孔"，因不支持"尺寸—深度=0"，故设置："尺寸—深度=0.001"。

3. 创建左侧轴外螺纹

在调用"边倒圆"工具和"倒斜角"工具对操纵杆各处倒圆和倒角的基础上，单击"菜单"→"插入"→"设计基准"→"螺纹"，调出"螺纹切削"工具，如图 8-11 所示，该工具专门用于切削圆柱外螺纹。

切削外螺纹前，先查阅标准 M30 外螺纹参数：螺距=1.5mm，大径=30mm，小径=28.376mm。

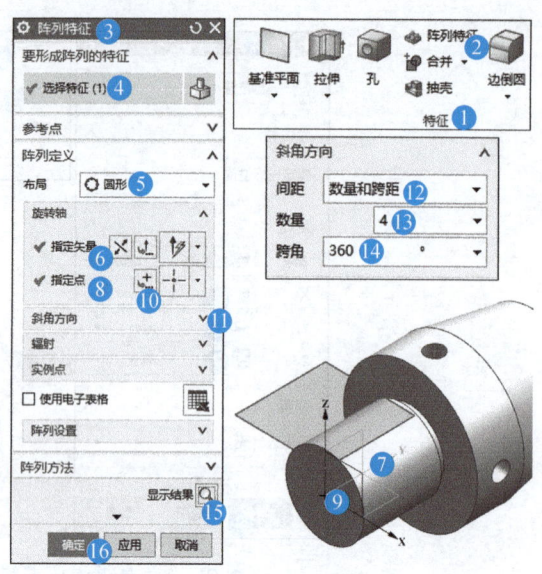

图 8-9　阵列四个孔

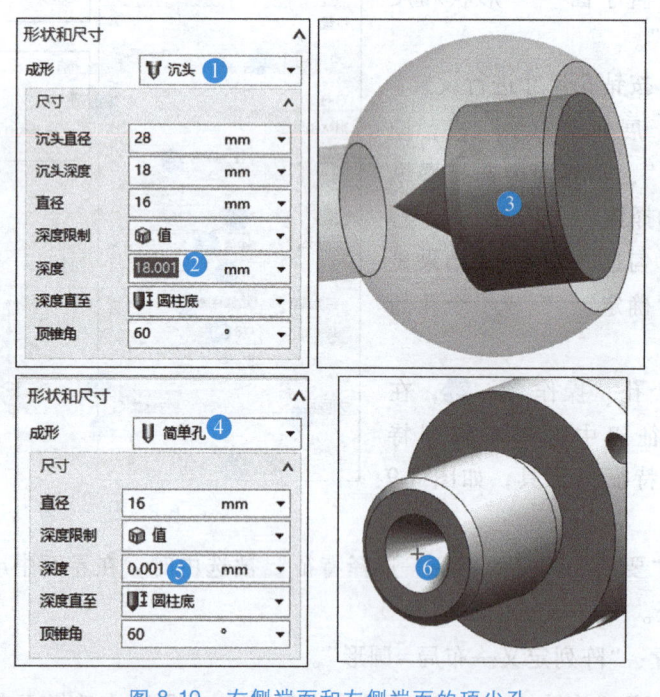

图 8-10　右侧端面和左侧端面的顶尖孔

操作①，设置："螺纹类型=◉符号"，即绘制符号螺纹。

操作②和③，根据界面底部的状态栏提示："选择一个圆柱进行表查询，或选择手工输入来跳过表"，在界面中选择操纵杆左侧第一个圆柱的外表面，选中后表示螺纹加工方向的箭头指向左侧，该指向不正确，后续要纠正为向右。

操作④和⑤，在"螺纹切削"工具中，单击"选择起始"按钮，重新选择螺纹切削的起始面，结果调出"螺纹切削"名称框，状态栏提示："选择起始面"。

操作 ⑥ 和 ⑦，根据提示，在界面中选择左侧端面作为切削的起始面，选中后表示螺纹加工方向的箭头指向了右侧，调出"螺纹切削"起始条件框，状态栏提示："螺纹轴反向"。

操作 ⑧ 和 ⑨：如果认为表示螺纹加工方向的箭头指向不符合要求，则可单击"螺纹轴反向"按钮。本例符合要求，故单击"确定"，返回"螺纹切削"工具。

操作 ⑩，勾选"手工输入"复选项。

操作 ⑪～⑲，根据 M30 外螺纹参数进行设置。其中参数"角度"的含义是指螺旋线的起始角。若"角度"设置为 0°，则螺旋线的起点与螺旋线轴线的端点之间的连接线与创建螺旋线时指定的坐标系（CSYS）X 轴的夹角为 0°，本例设置："角度 = 60"。

操作 ⑳，各项设置完成后，单击"确定"，完成符号螺纹的创建。将模型设置在"静态线框"显示状态，可以看到符号螺纹线，如图 8-12 所示。

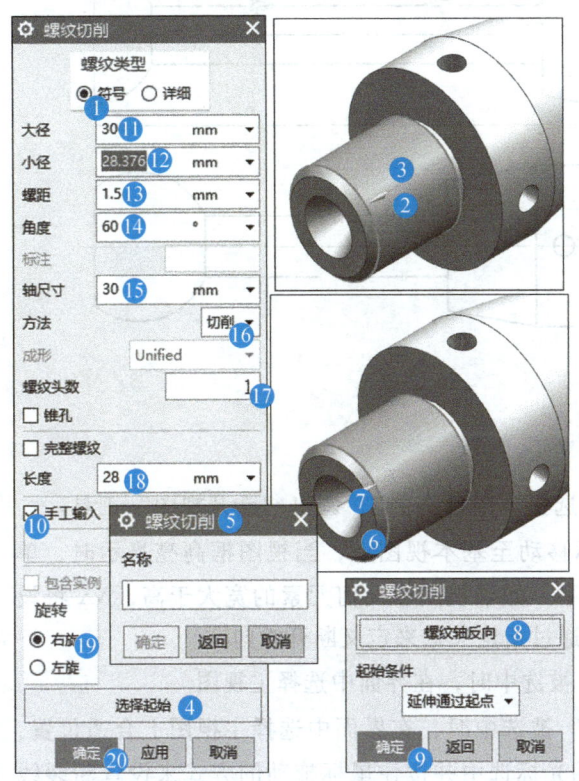

图 8-11 外螺纹切削

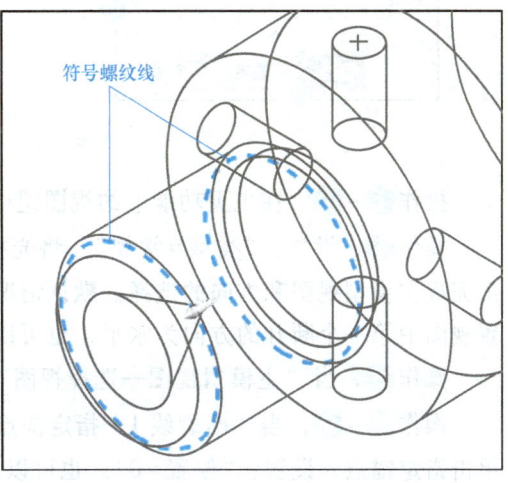

图 8-12 符号螺纹特征

8.2 操纵杆视图的放置

切换到制图界面，按 1∶2 的比例放置操纵杆的一个"右视图"作为操纵杆的主视图。对于横置的 A4 图框，由于操纵杆过细过长，所以需要将主视图修改为断开视图。

8.2.1 断开视图

断开视图的创建过程如图 8-13 所示。

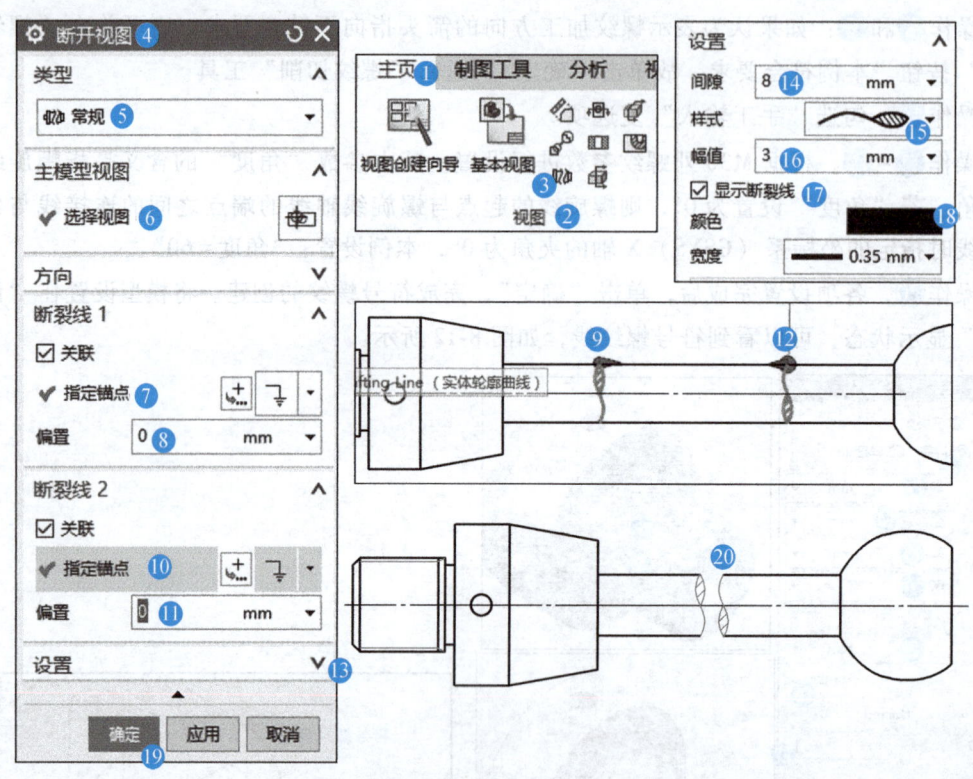

图 8-13 断开视图的创建过程

操作①~④，在主页功能卡的视图组中选择"断开视图"，调出"断开视图"工具。

操作⑤，设置："类型=常规"。将光标移动至基本视图上，当视图框高亮显示时，单击完成主模型视图和方向的选择。默认情况下，如果视图中几何元素的宽大于高，NX 将设置视图中第一个断开的方向为水平，也可以通过指定矢量来定义断开方向。

操作⑥，当"主模型视图—选择视图"被选中时，在界面中选择主视图。

操作⑦~⑨，当"断裂线 1—指定锚点"被选中时，在界面中选择主视图上合适位置，单击指定锚点，设置："偏置=0"。也可以用光标选中并按住鼠标拖动的方式来设置断裂线的位置。

操作⑩~⑫，确定断裂线 2 的位置，两条断裂线中间的区域将会从视图中省去。

操作⑬和⑭，展开"设置"栏，设置两条断裂线之间的间隙=8mm。

操作⑮，指定断裂线的类型，有"简单线""直线""锯齿线""长断裂线""管状线""实心管状线""实心杆状线""拼图线"和"木纹线"等类型可用，本例选择"实心杆状线"。

操作⑯~⑱，设置用作断裂线的曲线的幅值=3mm，勾选"显示断裂线"，颜色为黑色。

操作⑲和⑳，在"断开视图"工具中单击"确定"，在界面中生成断开的主视图。

8.2.2 局部剖视图

局部剖视图可以通过移除零件某个区域的外部材料来表达零件内部的结构。创建局部剖视图需有两个条件：第一个条件是临时添加一个视图，用于定义剖切的位置和方向；第二个条件是在准备局部剖的视图上，用样条线圈好局部剖视的范围。

1. 添加操纵杆右视图

如图 8-14 所示，界面中已有一个准备进行局部剖的主视图❶，调用"基本视图"工具，在右侧添加一个右视图❷，为定义局部剖视图的剖切位置和剖除材料方向做好准备。

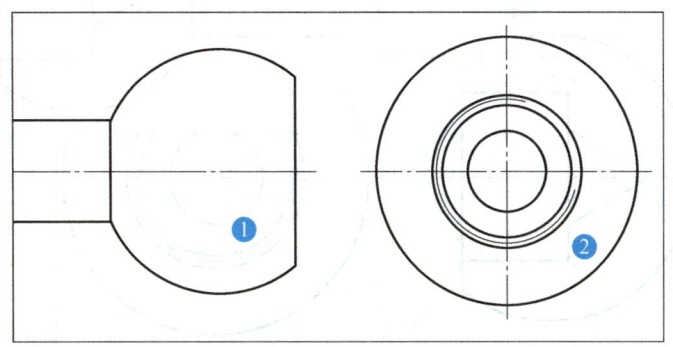

图 8-14 添加操纵杆右视图

2. 设置断开图隐藏线可见

将轴断开图设置成内部隐藏线为可见状态，以使绘制局部剖视的范围画得较为准确。操作过程如图 8-15 所示。

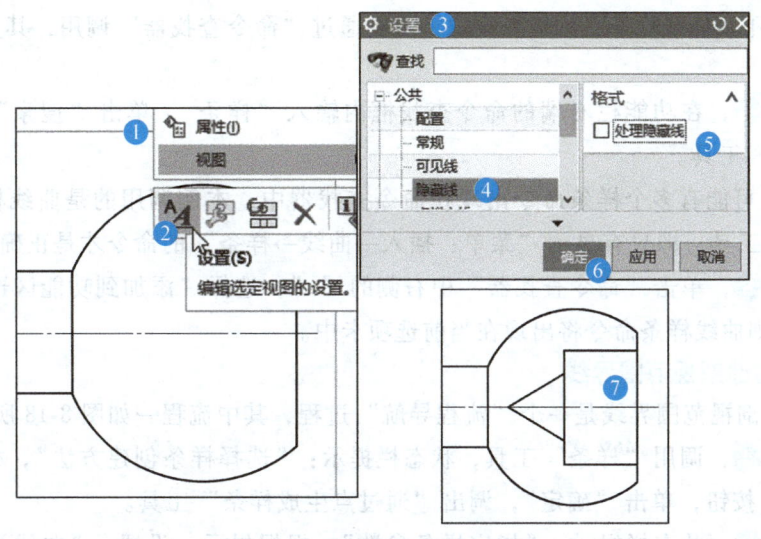

图 8-15 断开图内部隐藏线可见

操作❶~❸，在界面中移动光标，选中断开图的视图边界线，右击，在展开的工具栏中选择"A"，调出"设置"工具。

操作④~⑦，当"公共—隐藏线"被选中时，设置："格式=□处理隐藏线"，即让隐藏线不再隐藏，单击"确定"，断开图内部隐藏线呈现可见状态。

3. 展开断开图

绘制局部剖视范围界线时，必须在视图展开状态下绘制才有效。展开断开图操作如图8-16所示。

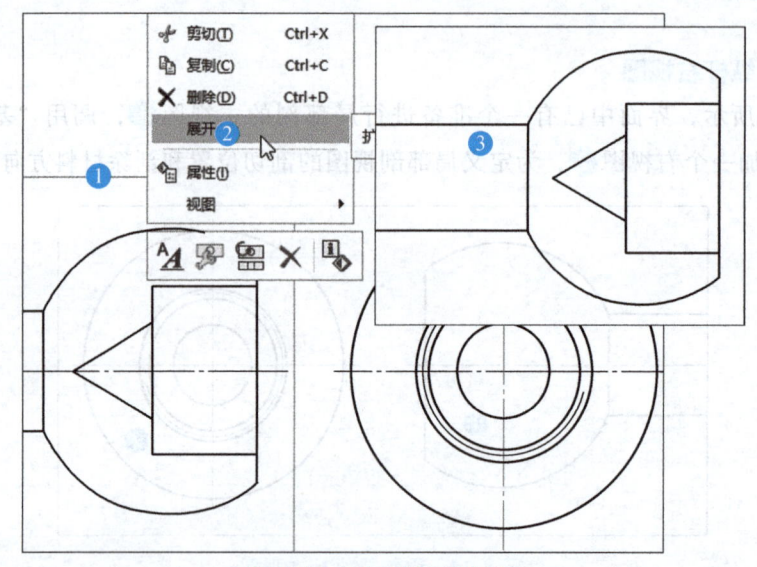

图 8-16　展开断开图操作

操作①，在界面中移动光标，选中断开图的视图边界线，右击。

操作②和③，在展开的工具栏中选择"展开"，于是断开图就在制图界面中被展开。

4. 查找曲线样条工具

默认状态下，曲线样条工具是隐藏的，需要通过"命令查找器"调用，其方法如图8-17所示。

操作①~③，在功能栏右端的命令查找框内输入"样条"，单击"搜索"图标，调出"命令查找器"工具。

操作④，可能有多个样条命令出现在命令查找器中，本例调用的是曲线样条工具，而不是草图样条工具，即只有显示"菜单：插入→曲线→样条"的命令才是正确的。

操作⑤~⑧，单击"命令查找器"中右侧的"▼"，选择"添加到功能区选项卡"→"当前选项卡"，则曲线样条命令将出现在当前选项卡中。

5. 绘制局部剖视范围界线

绘制局部剖视范围界线是一个"流程导航"过程，其中流程一如图8-18所示。

操作①~④，调用"样条"工具，状态栏提示："选择样条创建方法"，根据提示，单击"通过点"按钮，单击"确定"，调出"通过点生成样条"工具。

操作⑤~⑨，状态栏提示："指定样条参数"，根据提示，设置："曲线类型=⊙多段""曲线次数=3"。经过实验测试，绘制局部剖视范围界线时，采用分两次绘制的方法可以确保界线绘制成功，故取消勾选"封闭曲线"，即不采用封闭曲线绘制方式。单击"确定"，调出"样条"工具。

轴类件建模——操纵杆　第8章

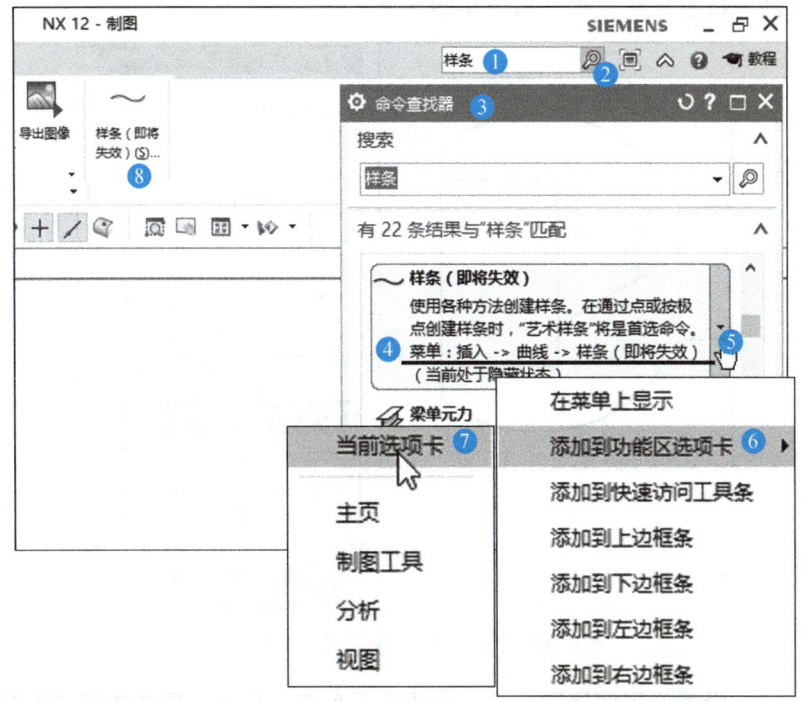

图 8-17　曲线样条命令的调用

操作⑩~⑫，状态栏提示："选择点指定方法"，根据提示，单击"点构造器"按钮，调出"点"工具，"点位置—选择对象"选中呈亮橙色，进入流程二。

图 8-18　绘制局部剖视范围界线流程一

— 125 —

绘制局部剖视范围界线流程二如图 8-19 所示。

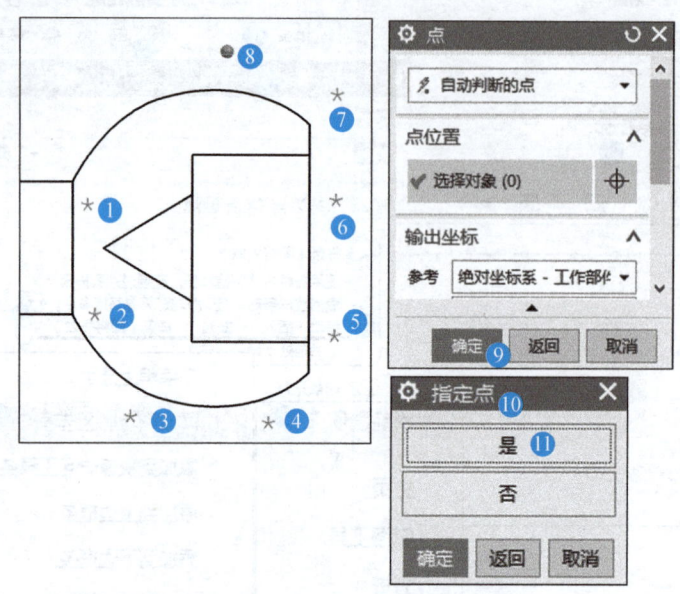

图 8-19　绘制局部剖视范围界线流程二

操作①~⑧，沿着剖视图周围单击，形成若干个点，留下一段作为第二次绘制的界线。

操作⑨和⑩，在"点"工具中，单击"确定"，调出"指定点"工具。

操作⑪，状态栏提示："确实指定点了吗？"，根据提示，单击"是"，调出"通过点生成样条"工具，进入流程三。

绘制局部剖视范围界线流程三如图 8-20 所示。在"通过点生成样条"工具中，开启第二段样条界线的绘制过程。在界面中单击形成①、②、③、④样条曲线构造点。

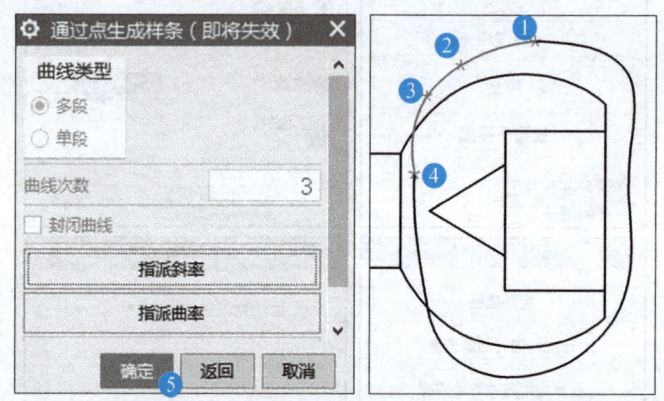

图 8-20　绘制局部剖视范围界线流程三

操作⑤，单击"确定"，完成第二段样条界线的绘制，与第一段样条曲线形成封闭的剖视范围界线。

6. 断开图恢复常态

断开图恢复常态有两项操作内容，一是断开图退出展开状态，二是恢复断开图隐藏线的隐藏状态。

退出展开状态的操作步骤为,在界面中移动光标选中断开图的视图边界,右击,取消勾选"展开"。

恢复断开图隐藏线的隐藏状态步骤为,在界面中移动光标选中断开图的视图边界,右击,选择"设置",调出"设置"工具。当"公共—隐藏线"被选中时,勾选"处理隐藏线",即让隐藏线隐藏,单击"确定"。

7. 创建局部剖视图

局部剖视图创建过程如图 8-21 所示。

操作❶~❹,在主页功能卡的视图组中选择"局部剖视图",调出"局部剖"工具。在后续的创建流程中,"局部剖"工具中的内容将随着不同的步骤发生改变。

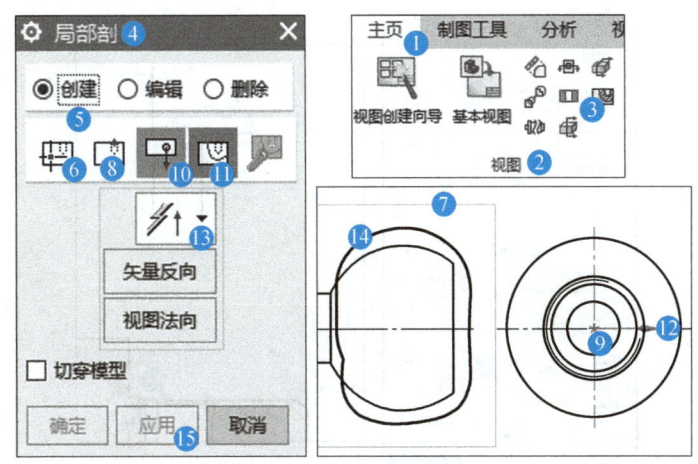

图 8-21 局部剖视图创建过程

操作❺~❼,设置:"状态=⊙创建","选择视图"(❻)图标呈亮色,状态栏提示:"选择一个生成局部剖的视图"。根据提示,在界面中移动光标选中断开图的视图边界,单击。

操作❽和❾,在"局部剖"工具中,"指出基点"(❽)和"指出拉伸矢量"(❿)两个图标工具呈亮色,状态栏提示:"定义基点—选择对象以自动判断点"。根据提示,在右视图中选择中心(❾)作为基点。

操作❿~⓬,"指出拉伸矢量"(❿)和"选择曲线"(⓫)两个图标呈亮色,在界面中出现除料方向的箭头(⓬),状态栏提示:"定义拉伸矢量或接受默认定义并继续—选择对象以自动判断矢量"。

操作⓭,若界面中除料方向箭头的指向错误,则可单击"矢量反向"按钮进行纠正,本例中因除料方向箭头的指向正确,故按鼠标的中键进行确认。

操作⓮,在"局部剖"工具中,只有"选择曲线"(⓫)一个图标呈亮色,状态栏提示:"选择起点附近的断裂线"。根据提示,在界面中选择分两次建立的剖视范围界线,当边界线上出现一系列的通过点并呈亮色时,说明剖视范围界线创建成功。

操作⓯,单击"应用",生成右侧的局部剖视图,完成后可以删除临时添加的右视图。采用相同的方法,建立左侧的局部剖视图。

8.2.3 局部放大图

越程槽的局部放大图创建过程如图 8-22 所示。

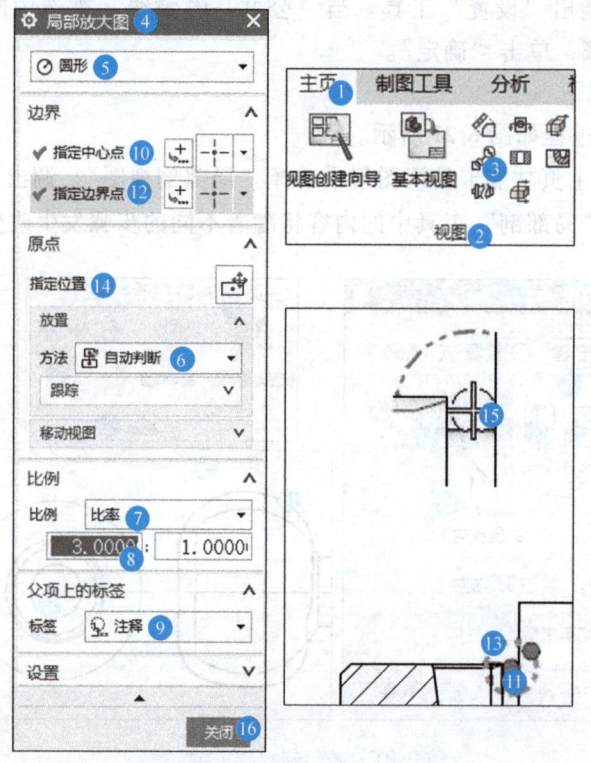

图 8-22　越程槽的局部放大图创建过程

操作 ❶~❹，在主页功能卡的视图组中选择"局部放大图"，调出"局部放大图"工具。

操作 ❺~❾，设置："类型＝圆形""原点—放置—方法＝自动判断""比例—比例＝比率＝3∶1""父项上的标签—标签＝注释"。

操作 ❿~⓯，当"边界—指定中心点"被选中时，在界面中选择局部放大图父视图上的中心基点，当"边界—指定边界点"被选中时，在界面中选择局部放大视图外圆周上的一个点的位置，当"原点—指定位置"被选中时，在界面中移动光标到合适位置，单击释放局部放大图。

操作 ⓰，单击"关闭"，完成局部放大图的创建。

8.2.4　四孔全剖视图

四孔全剖视图的创建过程如图 8-23 所示。

操作 ❶~❹，在主页功能卡的视图组中选择"剖视图"，调出"剖视图"工具。

操作 ❺和❻，设置："截面线—定义＝动态""方法＝简单剖/阶梯剖"。

操作 ❼~⓫，当"截面线段—指定位置"被选中时，状态栏提示："指定点作为截面线段位置"。要使选点操作顺利,就需开启捕捉工具,即在主页功能卡的注释组下方的捕捉工具必须被选中呈亮色,见❽和❾(❽是"启用捕捉点"捕捉工具,❾是"圆弧中心"捕捉工具)。在界面中选中钻孔的圆,即可选中圆的圆心。界面中出现剖视图的边界框,向右移动光标,保持视图边界框不变形,至合适位置,单击释放剖视图。

操作❿和⓬,单击"关闭",退出"剖视图"工具。用光标选中剖视图的边界后,移动剖视图到合适位置,单击释放剖视图。

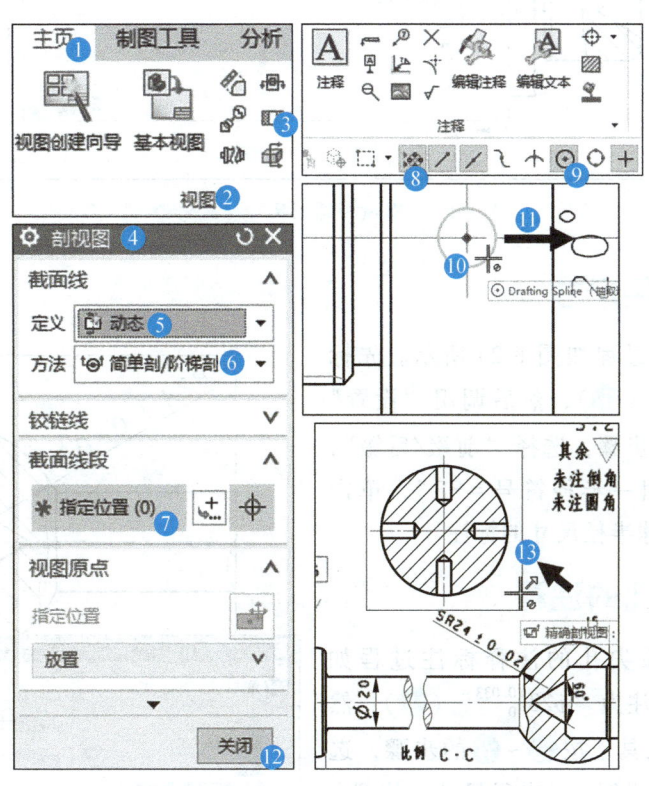

图 8-23　四孔全剖视图创建过程

8.3　操纵杆视图的典型标注

以操纵杆视图中若干个标注项目为例,介绍其标注方法和过程。

8.3.1　操纵杆长度样式

调用"快速尺寸"工具,标注操纵杆总长尺寸,如图 8-24 所示。标注的尺寸呈现"断开"的尺寸样式(❶),若不喜欢该尺寸样式,可调用"设置"工具(❷),按❸~❻的顺序操作:选择"透视缩短符号",设置:"格式—宽度=0""高度=0",单击"关闭"后,尺寸样式和通常的样式一致。

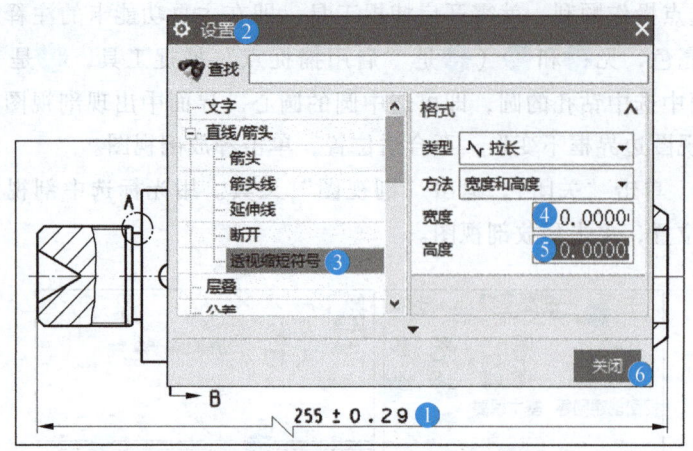

图 8-24　操纵杆总长尺寸样式修改

8.3.2　球半径尺寸

球半径的标注过程如图 8-25 所示。先标注为"R24±0.02"（①），然后调用"设置"工具，按②~⑤的步骤，选择"前缀/后缀"，设置："半径尺寸—半径符号 = SR"，单击"关闭"后，完成球半径尺寸的标注。

8.3.3　顶尖孔的注释

操纵杆右侧顶尖孔的注释标注过程如图 8-26 所示。先标注为"$\phi 28^{+0.033}_{0}$"（①），然后调用"设置"工具，按②~⑥的步骤，选择"前缀/后缀"，设置："半径尺寸—位置 = 之前""直径符号 = 用户定义"，单击"要使用的符号"右侧的"编辑文本"图标，调出"文本"工具，在两个<O>之间输入"ϕ16 扩孔"，其中"ϕ"可通过单击"符号"栏下的 ϕ 图符输入。

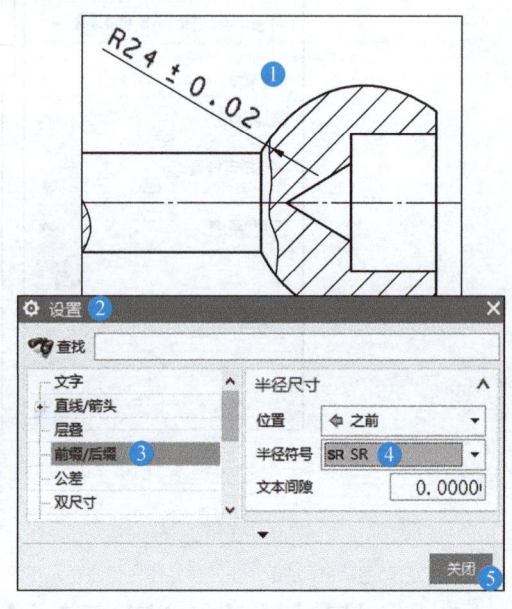

图 8-25　球半径的标注过程

深 18mm 的注释标注和设置如图 8-27 所示。

操作①~③，在主页功能卡的注释组中选择"注释"，调出"注释"工具。

操作④，在文本框中输入"深 18"。

操作⑤和⑥，展开"对齐"栏，取消勾选"自动对齐"下的所有复选项。

操作⑦和⑧，展开"设置"栏，单击"A"图标，调出"文本参数"工具。

操作⑨~⑯，设置文本的参数，其中角度 = 90°，可使界面中的注释"深 18"沿逆时针方向转 90°放置。

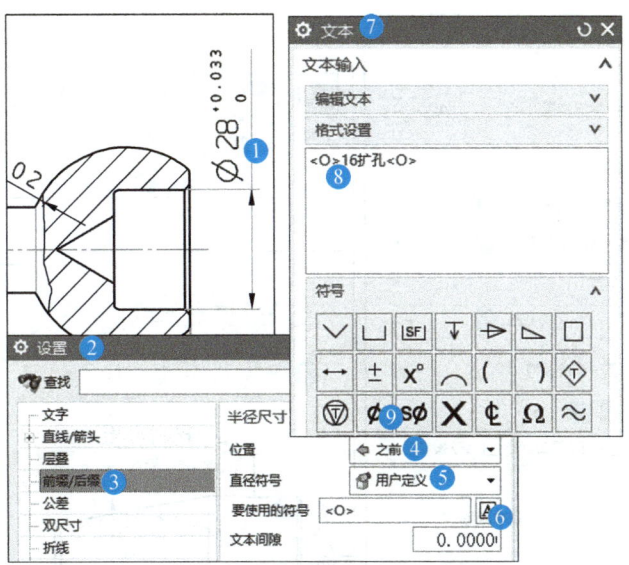

图 8-26 操纵杆右侧顶尖孔的注释标注过程

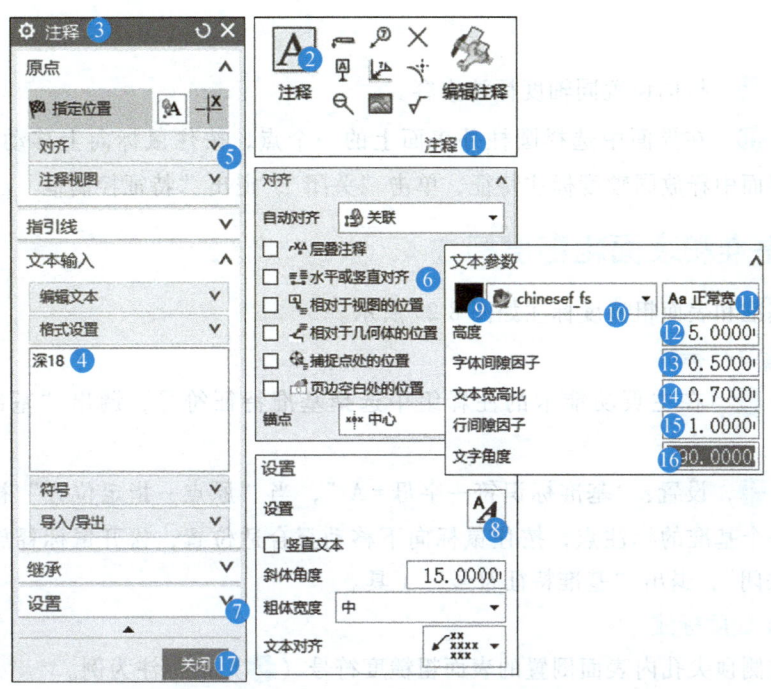

图 8-27 深 18mm 的注释标注和设置

8.3.4 同轴度标注

同轴度标注过程如图 8-28 所示。

操作 ❶ ~ ❸，在主页功能卡的注释组中选择"特征控制框"，调出"特征控制框"工具。

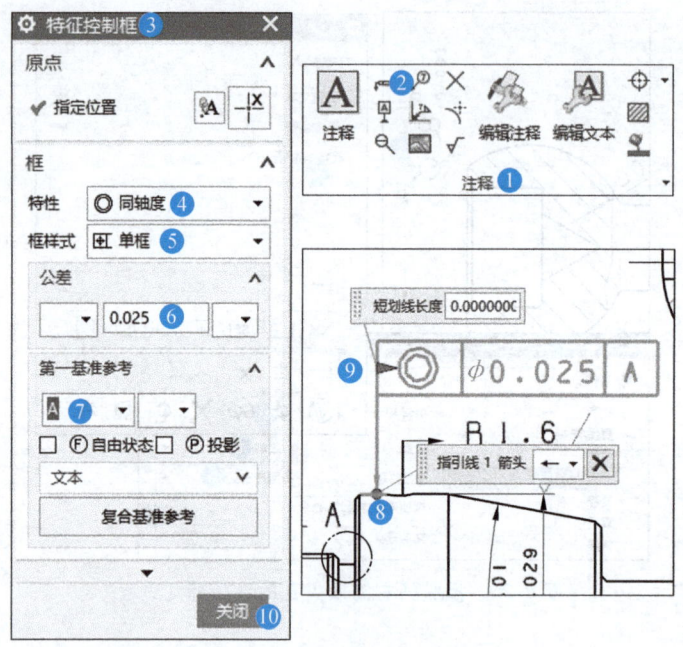

图 8-28 同轴度标注过程

操作④~⑦，按图设置同轴度标注内容。

操作⑧~⑩，在界面中选择圆柱外表面上的一个点，按住鼠标向上移动至合适位置，松开鼠标在界面中释放同轴度标注特征，单击"关闭"，退出"特征控制框"工具。

8.3.5 基准和表面粗糙度标注

同轴度基准和表面粗糙度标注如图 8-29 所示。

1. 同轴度基准标注

操作①~③，在主页功能卡的注释组中选择基准特征符号，调出"基准特征符号"工具。

操作④~⑧，设置："基准标识符—字母＝A"，当"原点—指定位置"被选中时，在界面中选择一个基准的标注点，按住鼠标向下移动至合适位置，松开鼠标释放基准特征符号，单击"关闭"，退出"基准特征符号"工具。

2. 表面粗糙度标注

这里以右侧顶尖孔内表面倒置的表面粗糙度符号（⑨）的标注为例。

操作⑩和⑪，在主页功能卡的注释组中选择表面粗糙度符号，调出"表面粗糙度"工具。

操作⑫和⑬，设置："设置—设置—角度＝0"，此设置可使界面中的表面粗糙度符号正放。

操作⑭~⑱，展开"属性"栏，设置："除料＝修饰符，需要除料"。按图例，在"波纹"文本框中输入"Ra1.6"。单击"关闭"，完成表面粗糙度的标注。

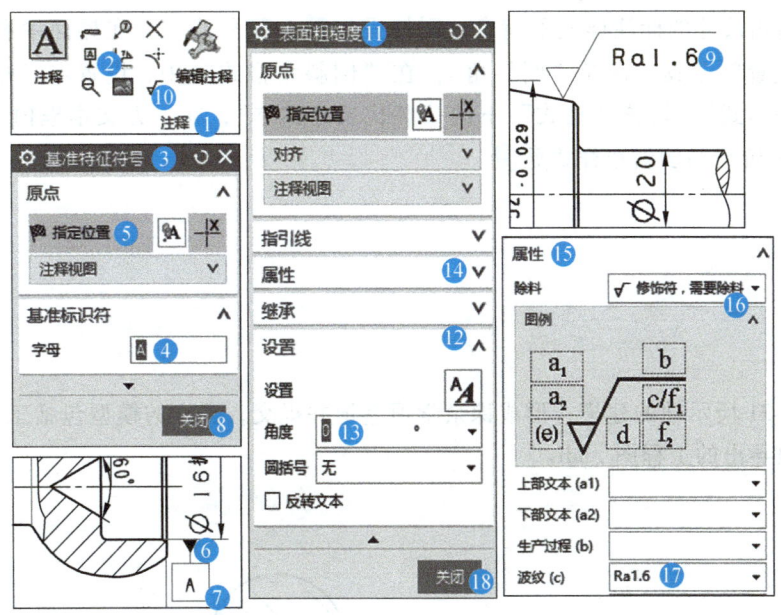

图 8-29　同轴度基准和表面粗糙度标注

8.3.6　倒斜角标注

倒斜角的标注和设置如图 8-30 所示。

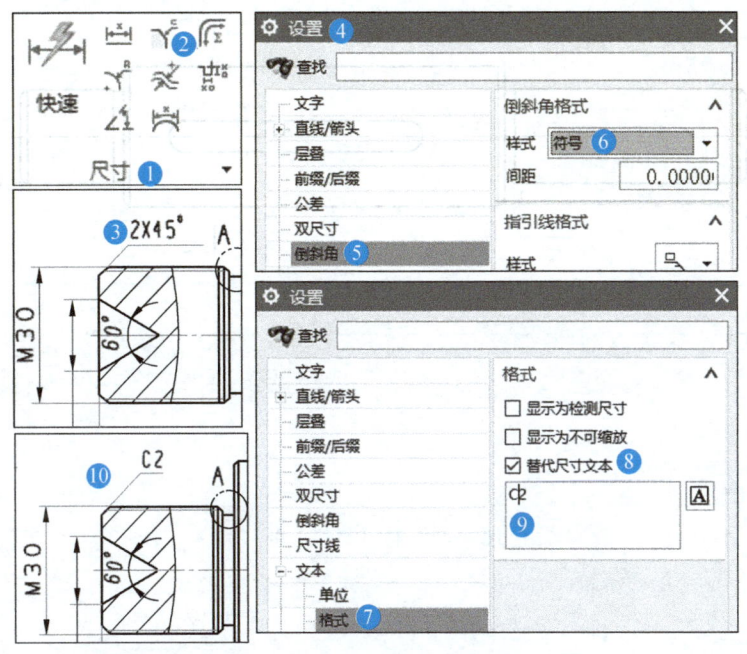

图 8-30　倒斜角的标注和设置

操作❶~❸，在主页功能卡的尺寸组中选择"倒斜角"，调出"倒斜角尺寸"工具。在界面中通过单击倒斜角边的一个点，通过按住鼠标拖动和释放的步骤，完成倒斜角尺寸的标注。

若对倒斜角尺寸的标注样式不满意，则按操作 ❹~❾ 的步骤，在界面中右击倒斜角尺寸，调出"设置"工具，选择"倒斜角"，在"倒斜角格式"中，设置："样式=符号"；选择"文本—格式"，勾选"格式"下的"替代尺寸文本"，在下方文本框内"2"的前面添加"C"，设置后的倒斜角样式见 ❿。

课余

完成图 8-31 所示轴的建模，形成课余学习笔记并提交，提交的模型包括工程图源文件，同时提交单独导出的工程图 .pdf。

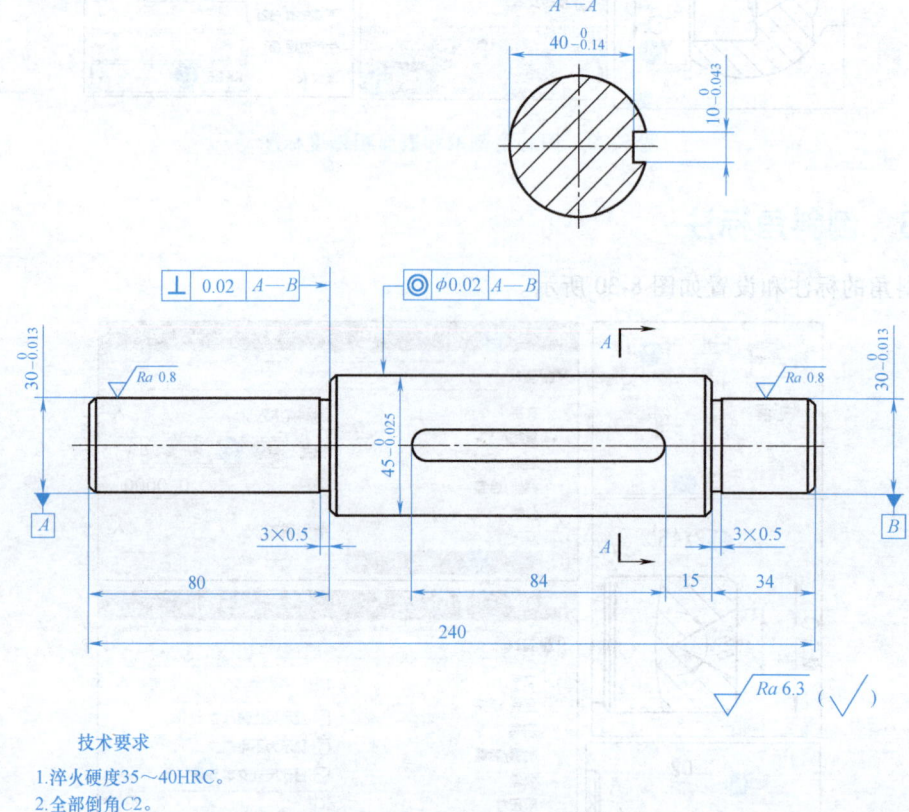

技术要求
1. 淬火硬度35～40HRC。
2. 全部倒角C2。

图 8-31 轴（材料：45）

第9章 同步建模——三通阀和凸台

设计人员通过同步建模工具可以修改来源于其他 CAD 系统的模型。这种模型往往没有参数化的特征信息，无法使用各类特征建模工具直接修改。

9.1 面的同步建模

在 NX 中打开三通阀模型，如图 9-1 所示。观察部件导航器，该模型的历史记录中只有一个名称为"体"的结构，说明该模型已被"移除参数"或来自其他 CAD 系统。

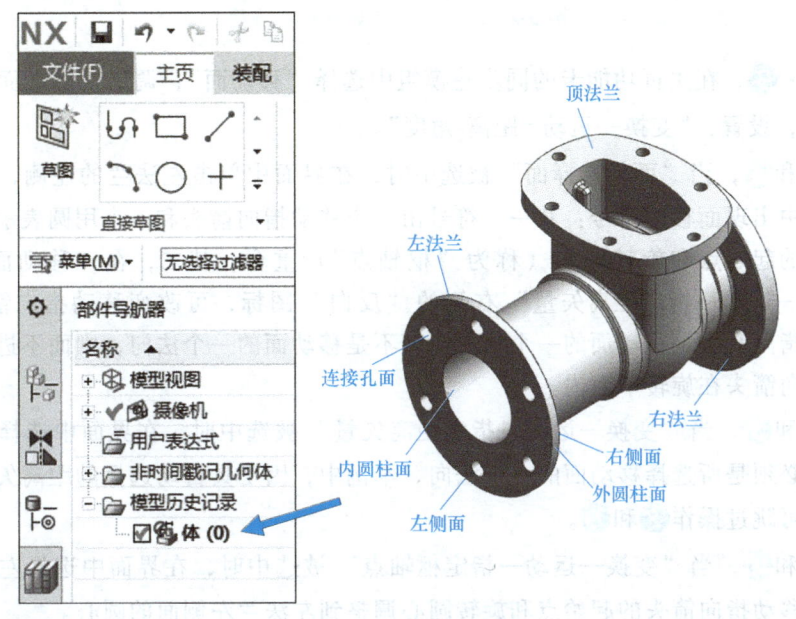

图 9-1 同步建模案例

9.1.1 移动面工具

移动面工具可以使一个面或一组面产生移动和旋转，同时改变相邻面的位置，达到局部修改模型的结果。

1. 移动一个面

以左法兰的左侧面向移动指向箭头方向移动 100mm 为例，其标准流程如图 9-2 所示。

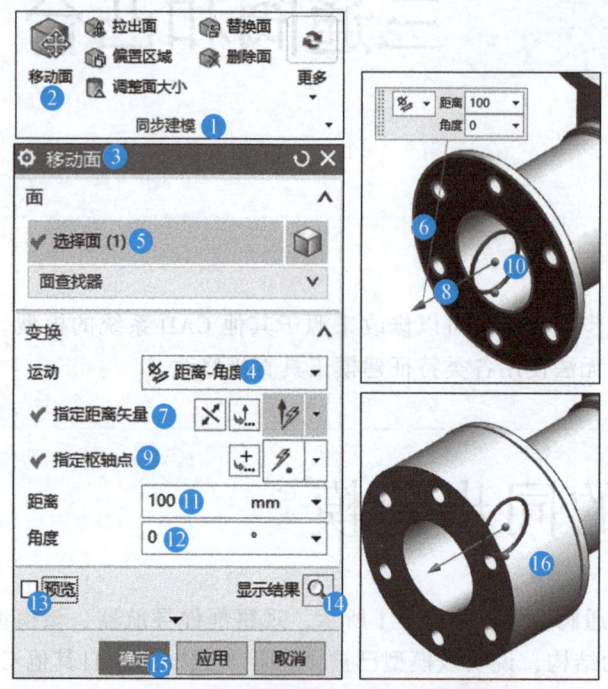

图 9-2 移动面同步建模标准流程

操作 ①~③，在主页功能卡的同步建模组中选择"移动面"，调出"移动面"工具。

操作 ④，设置："变换—运动＝距离-角度"。

操作 ⑤和⑥，当"面—选择面"被选中时，在界面中单击左法兰的左侧，选择一个移动面。界面中出现面移动符号：其一，符号由一个移动指向箭头和一个用圆表示的旋转平面组成，移动的起始点和旋转圆心（称为"枢轴点"）重合；其二，在"移动面"工具中，单击"变换—运动—指定距离矢量"右侧的"反向"图标，可改变移动指向箭头的方向；其三，移动指向箭头是移动面的一个法向，若不是移动面的一个法向，则面不进行移动；其四，移动指向箭头在旋转平面内。

操作 ⑦和⑧，当"变换—运动—指定距离矢量"被选中时，在界面中选择面移动的矢量，该矢量必须是所选择移动面的一个法向，本例中，因工具自动选择的距离矢量刚好符合要求，所以可跳过操作 ⑤和⑥。

操作 ⑨和⑩，当"变换—运动—指定枢轴点"被选中时，在界面中选择左法兰左侧面的圆心，将移动指向箭头的起始点和旋转圆心调整到左法兰左侧面的圆心。

操作 ⑪和⑫，设置："距离＝100""角度＝0"。

操作 ⑬~⑯，勾选"预览"，结果显示正确后，单击"确定"，退出"移动面"工具，得到同步建模结果。左法兰的左侧面从枢轴点向左移动了 100mm，同时与该移动面相关的其他特征也进行了局部的适应性修改。

2. 旋转一个面

在面移动标准流程中，操作⑪和⑫，设置："距离＝0""角度＝30"，其结果如图9-3所示。左法兰的左侧面在旋转平面内，绕枢轴点沿逆时针方向旋转30°，带动相关特征完成局部修改。

3. 同时移动和旋转一个面

一个面可以同时移动和旋转。即在面移动标准流程中，操作⑪和⑫，设置："距离＝100""角度＝30"，其结果如图9-4a所示。左法兰的左侧面先移动100mm，然后在旋转平面内，绕枢轴点沿逆时针方向旋转30°，带动相关特征完成局部修改。

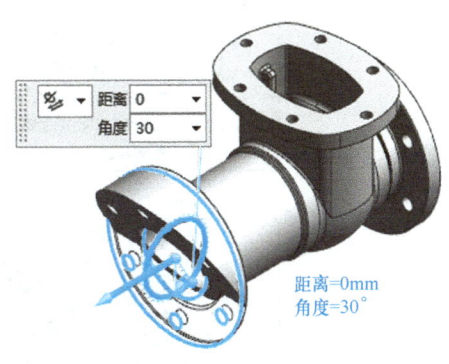

图9-3　旋转一个面

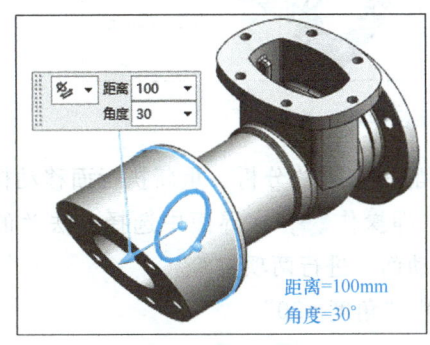

a) 一次移动和旋转

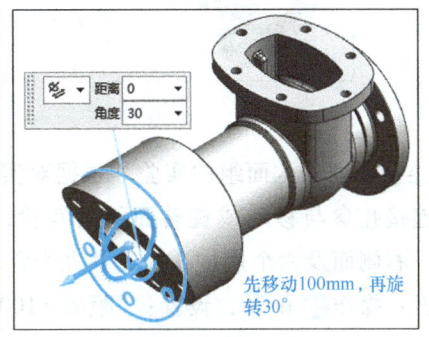

b) 分开移动和旋转

图9-4　移动和旋转的同步建模

一个面也可以先移动、再旋转。即第一次执行面移动标准流程时，操作⑪和⑫，设置："距离＝100""角度＝0"，完成后执行第二次面移动标准流程，其中，操作⑪和⑫，设置："距离＝0""角度＝30"，完成的结果如图9-4b所示。两种同步建模的结果存在差异，其原因是枢轴点相距100mm。

4. 移动或旋转一组面

移动面工具可以对一组面进行移动和旋转。

（1）连接孔面不加入面组的实验　在面移动标准流程中，在界面中选择左法兰的左侧面、外圆柱面和右侧面等三个移动面（操作④），进行四项实验。

实验一：操作⑪和⑫，设置："距离＝100""角度＝30"。

实验二：操作⑪和⑫，设置："距离＝100""角度＝20"。

实验三：操作⑪和⑫，设置："距离＝100""角度＝10"。

实验四：操作⑪和⑫，设置："距离＝100""角度＝5"。

实验一至实验四的结果如图9-5所示。在实验结果中，左法兰上的六个连接孔未参与移动和旋转，始终在原位置，且保持孔径不变。对于实验一，同步建模失败的可能原因是旋转角度过大，使原先在左法兰上的某个连接孔，与新模型之间的设计关系发生了颠覆性的改变，从而导致建模失败。

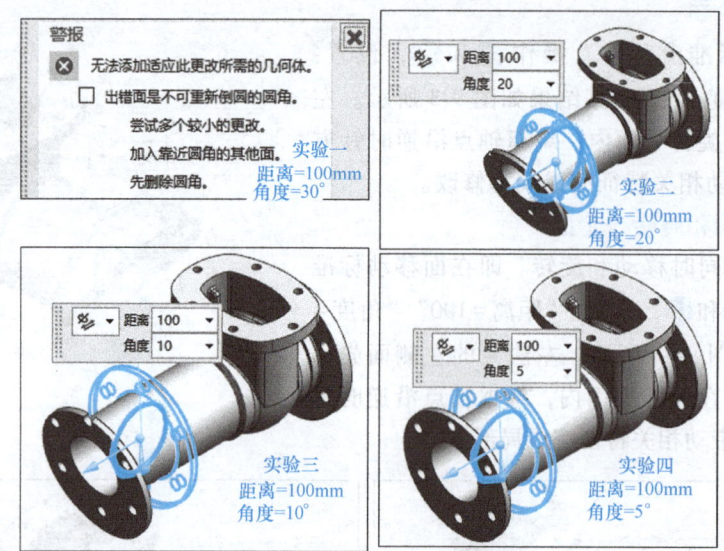

图 9-5　实验一至实验四的结果

（2）连接孔面加入面组的实验　根据对实验一结果的分析，重新执行面移动标准流程，进行六个连接孔参与移动或旋转面组的实验，即操作 ⑥，在界面中选择左法兰的左侧面、外圆柱面、右侧面及六个连接孔面，共九个移动面，进行两项实验。

实验五：操作 ⑪ 和 ⑫，设置："距离 = 100""角度 = 30"。

实验六：分两次执行面移动标准流程，第一次，操作 ⑪ 和 ⑫，设置："距离 = 100""角度 = 0"。第二次，操作 ⑪，设置："距离 = 0"。因旋转角度过大，将导致同步建模失败，故操作 ⑫，设置："角度 = 20"。

实验五和实验六的结果如图 9-6 所示。实验五的结果，左法兰上的六个连接孔参与了移动和旋转。实验六与前述实验二比较，连接孔跟随左法兰同步建模，在新模型中位置发生了更改。

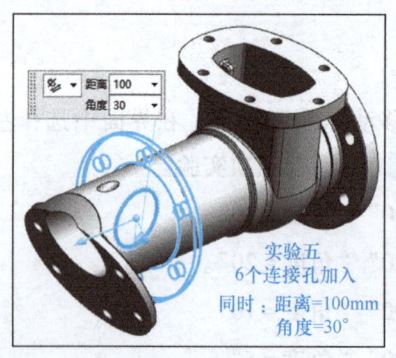
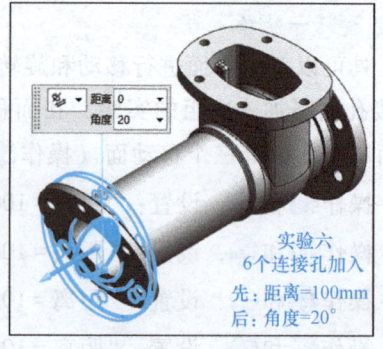

图 9-6　实验五和实验六的结果

5. 法兰周面移动和旋转

在三通阀中，选择顶法兰周面，进行移动和旋转实验。即在面移动标准流程中，操作 ⑥，在界面中选择顶法兰的 8 个周面，进行实验七；以及选择顶法兰的 8 个周面和 6 个连接孔面，共 14 个面，进行实验八。

实验七和实验八在操作 ⑪ 和 ⑫ 中的设置相同，即设置："距离 = 30""角度 = 20"。实验七和实验八的结果如图 9-7 所示，在实验七中，6 个连接孔保持在原位置，而在实验八中，6 个连接孔的位置发生了改变。

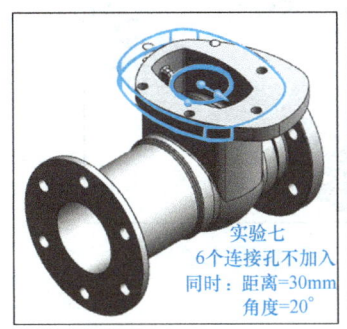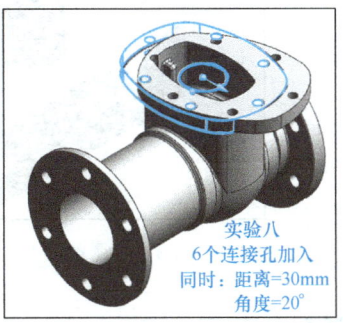

图 9-7　实验七和实验八的结果

9.1.2　拉出面工具

以凸台为例，操作 ❶，在主页功能卡的同步建模组中选择"拉出面"，调出"拉出面"工具，如图 9-8 所示。

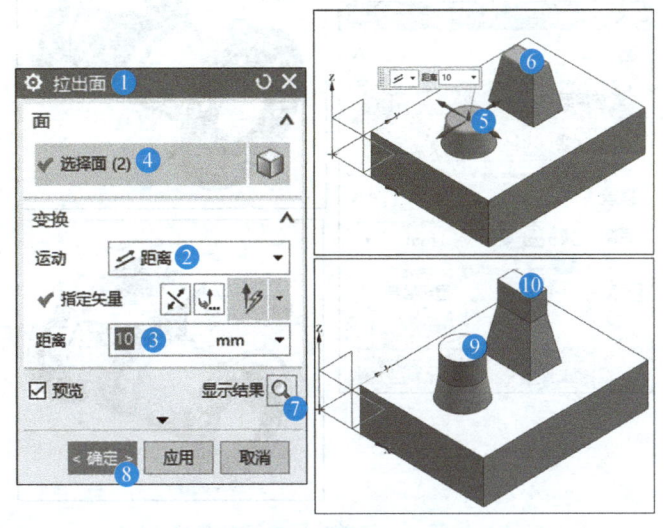

图 9-8　圆凸台和矩形凸台顶面的拉出

操作 ❷ 和 ❸，设置："变换—运动 = 距离""距离 = 10"。

操作 ❹~❻，当"面—选择面"被选中时，在界面中选择圆凸台和矩形凸台的顶面。

操作 ❼~❿，预览结果正确后，单击"确定"，结果圆凸台和矩形凸台的顶部截面保持不变，向顶上垂直拉出 10mm。

若调用"移动面"工具，凸台向上移动时，截面形状将依据与相邻面的设计关系发生改变，结果如图 9-9 所示。当凸台是直侧面时，两者的同步建模结果就无差别。

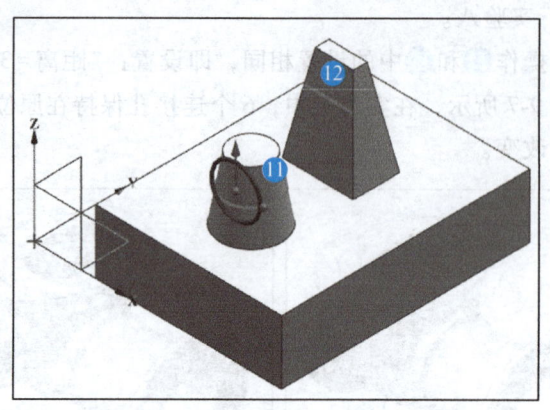

图 9-9 圆凸台和矩形凸台顶面的移动

9.1.3 偏置区域工具

操作❶，在主页功能卡的同步建模组中选择"偏置区域"，调出"偏置区域"工具，如图 9-10 所示。

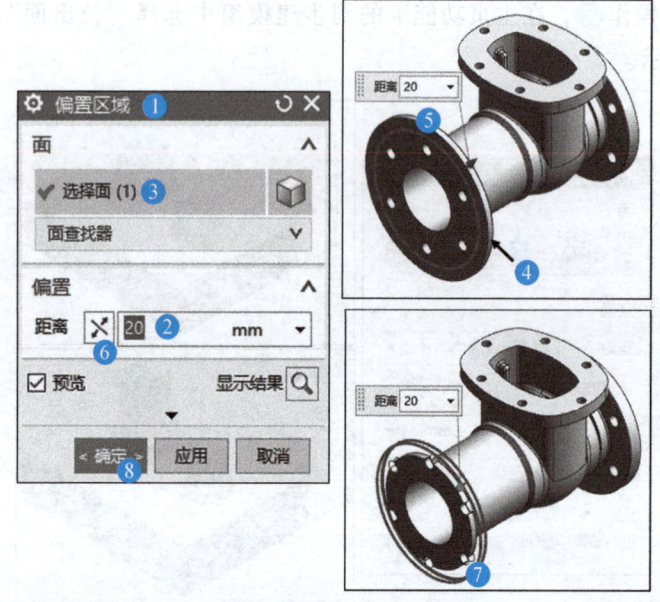

图 9-10 左法兰外圆柱面的偏置

操作❷，设置："偏置—距离 = 20"。

操作❸~❺，当"面—选择面"被选中时，在界面中选择左法兰的外圆柱面，同步建模的结果是，左法兰外圆柱面向外偏置了 20mm。

操作❻~❽，若单击"距离"右侧的"反向"图标，结果左法兰的外圆柱面向内偏置 20mm，单击"确定"，退出"偏置区域"工具。

1. 左侧管道外径向内偏置

按照上述"偏置区域"的操作流程，操作❷，设置："偏置—距离 = 10"，操作❹，在界面中选择三通阀左侧管道的外圆柱面，结果如图 9-11 所示，向内偏置 10mm 的同步建模成功。

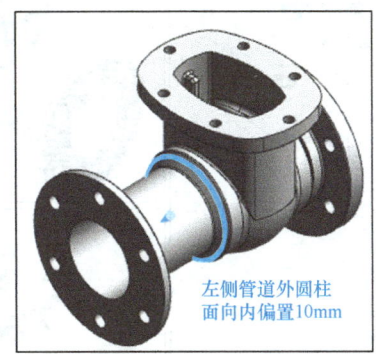 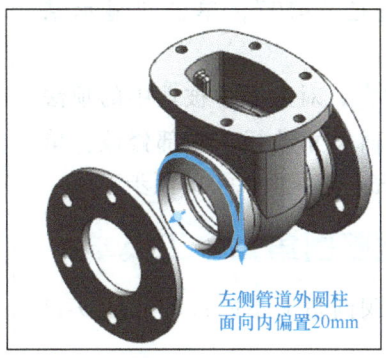

图 9-11　左侧管道外圆柱面向内偏置

若在操作❷中设置："偏置—距离＝20"，因外圆柱面直径修改后将小于管道的内圆柱面直径，故界面中出现报警框。虽然可以强制工具执行这一同步建模结果，但结果是左侧管道段将断开。

2. 左侧管道外径向外偏置

若在操作❻中单击"偏置—距离"右侧的"反向"图标，则左侧管道的外径将向外偏置。这一偏置方向将破坏管道外圆柱面与相邻的连接圆角等特征的几何关系，导致同步建模失败。

9.2　尺寸的同步建模

尺寸的同步建模工具包括"调整面大小""调整圆角大小""线性尺寸"和"角度尺寸"等。当选择某个同步建模特征时，工具依据检测到的特征上的几何尺寸（通常是直径）或用户检测的尺寸进行模型的局部修改。

9.2.1　调整面大小工具

调整面大小工具可以更改圆柱面、圆锥面或球面的直径，并自动更新相邻倒圆尺寸。它可以更改一组圆柱面，使它们具有相同的直径；更改一组圆锥面，使它们具有相同的半角；更改一组球面，使它们具有相同的直径；或使用任意参数更改重新创建的相连圆角等。

调整顶法兰两个侧周面大小的过程如图 9-12 所示。

操作❶，在主页功能卡的同步建模组中选择"调整面大小"，调出"调整面大小"工具。

操作❷~❹，当"面—选择面"被选中时，在界面中选择顶法兰的一个侧周面，在"面查找器"中勾选"等半径（2）"，表示选中了两个面，这两个面等半径。

操作❺和❻，显示："大小—直径＝412.75"，这是工具自动检测到的该侧周面上的一个直径尺寸，也只有这个直径尺寸可以被修改。在"大小—直径"的文本框中，输入一个新的直径"450"，单击"显示结果"图标观察。

操作⑦和⑧，对界面中被选中的顶法兰的两个侧周面尺寸进行了局部修改，单击"确定"，完成调整面大小的同步建模。

9.2.2 调整圆角大小工具

调整三通阀圆角大小的过程如图 9-13 所示。

操作①，在主页功能卡的同步建模组中单击"更多"下方的"▼"，选择"调整圆角大小"，调出"调整圆角大小"工具。

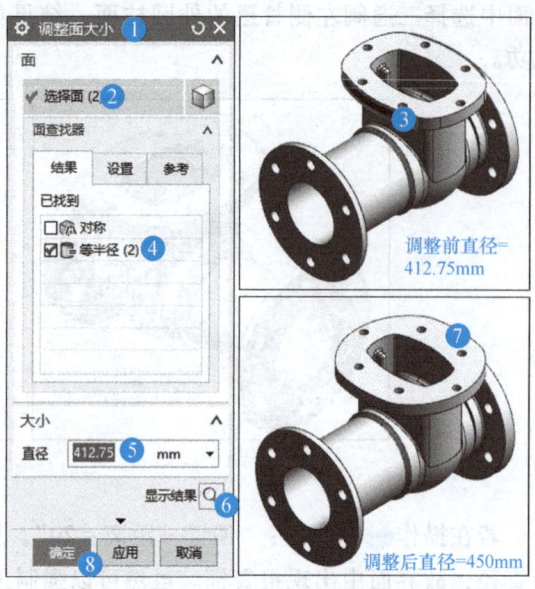

图 9-12 调整顶法兰两个侧周面大小的过程

操作②和③，当"面—选择圆角面"被选中时，在界面中选择三通阀上的一个要修改的圆角。

操作④，工具自动检测到该圆角的半径=3.175mm，输入新的数值"5"。

操作⑤~⑦，勾选"预览"，结果显示正确后，单击"确定"，完成调整圆角大小的同步建模。

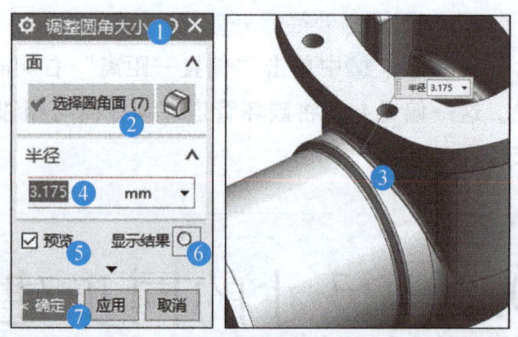

图 9-13 调整三通阀圆角大小的过程

9.2.3 关联工具组

在同步建模的关联工具组有"线性尺寸""角度尺寸"和"径向尺寸"等工具，用于自动识别相关属性并进行编辑，可以重新定义尺寸和相关约束关系。

1. 线性尺寸工具

线性尺寸同步建模的过程如图 9-14 所示。

操作①，在主页功能卡的同步建模组中单击"更多"下方的"▼"，选择"线性尺寸"，调出"线性尺寸"工具。

操作②~⑤，当"原点—选择原始对象"被选中时，开启"启用捕捉点"和"圆弧中心"两项自动捕捉工具，在界面中选择左法兰左侧面的圆心，作为线性尺寸的一个原始测量基点，该基点在同步建模中的位置保持固定。

操作⑥和⑦，当"测量—选择测量对象"被选中时，在界面中选择右法兰右侧面的圆心，作为线性尺寸的测量点，该位置将在同步建模中进行局部修改。

操作⑧~⑩，当"位置—指定位置"被选中时，在界面中移动光标至合适的位置，单击释放线性尺寸，显示工具自动测得的线性尺寸："距离=344.95"。

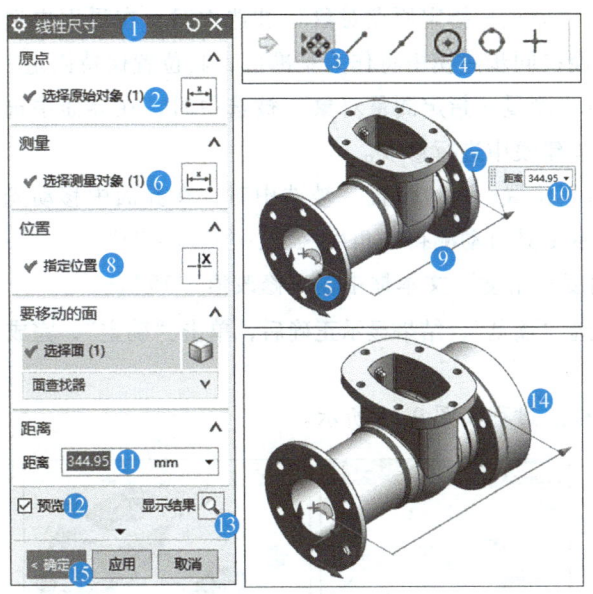

图 9-14 线性尺寸同步建模的过程

操作⑪，修改："距离＝400"。

操作⑫~⑮，勾选"预览"，结果显示正确后，单击"确定"，完成线性尺寸的同步建模。

2. 角度尺寸工具

角度尺寸同步建模的过程如图 9-15 所示。

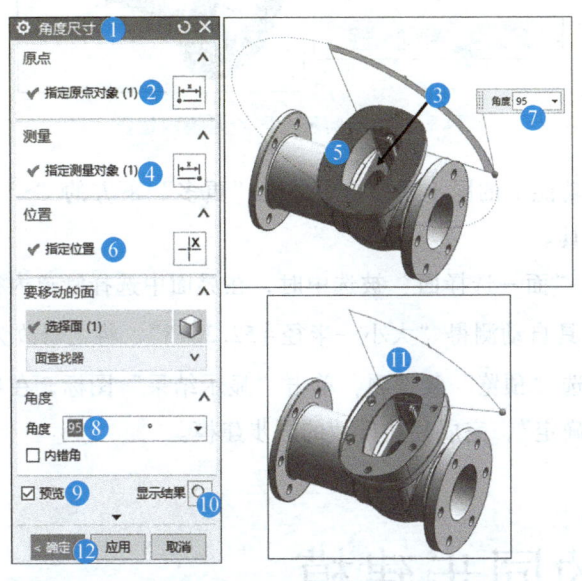

图 9-15 角度尺寸同步建模的过程

操作①，在主页功能卡的同步建模组中单击"更多"下方的"▼"，选择"角度尺寸"，调出"角度尺寸"工具。

操作❷和❸，当"原点—指定原点对象"被选中时，在界面中选择顶法兰管道中的一个面作为原点面，该面在同步建模中将作为基准面，其位置保持固定。

操作❹和❺，当"测量—指定测量对象"被选中时，在界面中选择顶法兰的顶面作为测量面，该面将在同步建模中进行修改。

操作❻和❼，当"位置—指定位置"被选中时，在界面中移动光标至合适的位置，单击释放角度尺寸，显示工具自动测得的角度尺寸："角度＝95"。

操作❽，在"角度—角度"文本框中输入修改值"75"。

操作❾~⑫，勾选"预览"，结果显示正确后，单击"确定"，完成角度尺寸的同步建模。

3. 径向尺寸工具

径向尺寸同步建模的过程如图 9-16 所示。

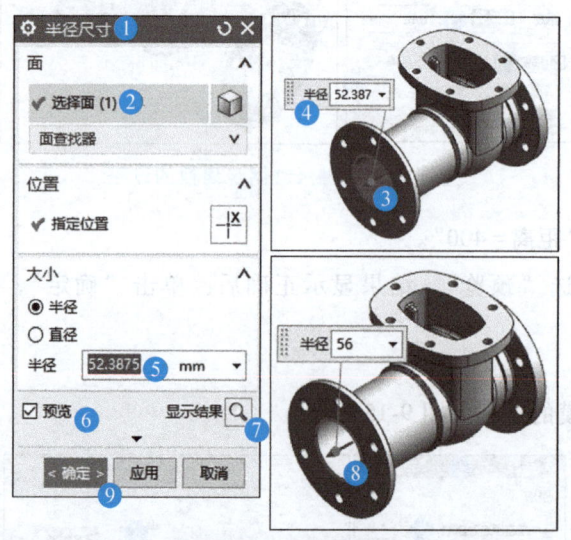

图 9-16　径向尺寸同步建模的过程

操作❶，在主页功能卡的同步建模组中单击"更多"下方的"▼"，选择"径向尺寸"，调出"半径尺寸"工具。

操作❷和❸，当"面—选择面"被选中时，在界面中选择管道内径。

操作❹和❺，工具自动测得"大小—半径＝52.3875"，将之修改为"56"。

操作❻~❾，勾选"预览"复选项，单击"显示结果"图标，在界面中观察建模结果，确认正确后，单击"确定"，完成径向尺寸的同步建模。

9.3　边的同步建模

边的同步建模工具通过指定边和修改边的位置进行实体的局部修改，包括"移动边"和"偏置边"两个工具。

9.3.1 移动边工具

移动边同步建模的过程如图 9-17 所示。

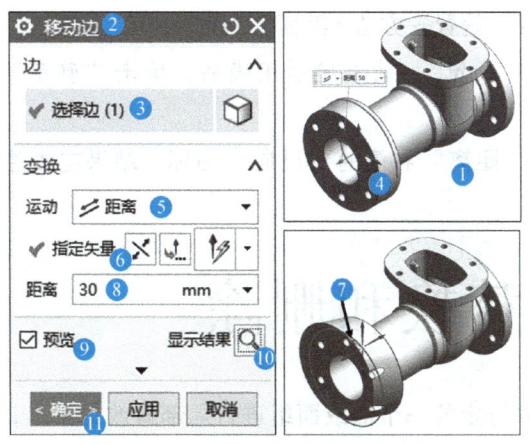

图 9-17 移动边同步建模的过程

操作❶，调用"拉出面"工具，将左法兰整体向左拉出 50mm。

操作❷，在主页功能卡的同步建模组的"更多"中调出"移动边"工具。

操作❸和❹，当"边—选择边"被选中时，在界面中选择左法兰拉出后的左侧面的外圆柱边。

操作❺~❽，设置："变换—运动＝距离"，当"指定矢量"被选中时，在界面中选择指向里的 X 轴，设置："距离＝30"。

操作❾~⓫，勾选"预览"，结果显示正确后，单击"确定"，结果左法兰整体向里倾斜 30mm。

9.3.2 偏置边工具

偏置边同步建模的过程如图 9-18 所示。

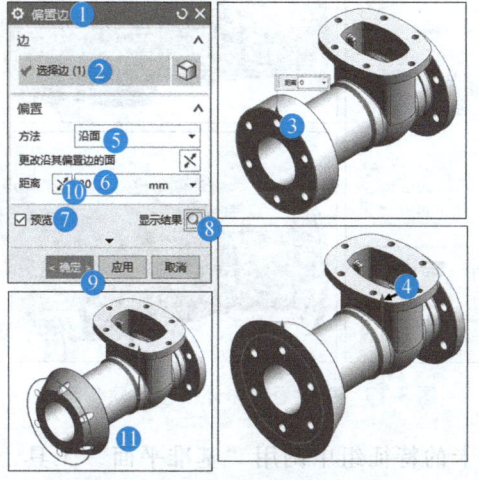

图 9-18 偏置边同步建模的过程

操作❶，在主页功能卡的同步建模组的"更多"中，调出"偏置边"工具。

操作❷~❹，当"边—选择边"被选中时，在界面中选择左法兰左侧面的外圆柱边，界面中偏置边箭头指向上方。

操作❺和❻，设置："偏置—方法＝沿面""距离＝30"。

操作❼~❾，勾选"预览"，结果显示正确后，单击"确定"，结果左法兰成为一个锥台。

操作❿和⓫，单击"距离"右侧的"反向"图标，结果左法兰锥台大小径发生改变。

9.4 面的替换和删除

面的替换和删除是对特定的一个面或面组进行局部修改的工具，其中替换面工具用一组面替换另一组面，选定的替换面可以来自不同的实体，也可以来自与要替换的面相同的实体。删除面工具常用于删除实体中的凸台、凹坑及孔等。

9.4.1 替换面工具

在界面中打开三通阀模型后，先在三通阀模型外建立一个替换面的曲面，如图 9-19 所示。

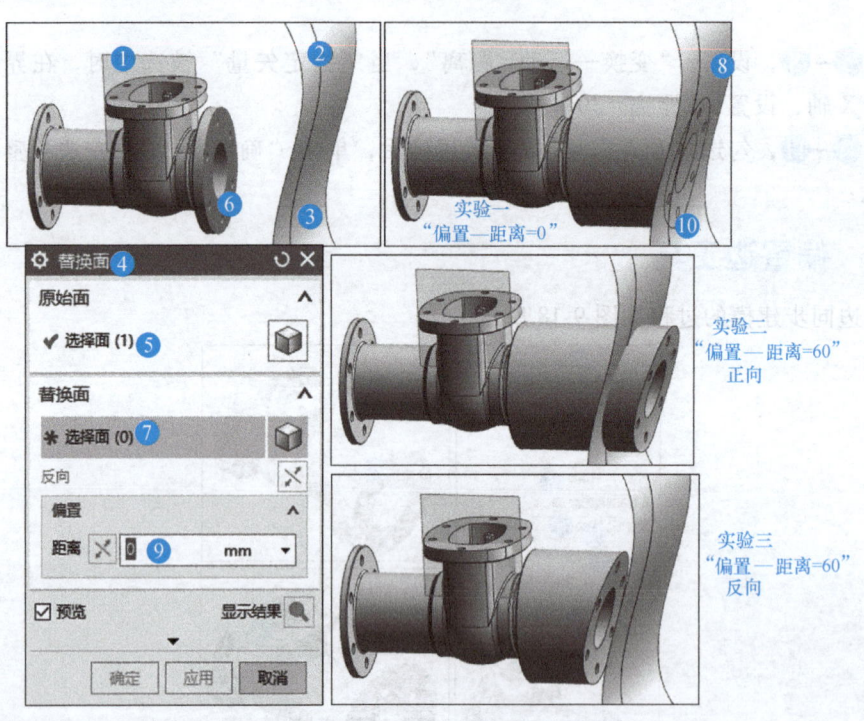

图 9-19 替换面是体外曲面的同步建模

操作❶，在主页功能卡的特征组中调用"基准平面"工具，设置："类型＝XC-ZC 平面"，创建一个固定的基准平面。

操作❷，在主页功能卡的直接草图组中，进入草图绘制界面，使用创建的固定基准平面，在三通阀右侧外，根据设计要求创建一条草图线，本例创建的草图线是一根通过点的样条曲线。

操作❸，在主页功能卡的特征组中调用"拉伸"工具，创建一个曲面，该曲面区域必须覆盖右法兰的右侧面。

1. 替换面是体外曲面

完成曲面的创建后，以该体外的曲面为替换面，按以下流程执行替换面同步建模：

操作❹，在三通阀体外的曲面完成后，调用"替换面"工具。

操作❺和❻，当"原始面—选择面"被选中时，在界面中选择右法兰的右侧面。

操作❼和❽，当"替换面—选择面"被选中时，在界面中选择体外的曲面。

操作❾和❿，设置："偏置—距离＝0"，结果右法兰的右侧面修改为与曲面的距离为0mm，形状与曲面形状相同。若在操作❾和❿中，设置："偏置—距离＝60"（不单击"偏置—距离"右侧的"反向"图标），结果是右法兰右侧端面越过体外的曲面60mm，右侧面形状修改为与曲面形状相同。若在操作❾和❿中，设置："偏置—距离＝60"（单击"偏置—距离"右侧的"反向"图标），结果是右法兰右侧端面与体外的曲面相距60mm，右侧面形状修改为与曲面形状相同。

2. 替换面是体内曲面

替换面是体内曲面的同步建模如图9-20所示。

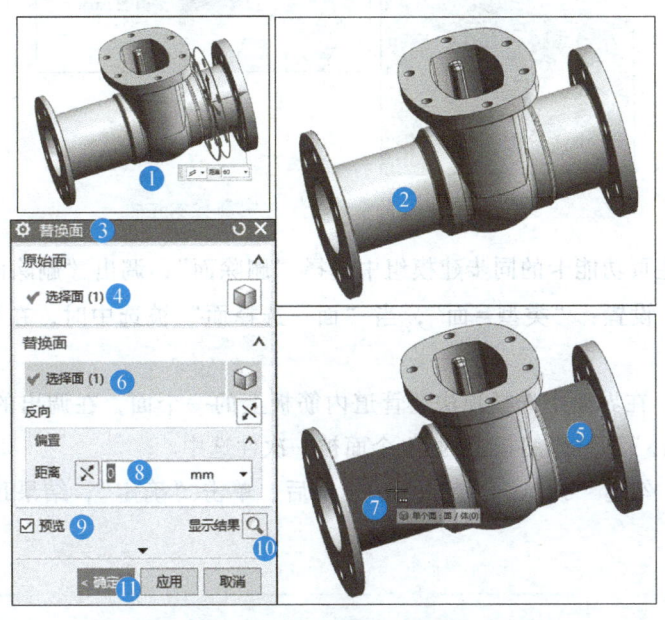

图9-20　替换面是体内曲面的同步建模

操作❶，调用"拉出面"工具，将右法兰整体向右移动60mm。

操作❷，调用"半径尺寸"工具，自动测得三通阀的左侧管道外径和右侧管道外径＝68.262mm，将左侧管道的外径修改为60mm。

操作❸，在左侧管道外径修改完成后，调用"替换面"工具。

操作❹和❺，当"原始面—选择面"被选中时，在界面中选择三通阀右侧管道的外圆柱面。

操作❻和❼，当"替换面—选择面"被选中时，在界面中选择三通阀左侧管道的外圆柱面。

操作❽，设置："反向—距离=0"。

操作❾~⓫，勾选"预览"，结果显示正确后，单击"确定"，结果右侧管道的外圆柱面直径替换为左侧管道的外圆柱面直径。

9.4.2 删除面工具

删除三通阀顶法兰中筋板的过程如图 9-21 所示。

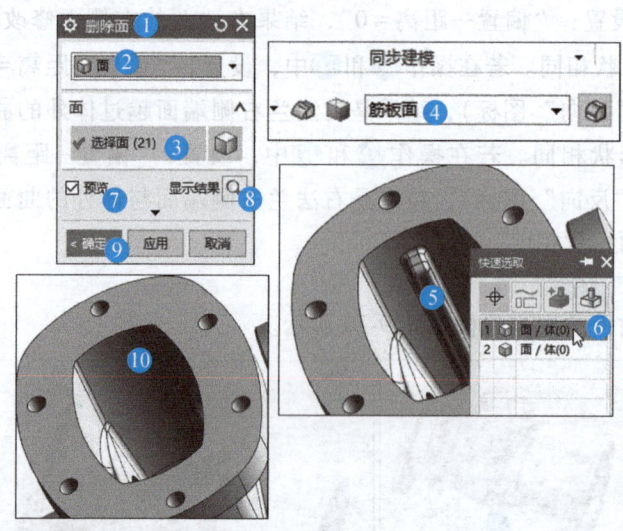

图 9-21 删除三通阀顶法兰中筋板的过程

操作❶，在主页功能卡的同步建模组中选择"删除面"，调出"删除面"工具。

操作❷~❹，设置："类型=面"，当"面—选择面"被选中时，在界面中"面规则"选择"筋板面"。

操作❺和❻，在界面中选择顶法兰管道内筋板上的一个面，在调出的"快速选取"工具内，选择"面/体"，结果筋板上的 21 个面被一次性选中。

操作❼~❿，勾选"预览"，结果显示正确后，单击"确定"，结果顶法兰管道内的筋板被删除。

课余

按图 9-22 所示的设计要求，利用同步建模编辑四通阀体模型。完成后整理成课余学习记录并提交。

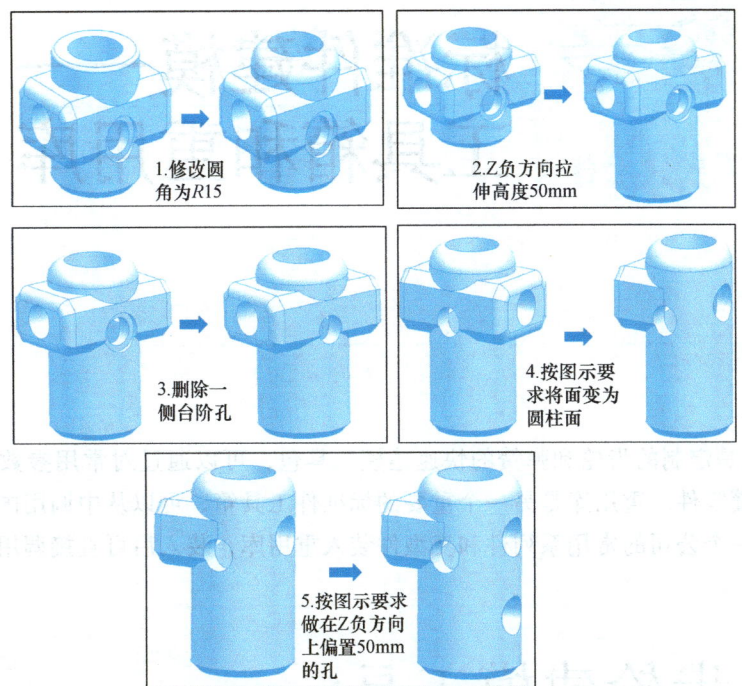

图 9-22　四通阀体

第10章 标准件建模——工具箱和重用库

CHAPTER 10

GC工具箱是定制的齿轮和弹簧的快速建模工具包,可以通过对常用参数的设置,快速创建齿轮和弹簧零件。重用库是另一个重要的标准件工具箱,可以从中调用国标标准件,若有必要,可将一个公司的常用系列件和变型件装入重用库,装入后可直接调用模型。

10.1 齿轮建模工具

在 NX 的 GC 工具箱中,齿轮建模工具有"柱齿轮""锥齿轮"和"显示齿轮"三个,调用位置如图 10-1 所示。

操作❶~❸,单击"菜单"→"GC 工具箱"→"齿轮建模",展开有"柱齿轮""锥齿轮"和"显示齿轮"三个齿轮建模工具。

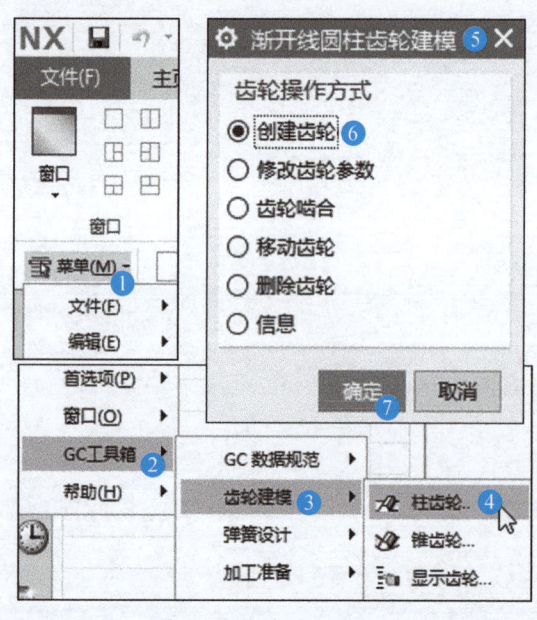

图 10-1 柱齿轮建模流程一

10.1.1 直齿内齿轮建模

齿轮建模是一个工具导航的过程。现以直齿内齿轮（附图14）建模为例，图10-1中的操作④~⑦，单击"柱齿轮"，调出"渐开线圆柱齿轮建模"工具，选择："◉创建齿轮"，单击"确定"，调出"渐开线圆柱齿轮类型"工具（⑧），如图10-2所示。

操作⑨~⑬，选择："◉直齿轮"，"◉内啮合齿轮"，"加工=◉插齿"，单击"确定"，调出"渐开线圆柱齿轮参数"工具。

操作⑭~⑲，在"标准齿轮"选项卡中，单击"Default Value"（默认）按钮，调出一组默认的圆柱齿轮参数。接受这一组默认参数，"齿轮建模精度=◉中部"。单击"确定"，调出"矢量"工具，如图10-3所示。

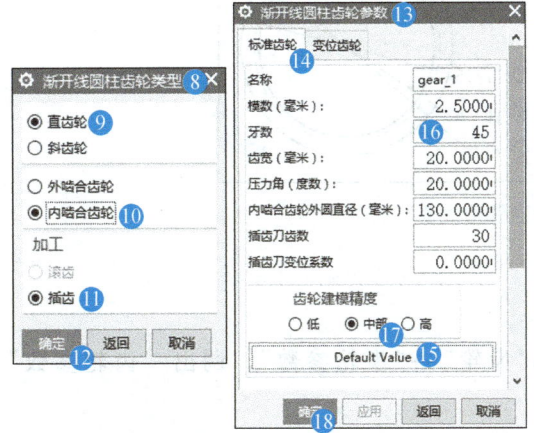

图10-2 柱齿轮建模流程二

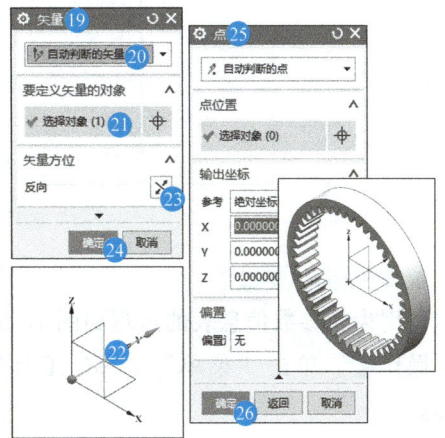

图10-3 柱齿轮建模流程三

操作⑳，设置："类型=自动判断的矢量"。

操作㉑~㉕，当"要定义矢量的对象—选择对象"被选中时，在界面中选择+Y轴。若矢量指向错误，则单击"矢量方位—反向"右侧的图标纠正。单击"确定"，调出"点"工具。

操作㉖，在"点"工具中，设置基准点坐标（0，0，0），单击"确定"，在界面中生成渐开线圆柱直齿内齿轮。

10.1.2 直齿内齿轮制图要点

直齿内齿轮制图的要点，一是主视图为标准的简化视图，二是图中要给出齿轮参数表。

1. 创建简化视图

切换到制图界面，调用"基本视图"工具，在界面中以1:2的比例放置一个"前视图"，如图10-4所示。

操作❶~❹，单击"菜单"→"GC工具箱"→"齿轮"→"齿轮简化"，调出"齿轮简化"工具。

操作❺~❾，设置："设置—类型=创建"，当"设置—选择视图"被选中时，在界面中选中齿轮的投影视图,在"齿轮简化"工具中,选中"gear_1"。单击"确定",等待片刻,界面中齿轮投影视图便转化为简化视图。

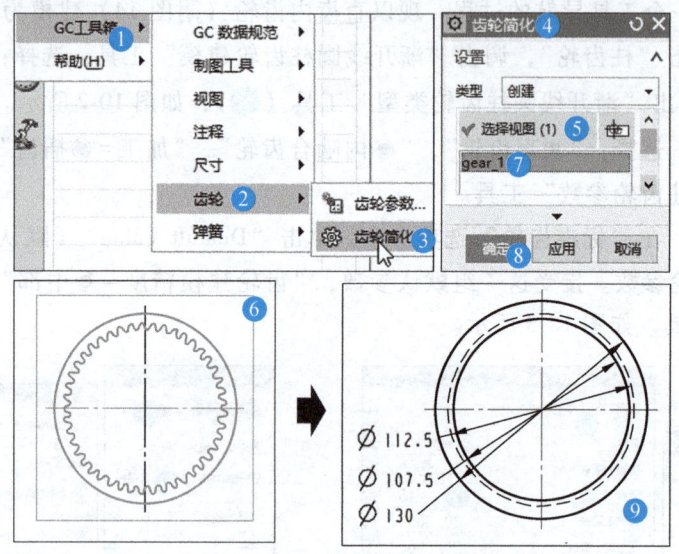

图 10-4　齿轮投影视图转化为简化视图

2. 制作齿轮参数表

调用齿轮参数信息表的过程如图 10-5 所示。

操作❶,单击"菜单"→"GC 工具箱"→"齿轮"→"齿轮参数",调出"齿轮参数"工具。

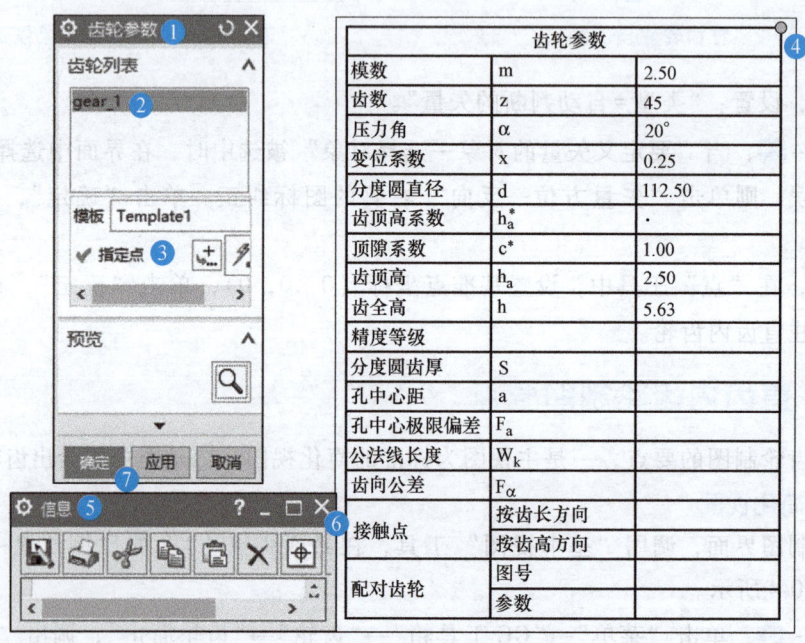

图 10-5　调用齿轮参数信息表过程

操作❷~❻,选中齿轮列表中的"gear_1",当"指定点"被选中时,在界面中选择一个齿轮参数表的指定放置点,这个点位于表的右上角。系统弹出"信息"框,阅读完信息后,单击"×"关闭。

操作 ⑦,单击"确定"。退出齿轮参数表调用过程后,对表做进一步的处理,如删除表中的未填项、调整列宽以及更改字体字号等。调整完成后,将表拖移到合适的位置。

10.1.3 锥齿轮建模

以斜齿锥齿轮(附图15)为例,其建模过程如图10-6所示。

操作 ①,单击"菜单"→"GC工具箱"→"齿轮建模",在展开的工具栏中选择"锥齿轮",调出"锥齿轮建模"工具。

操作 ② ~ ④,选择:"●创建齿轮",单击"确定",调出"圆锥齿轮类型"工具。

操作 ⑤ ~ ⑧,选择:"●斜齿轮","齿高形式=●等顶隙收缩齿",单击"确定",调出"圆锥齿轮参数"工具。

操作 ⑨ ~ ⑫,单击"默认值"按钮,出现一组 gear_2 的默认参数。选择:"螺旋方向=●Right-hand"(右旋),"齿轮建模精度=●中部",其余接受默认参数。单击"确定",调出"矢量"工具,如图10-7所示。

操作 ⑬ ~ ⑯,在调出的"矢量"工具中,设置:"类型=自动判断的矢量",当"要定义矢量的对象—选择对象"被选中时,

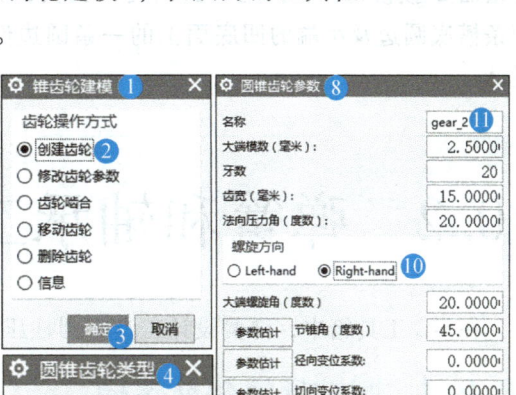

图10-6 锥齿轮建模流程一

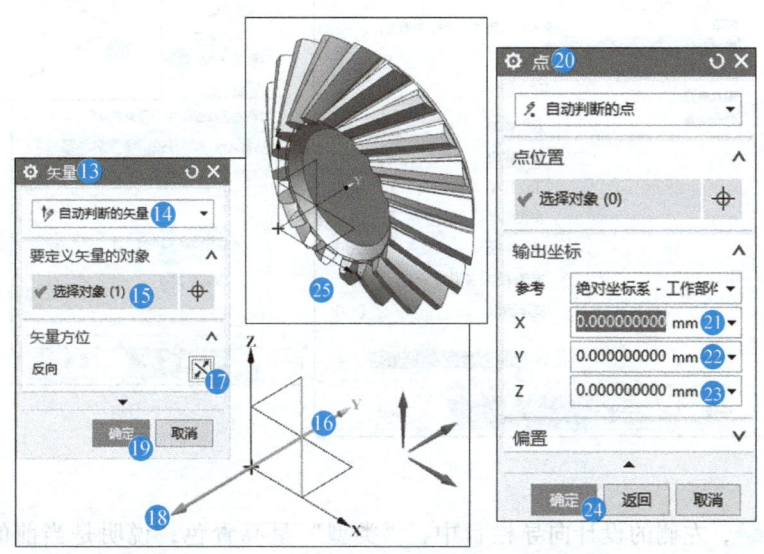

图10-7 锥齿轮建模流程二

在界面中选择 Y 轴。

操作 ⑰~⑳，单击"矢量方位—反向"右侧的"反向"图标，使界面中的矢量指向左方，确认正确后，单击"确定"，调出"点"工具。

操作 ㉑~㉕，接受（0，0，0）为锥齿轮在界面中的放置基准点，单击"确定"，完成锥齿轮建模过程。

锥齿轮建模完成后，进一步调用"孔"工具，创建锥齿轮上圆孔；调用"拉伸"工具，创建滑键槽和减轻环槽；调用"拔模"工具，创建两个减轻环槽面 2°拔模特征；调用"边倒圆"工具，为减轻环槽上的两边槽口圆边、两条槽底圆边及小端的凹底面上的一条圆边倒圆 $R0.2\text{mm}$，最终完成模型的设计。

10.2 弹簧和轴承工具

在 GC 工具箱中，弹簧设计工具有圆柱压缩弹簧、圆柱拉伸弹簧、碟簧和删除弹簧等。

10.2.1 圆柱压缩弹簧建模

以圆柱压缩弹簧（附图 16）为例，建模时依靠调用专用建模工具，并在工具中填写一系列设计参数完成建模。单击"菜单"→"GC 工具箱"→"弹簧设计"，在展开的工具栏中选择"圆柱压缩弹簧"，调出"圆柱压缩弹簧"工具，如图 10-8 所示。

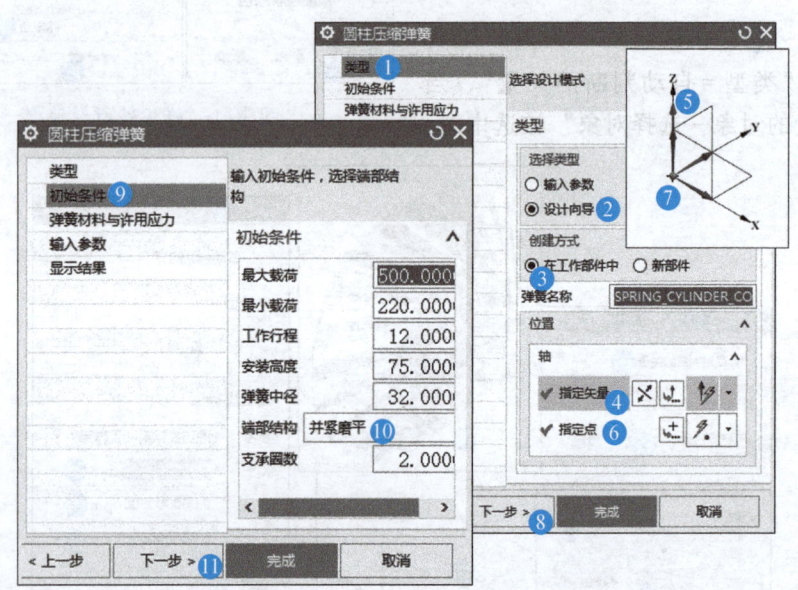

图 10-8 "类型"和"初始条件"的设置

操作 ❶~❸，左侧的设计向导栏目中，"类型"呈亮青色，说明是当前的参数填写项目。在右侧的"选择设计模式"中，选择："类型—选择类型＝⦿设计向导"，"创建方式＝

⦿ 在工作部件中"。

操作④~⑦，当"指定矢量"被选中时，在界面中选择+Z轴。当"指定点"被选中时，在界面中选择坐标原点。

操作⑧和⑨，设置完成后，单击"下一步"，或者在左侧设计向导栏中单击下一个选项"初始条件"，进入到初始条件填写项目。

操作⑩和⑪，按照输入初始条件选择"端部结构"栏中所列的参数，按设计要求填写，其中"端部结构=并紧磨平"，完成后单击"下一步"，或者在左侧设计向导栏中，单击下一个项目"弹簧材料与许用应力"，如图10-9所示。

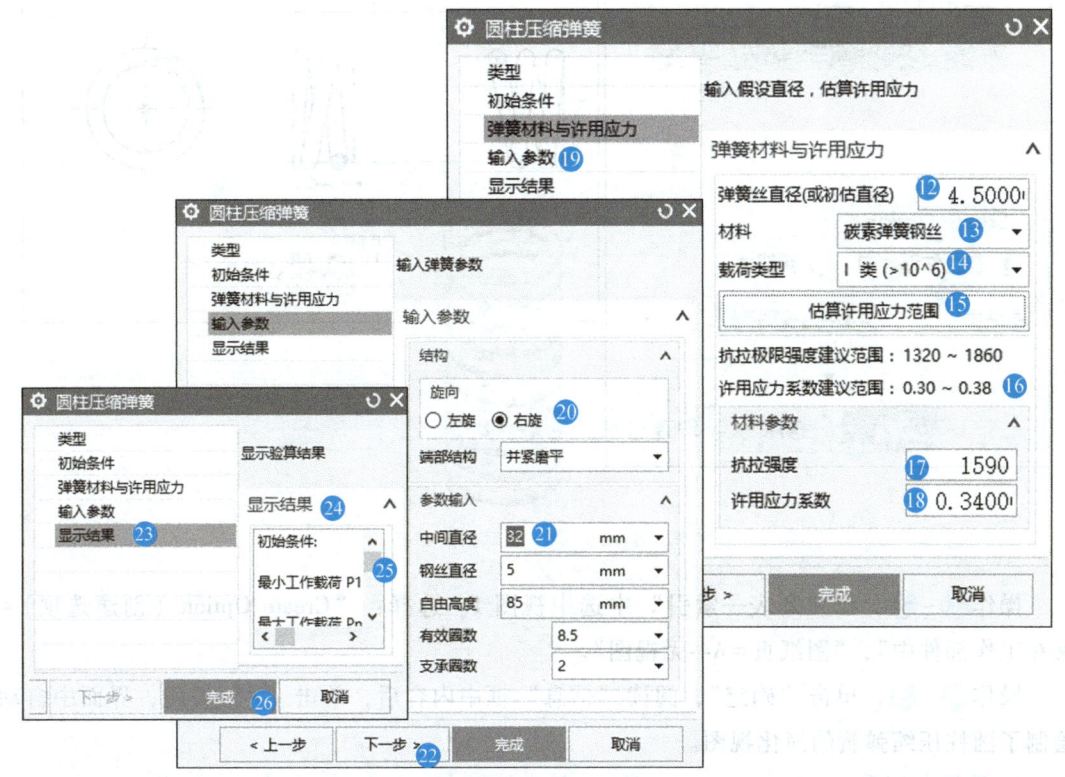

图10-9 填写弹簧材料与许用应力等参数

操作⑫~⑭，在"弹簧材料与许用应力"栏中，按设计参数填写："弹簧丝直径（或初估直径）=4.5"，"材料=碳素弹簧钢丝"，"载荷类型=Ⅰ类"。

操作⑮~⑲，单击"估算许用应力范围"按钮，显示：抗拉极限强度建议范围和许用应力系数建议范围两项估算值。在"材料参数"栏中，显示：抗拉强度和许用应力系数两项数值。完成后，在左侧设计向导栏中单击下一个项目"输入参数"。

操作⑳~㉒，选择："输入参数—结构—旋向=●右旋"。按设计要求填写其余参数，完成后单击"下一步"，进入"显示结果"项目。

操作㉓~㉖，在左侧选中"显示结果"，在右侧的"显示结果"栏中集中显示了本弹簧设计的参数项目数值，可拖动右侧的滑块进行浏览。完成后单击"完成"，等待片刻，界面中出现圆柱压缩弹簧模型。

10.2.2 圆柱压缩弹簧制图要点

切换到制图界面后,不新建图纸页,也不导入图纸框,直接通过"菜单"→"GC 工具箱"→"弹簧"→"弹簧简化画法",调用"弹簧简化画法"工具,如图 10-10 所示。

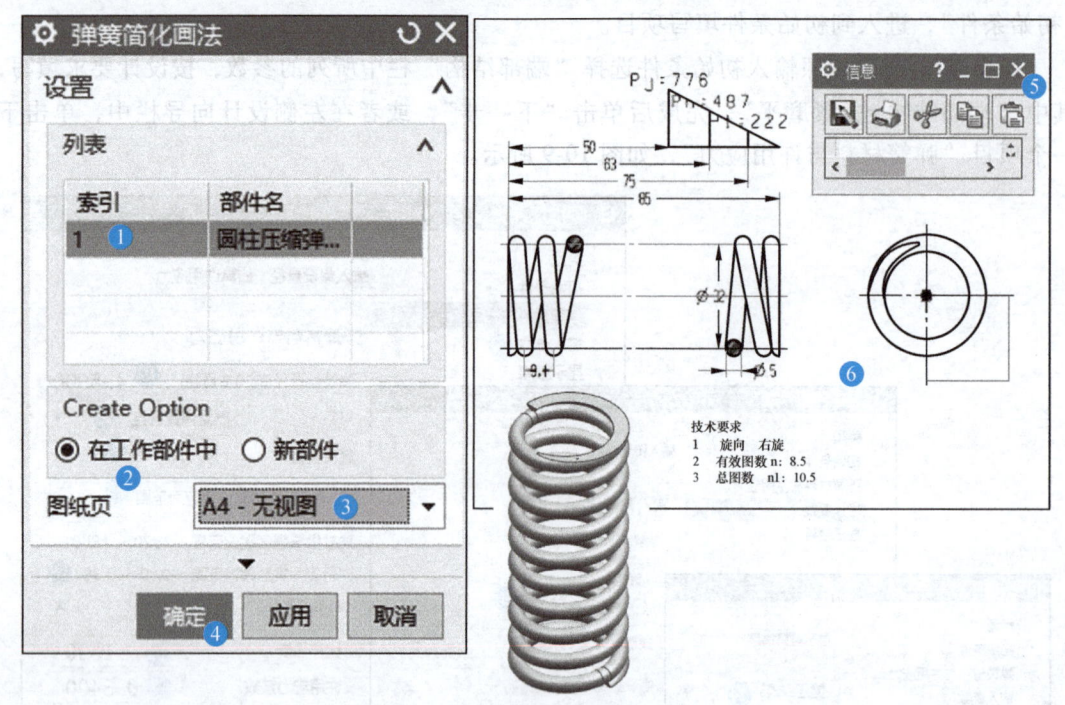

图 10-10　弹簧简化画法结果

操作❶~❸,在"列表—索引"中选中视图 1。选择:"Create Option(创建选项)= ◉在工作部件中","图纸页=A4-无视图"。

操作❹~❻,单击"确定",阅读"信息"框中内容后,单击"×"关闭,界面中自动绘制了圆柱压缩弹簧的简化视图。

1. 设置图纸页

在界面中移动光标,选中视图边界后双击鼠标,调出"工作表"工具,设置图纸页为横置的 A4 图纸页,比例为 1∶1,选择第一角投影,以毫米为单位。

2. 旋转视图

为使视图与弹簧实际竖置的工作位置一致,可选中横置的弹簧视图,调用"设置"工具,在"公共—角度"中,将角度由 0°修改为 90°,使视图由水平放置调整为竖直放置。

3. 技术要求

关于技术要求,切换到建模界面,单击"菜单"→"GC 工具箱"→"弹簧设计"→"圆柱压缩弹簧",再次调出"圆柱压缩弹簧"工具,单击左侧栏中的"显示结果"选项,可以查找到刚才完成的圆柱压缩弹簧建模设置结果,抄录部分数据,如自由高度、有效圈数和支承圈数等,在制图界面添加到技术参数中。

10.2.3 圆柱拉伸弹簧建模

以圆柱拉伸弹簧（附图 17）为例，其建模过程如下：

1）单击"菜单"→"GC 工具箱"→"弹簧设计"→"圆柱拉伸弹簧"，调出"圆柱拉伸弹簧"工具。在"类型"项目中，选择："选择类型=◉输入参数"，"创建方式=◉在工作部件中"，然后在界面中选择+Y 轴和坐标原点。

2）在"输入参数"项目中，选择："结构—旋向=◉右旋"，"端部结构=圆钩环"，"中间直径=25"，"材料直径=5"，"有效圈数=23.5"。

3）阅读"显示结果"项目内容，抄录部分数据，单击"完成"，界面中生成圆柱拉伸弹簧，如图 10-11 所示。

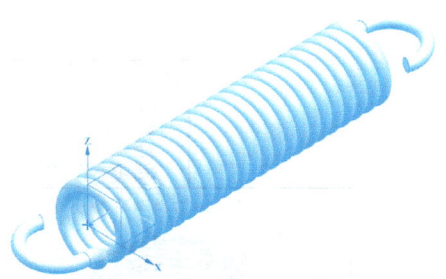

图 10-11 圆柱拉伸弹簧建模结果

10.2.4 碟簧建模

以六片递增组合碟簧（附图 18）为例，建模流程如图 10-12 所示。

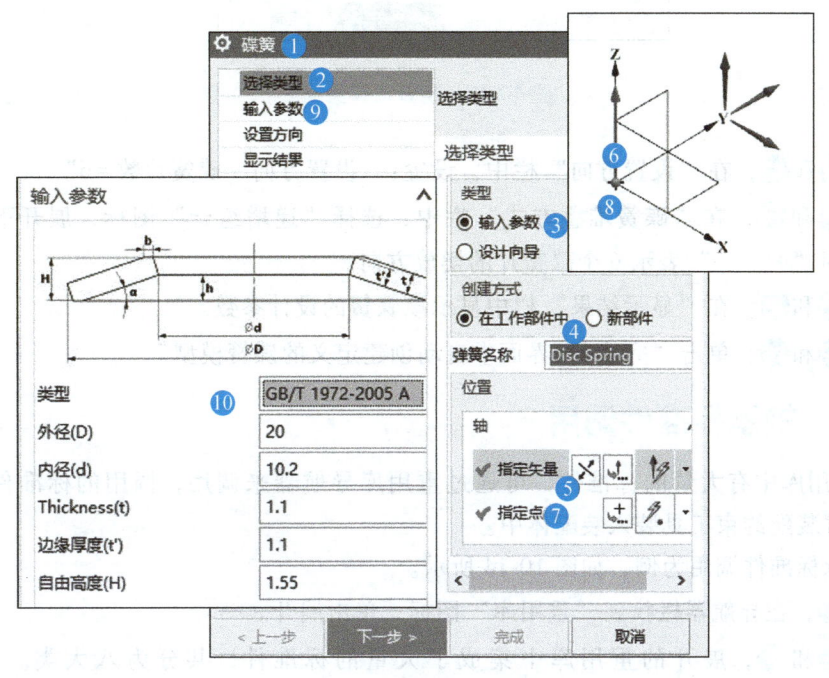

图 10-12 碟簧建模流程一

操作❶，单击"菜单"→"GC 工具箱"→"弹簧设计"→"碟簧"，调出"碟簧"工具。

操作❷~❽是"选择类型"项目设置，其中轴的指定矢量指定+Z 轴，指定点为坐标原点。

操作❾和❿为"输入参数"项目设置，根据设计要求填写碟簧参数，输入参数："类型=GB/T 1972-2005A","外径=20","内径=10.2","Thickness=1.1","边缘厚度=1.1","自由高度=1.55",完成后单击"下一步",进入"设置方向"栏,如图10-13所示。

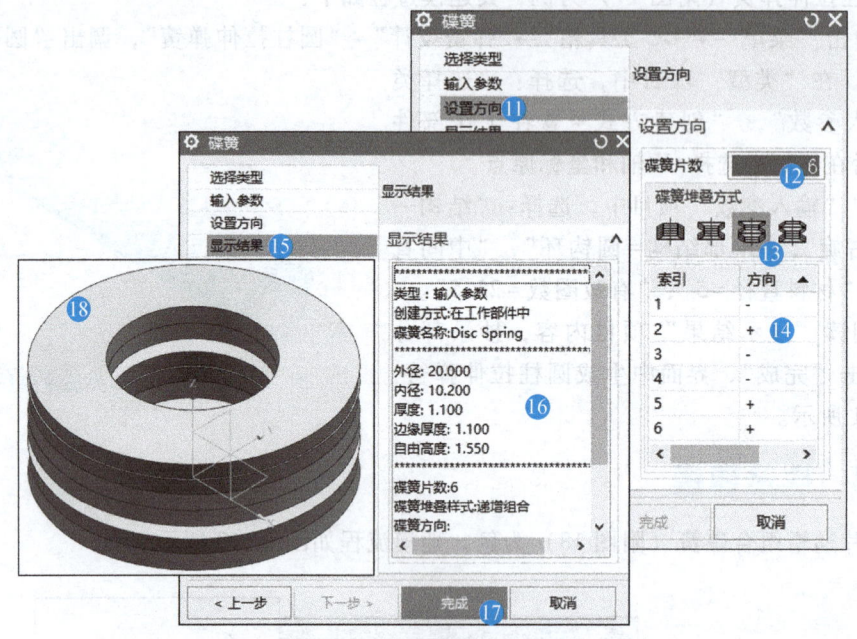

图 10-13　碟簧建模流程二

操作⑪和⑫,在"设置方向"栏中,设置:"设置方向—碟簧片数=6"。

操作⑬和⑭,在"碟簧堆叠方式"栏中,选择"递增组合"图标,展开下方的"索引"栏,用"+""-"表示6个碟簧片的摆放方向。

操作⑮和⑯,在"显示结果"栏中显示该碟簧的设计参数。

操作⑰和⑱,单击"完成",界面中自动创建定义的碟簧模型。

10.2.5　轴承标准件调用

NX重用库中有大量的标准件,可通过重用库导航器来调用,调用的标准件可单独保存,再通过装配约束工具装入装配体中。

以轴承标准件调用为例,如图10-14所示。

操作①,在导航器栏找到"重用库"图标,单击展开。

操作②和③,展开的重用库中集成了大量的标准件,共分为八大类。单击"GB Standard Parts"(国标零件库),其中包括"Bearing(轴承)""Bolt(螺栓)""Nut(螺母)""Pin(销)""Profile(轮廓)""Screw(螺杆)"和"Washer(垫圈)"七类国标零件。

操作④和⑤,选择"Bearing(轴承)—Ball(球轴承)"组。

操作⑥~⑨,展开"成员选择"栏,选择"Bearing,GB-T276_160000-1994 KE Part"球轴承(注:国家标准已更新至GB/T 276—2013)。选中该轴承,按住鼠标将其移动至界面中，选择坐标原点，松开鼠标释放。界面中从重用库中调用了"Bearing，GB-T276_160000-1994 KE Part"球轴承，并弹出"添加可重用组件"工具，如图 10-15 所示。

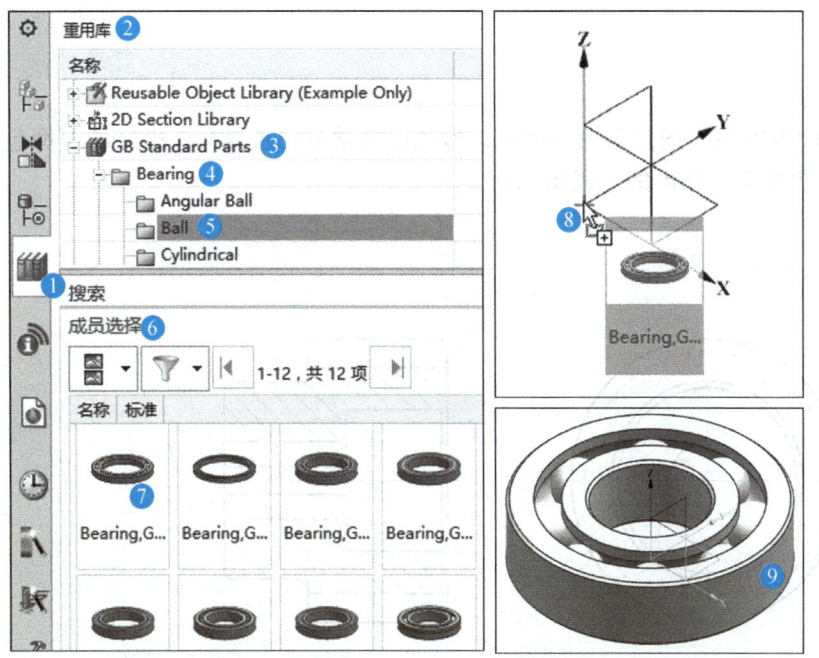

图 10-14　重用库浏览和调用

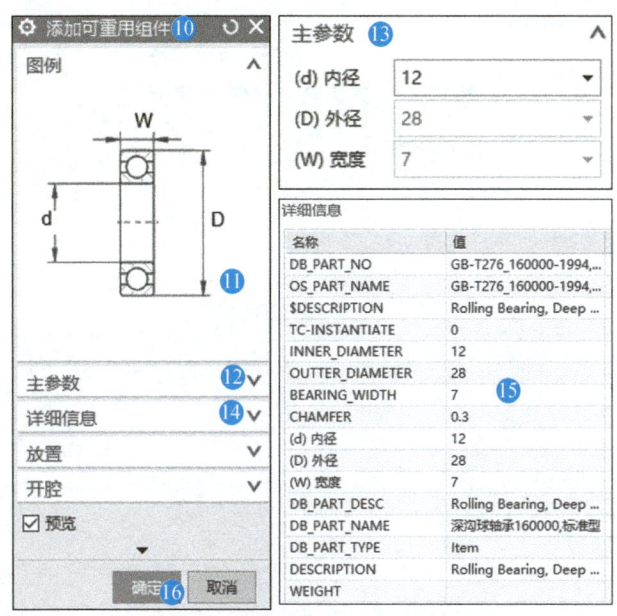

图 10-15　调用的球轴承参数浏览

操作⑩和⑪，"添加可重用组件"工具中给出了所调用组件的图例。

操作⑫和⑬，展开"主参数"栏后，可获得"内径""外径"和"宽度"信息。

操作⑭和⑮，展开"详细信息"栏后，可浏览到该组件更为详细的设计信息。

课余

完成图 10-16 所示的直齿轮的建模，形成课余学习记录提交，提交的模型包括工程图源文件，同时提交单独导出的工程图 .pdf。

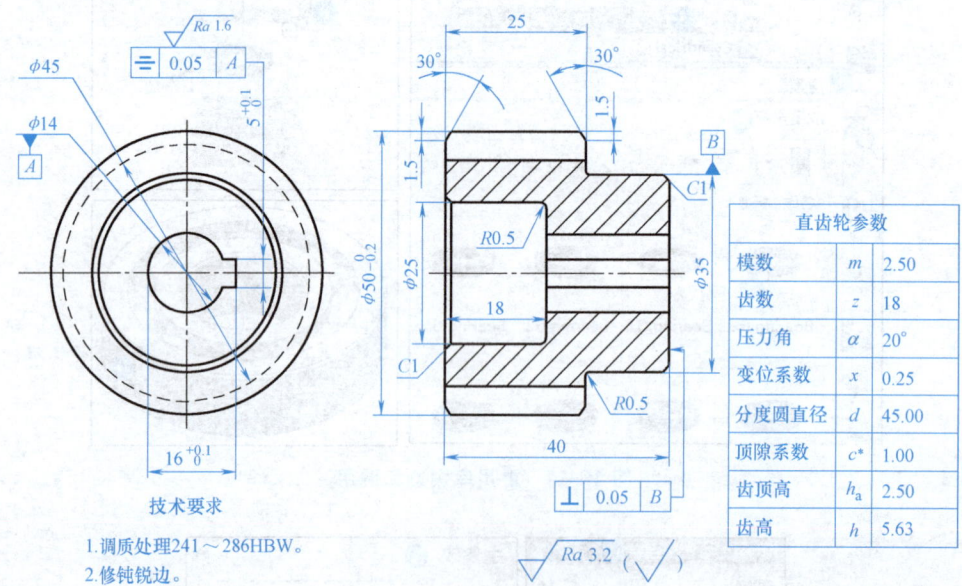

图 10-16　直齿轮（材料：40Cr）

第11章 装配设计——千斤顶
CHAPTER 11

一个装配体由多个零部件组成。NX中的常规装配设计方法是，在装配体所属零部件之间建立"装配约束"关系，从而确定零部件之间的位置关系和连接关系。

11.1 装配过程

千斤顶装配体（附图19）由顶垫（建模时取名：DINGDIAN）、顶升螺杆（DINGSHILG）、顶座（DIZHUO）、撬杆（JIAOG）、卡紧螺钉（KAJIN-LD）、螺套（LUOTAO）和止动螺钉（ZHIDONGLD）七个零件装配而成。装配开始前，建立一个工作文件夹（如工作文件夹取名：李某-千斤顶，放在桌面上），装配完成后的装配体文件取名为QIANJINDING_SIM，与已建好的七个零件一起放入工作文件夹中。

11.1.1 进入装配

启动NX软件后，进入装配界面的过程如图11-1所示。

操作①~③，在主页功能卡中单击"新建"，调出"新建"工具。

操作④，在"模型—模板—过滤器"栏中选中"装配"，使之呈亮青色。

操作⑤~⑦，在"新文件名—名称"右侧的文本框中输入千斤顶装配体名称"QIAN-JINDING_SIM"，单击下一行"文件夹"右侧的"文件夹"图标，调出"选择目录"工具。

操作⑧和⑨，选择"桌面"，在桌面上找到先前建立的工作文件夹，并单击打开。

操作⑩和⑪，在"目录"中确认工作文件夹路径及装配体名称正确后，单击"选择目录"工具中的"确定"，返回到"新建"工具。

操作⑫，检查"新建"工具内的"新文件名—文件夹"右侧的输入框中内容正确后，单击"确定"，到达装配界面。

装配工具通常分布在"主页"（①）功能卡的"装配"（②）组中，如图11-2所示。其中有"添加""装配约束""移动组件"和"阵列组件"等工具。若单击主页功能卡右下端的"▾"（3），则在展开栏中可发现装配组处于被勾选状态（4）。若单击"√装配组"，则将取消装配组的被勾选状态，于是，装配组将从主页功能卡中消失。反之，若主页功能卡中没有装配组，则可按上述方法在展开栏中单击"装配组"，使其处于被勾选状态。

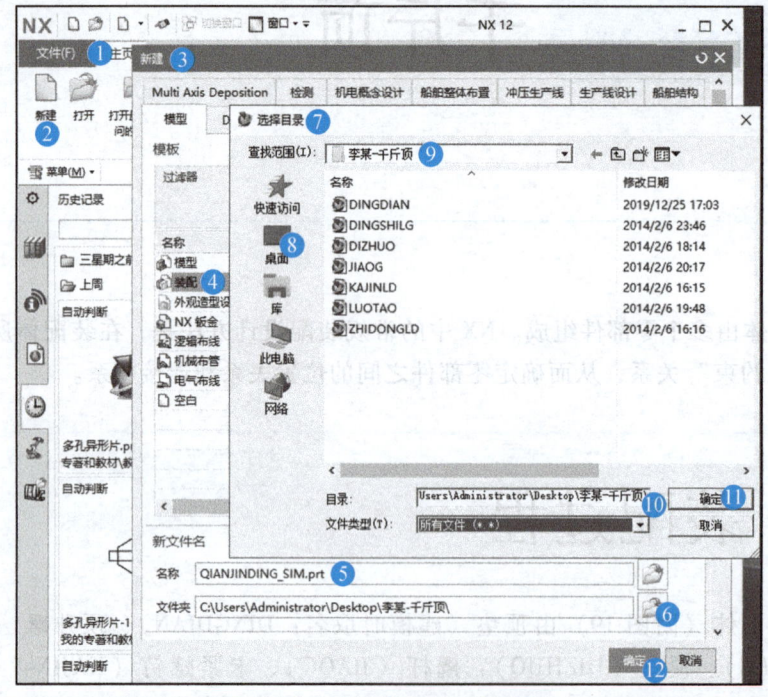

图 11-1 进入装配界面的过程

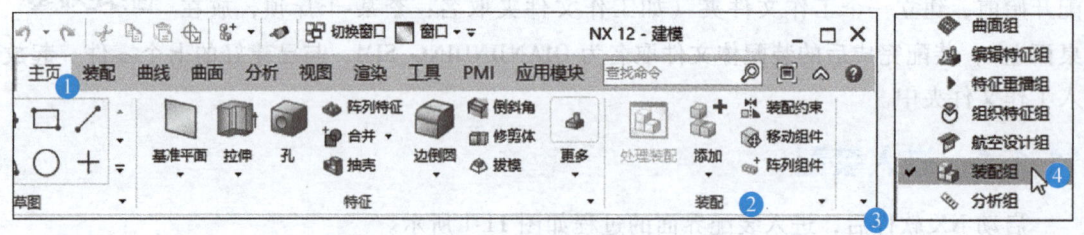

图 11-2 主页功能卡的装配组

装配功能卡调用的过程如图 11-3 所示。单击"文件"（1）→"新建"（2），在展开栏中单击"装配"（3），使之处于被勾选状态，于是在功能卡中将出现"装配"功能卡。

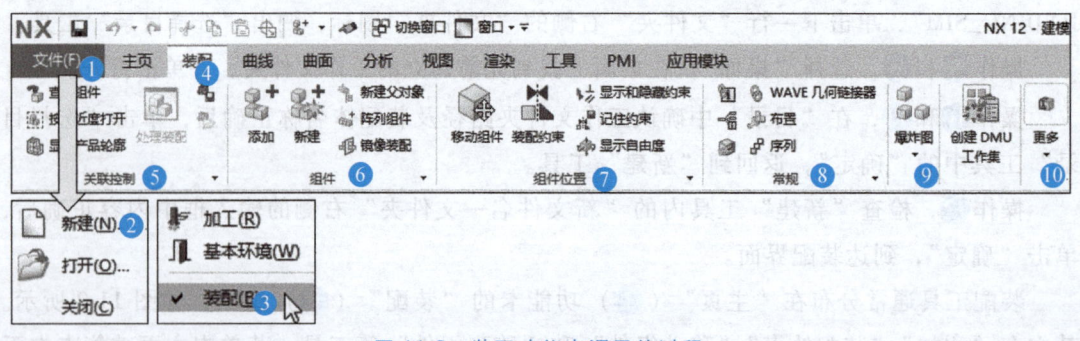

图 11-3 装配功能卡调用的过程

选中装配功能卡（④），使之呈白色，观察其中的工具组，主要有关联控制组（⑤）、组件组（⑥）、组件位置组（⑦）、常规组（⑧）和爆炸图组（⑨）等，单击"更多"下方的"▼"（⑩），可以调用更多的工具。主页功能卡的装配组中的工具均包含在装配功能卡中。

11.1.2 装入首件顶座

首件顶座（DIZHUO）的装入流程一如图 11-4 所示。

操作①~③，在主页功能卡的装配组中选择"添加"，或在装配功能卡的组件组中选择"添加"，均可调出"添加组件"工具。

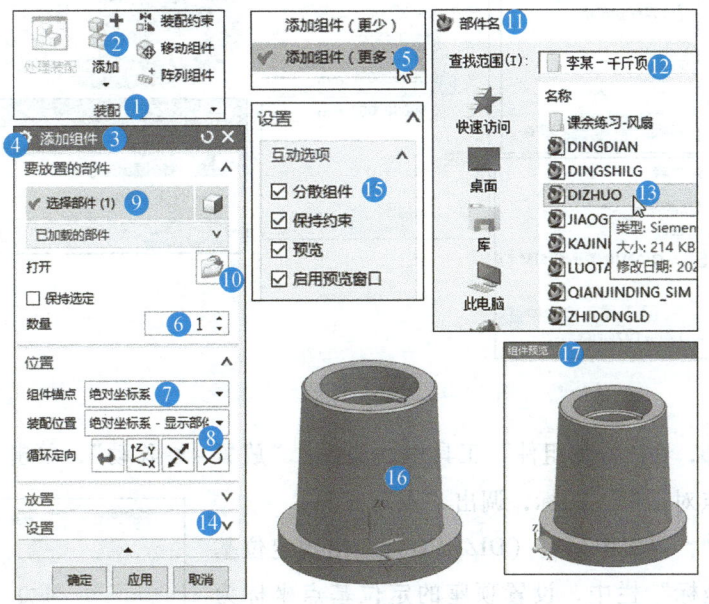

图 11-4 首件顶座的装入流程一

操作④和⑤，单击"添加组件"或左上角的"对话框选项"图标，单击"添加组件（更多）"，使之处于被勾选状态。若已处于被勾选状态，则跳过此步的操作。

1. 调用首件

操作⑥~⑧，检查"添加组件"工具中的各项设置："打开—数量=1""位置—组件锚点=绝对坐标系""装配位置=绝对坐标系-显示部件"。

操作⑨~⑪，当"要放置的部件—选择部件"被选中时，单击"打开"右侧的"打开…"图标，调出"部件名"工具。

操作⑫和⑬，在"部件名"工具中找到工作文件夹以及文件夹中的顶座"DIZHUO"，单击"部件名"工具中的"OK"，返回"添加组件"工具。

2. 设置组件预览

操作⑭和⑮，展开"设置"栏，设置："互动选项=☑分散组件、☑保持约束、☑预览、☑启用预览窗口"。

操作⑯和⑰，当"预览"被勾选时，界面中显示调入的顶座"DIZHUO"；当"启用预览窗口"被勾选时，界面中将出现"组件预览"小窗口，小窗口中显示顶座"DIZHUO"模型。

3. 设置首件位置

首件顶座的装入流程二如图 11-5 所示。

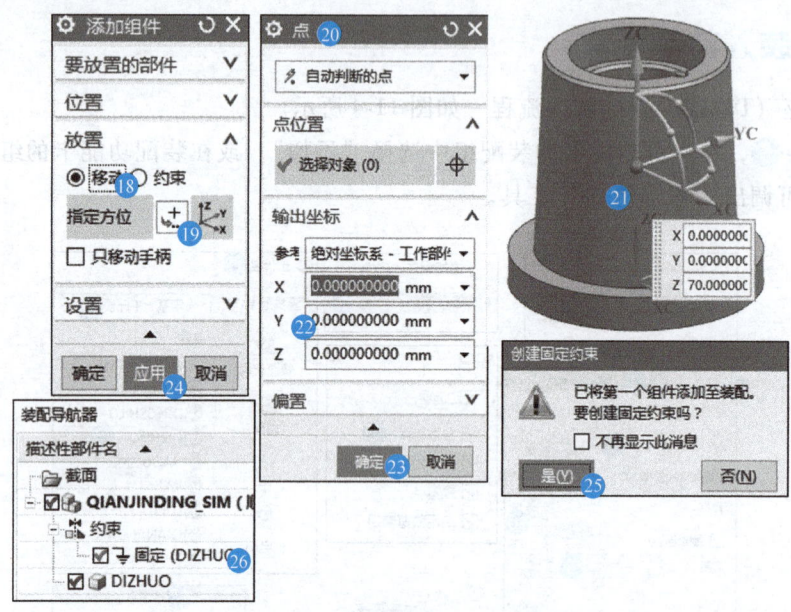

图 11-5 首件顶座的装入流程二

操作⑱~⑳，在"添加组件"工具中，选择："放置＝◉移动"，单击"放置—指定方位"右侧的"点对话框"图标，调出"点"工具。

操作㉑~㉓，界面中顶座（DIZHUO）上出现定位基点。在"输出坐标"栏中，设置顶座的定位基点坐标为(0, 0, 0)，单击"点"工具中的"确定"，将顶座放置到界面中。

4. 设置首件固定约束

操作㉔~㉖，返回到"添加组件"工具，单击其中的"应用"，系统弹出"创建固定约束"信息框，提示："已将第一个组件添加至装配。要创建固定约束吗？"单击"是"，完成首件装配。打开"约束"导航器，可以看到在顶座上创建了一个固定约束。

在装配时，通常选择首个组件作为固定件，此件为装配中的基准件，其在界面中的位置始终保持固定。若在弹出的"创建固定约束"信息框中，单击"否"，则顶座在界面中的位置没有固定。

退出"添加组件"工具后，欲将固定约束添加到顶座组件上，其操作过程如图 11-6 所示。

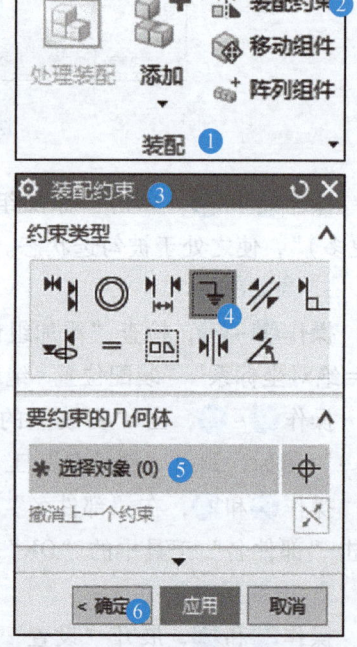

图 11-6 调用"装配约束"工具

操作❶~❸，在主页功能卡的装配组中选择"装配约束"，调出"装配约束"工具。

操作❹，在"约束类型"栏中选择"固定"约束，使之呈亮青色。

操作❺，当"要约束的几何体—选择对象"被选中时，在界面中或装配导航器中选择顶座组件。

操作❻，单击"确定"，完成固定约束的添加。

11.1.3 调用装配约束

装入首件后，从第二个零件起，要根据零件在装配体中的位置关系选择合适的装配约束，将零件依次装入。

调用装配约束的过程如图 11-7 所示。

操作❶和❷，在"添加组件"工具中，当"要放置的部件—选择部件"被选中时，单击"打开"右侧的"打开…"图标，调入准备装入的组件。

操作❸和❹，展开"放置"栏，选择："放置 = ⦿约束"，"约束类型"栏中有 11 个装配约束工具，分别为"接触对齐""同心""距离""固定""平行""垂直""对齐/锁定""适合窗口""胶合""中心"和"角度"。

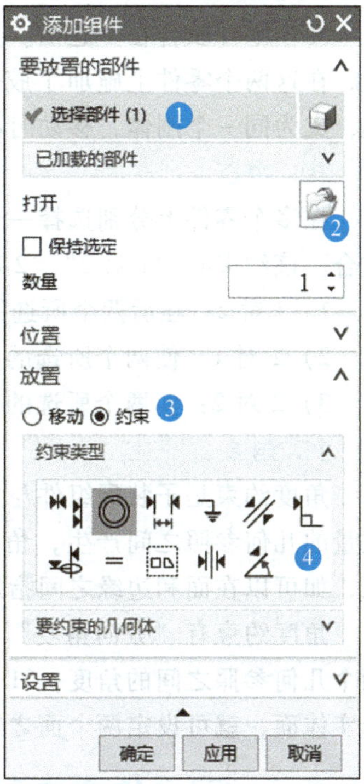

1. 接触对齐

接触对齐约束实际上是两个约束：接触约束和对齐约束。在两个零件上，分别选择一个点、线或面，接触约束使所选的两个点或两条线相互接触（贴合）在一起，使所选的两个面法向方向相反，相互接触（贴合）在一起；对齐约束使所选的两个点或两条线对齐在一起，使所选的两个面法向方向相同，相互保持在同一个平面内。

2. 同心

在两个零件上分别选择一个圆形边或椭圆形边，使两个边的中心重合。

图 11-7 调用装配约束的过程

3. 距离

在两个零件上，分别选择一个几何参照（点、线或面），通过调出的"距离"工具，设置两个几何参照之间的距离值，使两个零件重新定位。

4. 固定

将零件固定在装配模型中，并不再受其他类型约束的干扰。固定约束一般用于装入的首件，如果没有固定约束，则整个装配体可以在界面中自由移动。

5. 平行

在两个零件上分别选择一个几何参照（点、线或面），将两个几何参照的方向矢量定义为相互平行。

6. 垂直

在两个零件上分别选择一个几何参照（点、线或面），将两个几何参照的方向矢量定义为相互垂直。

7. 对齐/锁定

在两个零件上分别选择一个相同的几何参照（如圆柱面对圆柱面、圆边线对圆边线、直边线对直边线以及坐标轴对坐标轴等），使两个几何参照快速对齐或锁定。该装配约束主要用于对齐两零件中的两个轴，防止其绕公共轴旋转。

8. 适合窗口

该约束用于两个具有等直径特征的零件实现等直径配对。例如装配销钉到零件的孔内，销钉的直径与孔的直径必须相等，两个等直径的圆柱面可结合在一起。

9. 胶合

两个零件胶合在一起后，当前两个零件的相对位置就保持恒定。即使两个零件互不接触，在这两个零件上施加了胶合约束后，就相当于将两个互不接触的零件隔空地焊接在一起，成为同一个刚体，移动时两个互不接触的零件将作为一个整体，进行刚体移动。

10. 中心

在多个零件上分别选择一个几何参照（点、线或面），使相同的几何参照的中心对齐或重合。该约束有"1对2""2对1"和"2对2"三个子类型。

1）1对2：在后两个所选的几何参照之间，使第一个所选的几何参照居中。
2）2对1：使两个所选的几何参照沿着第三个所选的几何参照居中。
3）2对2：使两个所选的几何参照在其他两个所选的几何参照之间居中。

11. 角度

角度约束是子装配组件与父装配部件呈一定角度的约束。角度约束可以在两个具有方向矢量的几何参照之间产生，角度是两个方向矢量的夹角。这种约束允许关联不同类型的对象，如可以在面和边缘之间指定一个角度约束。

角度约束有"方向角度"和"3D角"两个子类型。方向角度使用选定的旋转轴，设置两个几何参照之间的角度；3D角需要选择两个有效的几何参照，如在两个零件上各选择一个实体面，就可设定两个面之间的角度。

11.1.4 同心约束装配

以第二个螺套（LUOTAO）组件的装入过程为例，同心约束装配过程如图11-8所示。

操作❶~❹，在"添加组件"工具中展开"位置"栏，设置："组件锚点=绝对坐标系""装配位置=绝对坐标系-显示部件"。

操作❺~⓫，展开"设置"栏，设置："互动选项=☑分散组件、☑保持约束、☑预览、☑启用预览窗口"，主要意图是将调用的组件显示在预览窗口中，界面中只显示已装入的组件，不显示调用的待装入组件。在"要放置的部件"栏中，设置："打开—数量=1"，单击"打开…"图标，调入螺套（LUOTAO）零件。

操作⓬，在"放置—约束类型"栏中选择"同心"约束工具。

操作⓭和⓮，展开"要约束的几何体"栏，当"选择两个对象"被选中时，在"组件预览"小窗口中选择螺套的A边，在界面中选择顶座的B边。

操作⓯，单击"应用"，使所选的A边和B边的中心重合，完成同心约束装配。

装配设计——千斤顶 第11章

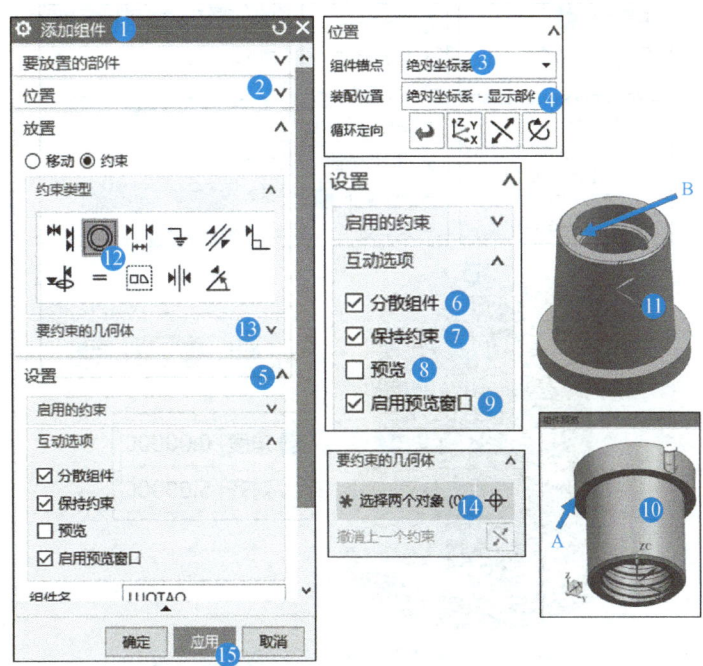

图 11-8 同心约束装配过程

1. 两个不同的解

使螺套上的 A 边与顶座上的 B 边中心重合，有两个可能的同心约束解，其验证方法如图 11-9 所示。

操作 ❶~❸，在装配导航器中选择"同心"约束，右击，在展开栏中选择"重新定义"，调出"装配约束"工具。

操作 ❹，在"要约束的几何体"栏中，当"选择两个对象"被选中时，单击"撤销上一个约束"右侧的"取消上一个约束"图标，在界面中观察到两个不同的同心约束解 A 和 B，这两个解都符合两个边中心重合的约束条件，但 B 才是正确解。

操作 ❺，选择正确解，单击"确定"，完成操作。

2. 两个半螺钉孔的合拢

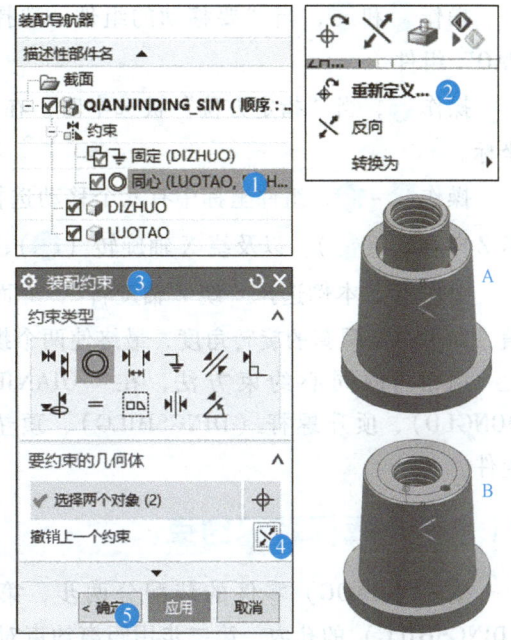

图 11-9 两个不同的同心约束解

同心约束装配完成后，螺套上的半个止动螺钉孔和顶座上的半个止动螺钉孔刚好合拢为一个整螺钉孔，但同心约束装配并不能保证半个止动螺钉孔刚好合拢。同心约束装配完成后，若两个半螺钉孔没有合拢为一个整孔，则需要调整，其调整过程如图 11-10 所示。

操作 ❶ 和 ❷，在装配导航器中选择"LUOTAO"组件。

167

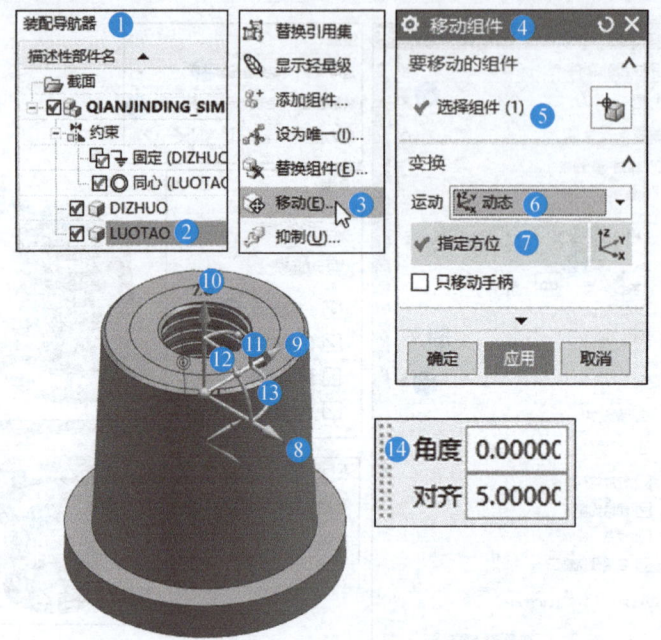

图 11-10 调整两个半螺钉孔对拢的方法

操作❸和❹，在展开栏中选择"移动"，调出"移动组件"工具。

操作❺和❻，当"要移动的组件—选择组件"被选中时，选到一个组件，即"LUOTAO"组件。

操作❼，当"指定方位"被选中时，在界面中的"LUOTAO"组件上出现移动组件的坐标。

操作❽~❽，组件坐标中有六个移动选择项：沿 X 向移动（❽）、沿 Y 向移动（❾）、沿 Z 向移动（❿），以及绕 X 轴旋转（⓫）、绕 Y 轴旋转（⓬）、绕 Z 轴旋转（⓭）。

操作⓮，本例选择"绕 Z 轴旋转"，界面中出现动态输入框。在角度输入框输入角度数值，即可改变螺套的旋转角度，最终使两个螺钉半孔实现合拢。

用相同的同心约束方法，在"QIANJINDING_SIM"装配中装入止动螺钉（ZHIDONGLD）、顶升螺杆（DINGSHILG）、顶垫（DINGDIAN）和卡紧螺钉（KAJINLD）等组件。

11.1.5 撬杆装配约束

撬杆（JIAOG）零件的装配分两步，第一步用对齐/锁定约束将撬杆装入顶升螺杆（DINGSHILG）的孔内，第二步用距离约束对撬杆进行定位。

1. 撬杆装入顶升螺杆孔内

用对齐/锁定工具装入撬杆过程如图 11-11 所示。

操作❶和❷，调用"添加组件"工具，采用相同的方法，通过"打开"栏中的"打开…"图标调入撬杆零件。

操作❸和❹，设置："位置—组件锚点=绝对坐标系""装配位置=绝对坐标系-显示部件"。

装配设计——千斤顶 第11章

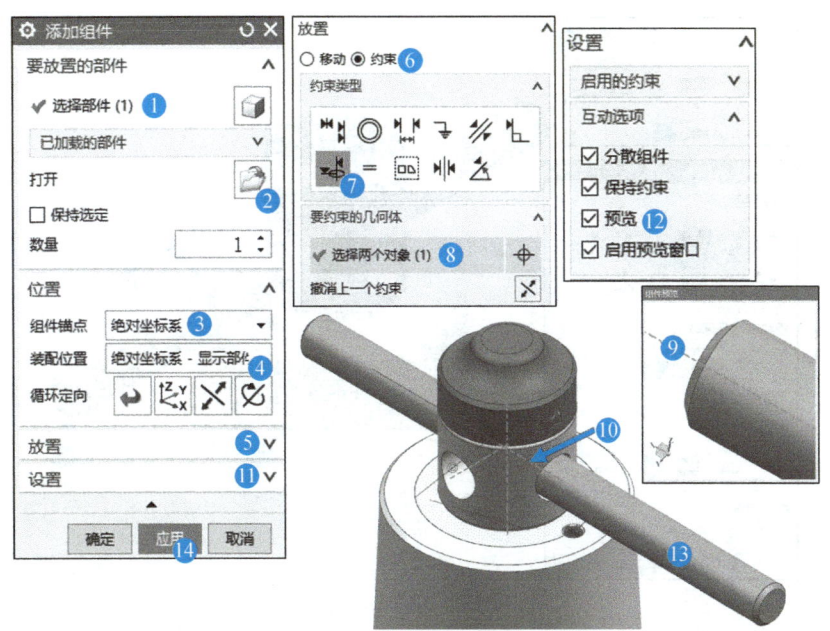

图 11-11 用对齐/锁定工具装入撬杆过程

操作 ⑤ 和 ⑥，展开"放置"栏，选择："放置=●约束"。

操作 ⑦ 和 ⑧，在"约束类型"栏中选择"对齐/锁定"约束工具，选中"要约束的几何体—选择两个对象"，使之呈亮橙色。

操作 ⑨，在"组件预览"小窗口中，移动光标靠近撬杆，出现撬杆的中心线，选择该中心线。

操作 ⑩，在界面中移动光标靠近顶升螺杆，出现顶升螺杆上两孔的中心线，选择该中心线。

操作 ⑪ 和 ⑫，展开"设置"栏，勾选"互动选项"中的全部项目。

操作 ⑬ 和 ⑭，在界面中可观察到撬杆已装入顶升螺杆孔内，单击"应用"，完成对齐/锁定约束的装配操作。

2. 撬杆在螺杆孔内约束居中

虽然撬杆装入了顶升螺杆孔内，但撬杆没有居中定位，可继续在"添加组件"工具中添加新的约束。若已退出"添加组件"工具，则调用"装配约束"工具来添加约束，如图 11-12 所示。

操作 ❶~❸，在主页功能卡的装配组中选择"装配约束"，调出"装配约束"工具。

操作 ❹ 和 ❺，在"约束类型"栏中选择"距离"约束工具，选中"要约束的几何体—选择两个对象"，使之呈亮橙色。

操作 ❻ 和 ❼，在界面中选择撬杆右端面，移动光标靠近顶升螺杆，出现顶升螺杆中心线，选择该中心线。

操作 ❽ 和 ❾，界面中"距离"文本框中显示当前撬杆右端面和顶升螺杆中心线之间的距离值，本图例中显示距离值为 162.5mm。

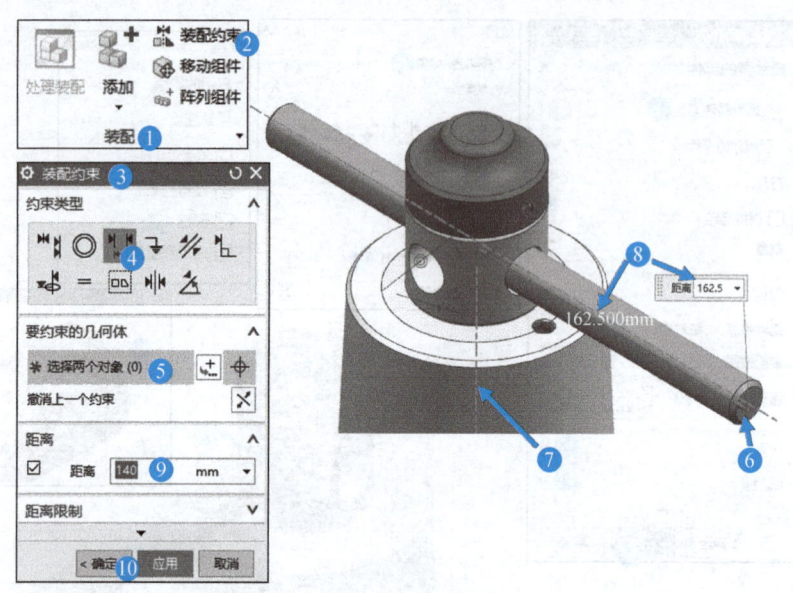

图 11-12 设置约束距离

因撬杆总长为 280mm，所以撬杆右端面和顶升螺杆中心线之间的距离为 140mm。在"装配约束"工具的"距离—距离"文本框中（或在界面的"距离"文本框中），将距离的数值修改为"140"。

操作⑩，单击"确定"，完成撬杆居中定位。

3. 千斤顶装配体观察

装配完成后，需要进行着色，着色的原则是，小零件着鲜艳的暖色，能起到醒目的作用；大零件着淡的冷色，能获得简约的效果。

（1）观察装配导航器　在装配导航器中，所有的装配约束前标记绿色的"☑"时，说明所有约束处于正常状态。若约束前标记红色的"☒"时，说明存在"过约束"。消除过约束的方法是，在装配导航器中选中一个过约束，右击，在展开栏中单击"删除"。

（2）观察约束导航器　在界面中的装配体上同时标记了所有的装配约束符号，使装配体不够"整洁"。隐藏界面中装配体上装配约束符号的方法是，在约束导航器中选中所有约束，右击，在展开栏中单击"隐藏"。操作完成后，导航器中的装配约束名称呈淡灰色。

（3）观察部件导航器　在部件导航器中，观察不到装配体中的组件。其原因在于，NX 采用的是虚拟装配模式。用这种方式装配时，装配体与零件之间、零件与原零件之间仅是一种链接关系，装配体不对装入的零件进行拷贝，所以部件导航器中不会拷入任何零件。这种装配方式节约了内存，提高了装配速度。

11.1.6　装配链接替代

装配千斤顶时，装配体文件和零件放置在同一个工作文件夹内，装配完成后，装配体文件和零件的链接关系，与装配体和零件在同一个文件夹内的位置关系相同。

若在工作文件夹中新建一个名为"BZJ"的文件夹，将工作文件夹中的撬杆（JIAOG）、卡紧螺钉（KAJINLD）和止动螺钉（ZHIDONGLD）三个标准件移到"BZJ"文件夹中，则装配体与三个标准件在文件夹内的位置关系发生了改变，这种改变同时也破坏了装配体文件与三个标准件之间的装配链接关系。

退出千斤顶装配体"QIANJINDING_SIM"，然后重新打开千斤顶装配体，就会出现"打开"警示框，如图11-13所示。提示，找不到JIAOG、KAJINLD和ZHIDONGLD文件。单击"确定"，撬杆（JIAOG）、卡紧螺钉（KAJINLD）和止动螺钉（ZHIDONGLD）三个标准件已不在千斤顶装配体中。

根据装配体和组件之间新的位置关系，使装配体和三个标准件之间形成新的

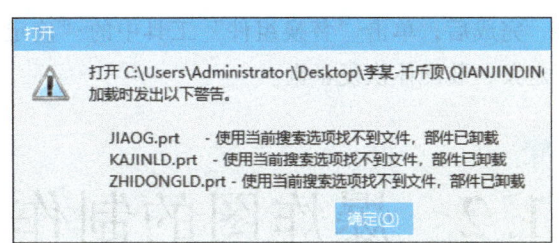

图11-13 工作文件夹中组件移走的警示框

装配链接关系，所用的方法称为装配链接替代，其操作过程如图11-14所示。

操作①~③，在装配导航器中，撬杆（JIAOG）、卡紧螺钉（KAJINLD）和止动螺钉（ZHIDONGLD）三个标准件呈灰色。选择其中的一个标准件，如止动螺钉（ZHIDONGLD），右击，在展开栏中单击"替换组件"，调出"替换组件"工具。

图11-14 恢复移走零件装配链接关系

操作④和⑤，在"要替换的组件"栏中，目前的状态："✓选择组件（1）"，说明已有1个组件被选中。在"替换件"栏中，"选择部件"被选中后呈亮橙色。

操作⑥和⑦，单击"浏览"右侧的"打开…"图标，调出"部件名"工具。

操作⑧和⑨，打开千斤顶文件夹，打开存放移走的标准件的"BZJ"文件，选中止动螺钉（ZHIDONGLD）组件后，单击"部件名"工具中的"OK"，返回到"替换组件"工具，"未加载的部件"栏中出现了止动螺钉（ZHIDONGLD）组件。

操作⑩和⑪，单击"应用"，止动螺钉（ZHIDONGLD）的装配链接被重新定义。在"替换组件"工具中，"要替换的组件"的状态是："选择组件（0）"呈亮橙色，说明目前被选中的组件数为"0"，即没有组件被选中。

重复操作⑤~⑪的过程，重新定义撬杆（JIAOG）和卡紧螺钉（KAJINLD）的装配链接，完成后，单击"替换组件"工具中的"确定"（⑫），三个标准件的装配链接关系被重新定义，装配体恢复正常。

11.2 爆炸图的制作

爆炸图是帮助理解产品内在结构的一个工具。爆炸图的构想是，将产品内部的所有零件，按照"爆炸"时飞行的轨迹，将零件展示在飞行的路径之中，由于所有零件是相互分离的，因此可以观察到所有零件的模型；但所有零件又可以沿爆炸的飞行轨迹倒着飞回，从而恢复装配。在爆炸图中，爆炸飞行的轨迹称为追踪线。

11.2.1 新建爆炸图名称

调用"新建爆炸"工具如图 11-15 所示。

操作①~④，在装配功能卡中单击"爆炸图"下方的"▼"，在展开的爆炸图组中选择"新建爆炸"，调出"新建爆炸"工具。

操作⑤和⑥，设置："名称 = Explosion 1"，单击"确定"，完成新建爆炸图名称。

11.2.2 设置爆炸距离

爆炸距离设置过程如图 11-16 所示。

操作①~④，单击"爆炸图"下方的"▼"，选择"编辑爆炸"，调出"编辑爆炸"工具。

操作⑤，在"编辑爆炸"工具中，选择"◉选择对象"，在界面中选择顶垫（DINGDIAN）和卡紧螺钉（KAJINLD）。

操作⑥，在"编辑爆炸"工具中，选择"◉移动对象"，在界面中出现移动坐标系。

操作⑦和⑧，在界面中选中 Z 坐标，按住鼠标移动到合适位置释放。也可以在"距离"文本框中输入距离数值进行精确设定。

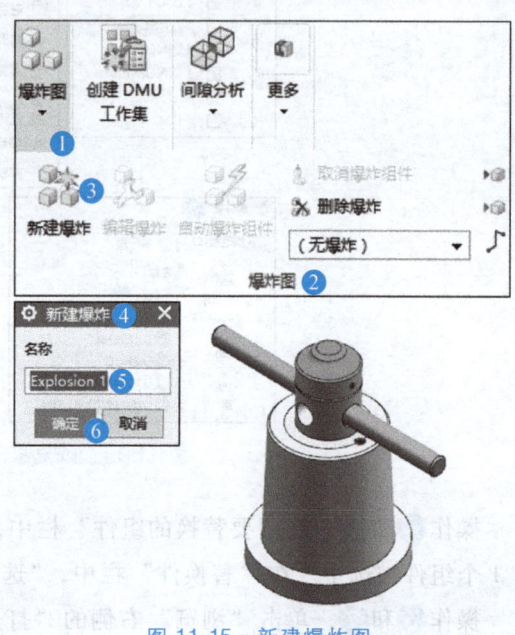

图 11-15 新建爆炸图

操作⑨，爆炸距离设定后，单击"应用"，不退出"编辑爆炸"工具。

采用相同的方法，重复操作❺~❽的过程，设置其余组件的爆炸距离，所有组件的爆炸距离设置完成后，单击"确定"，完成爆炸编辑。

11.2.3 创建追踪线

追踪线用于表示爆炸后零件与爆炸前位置间的轨迹，其创建过程如图11-17所示。

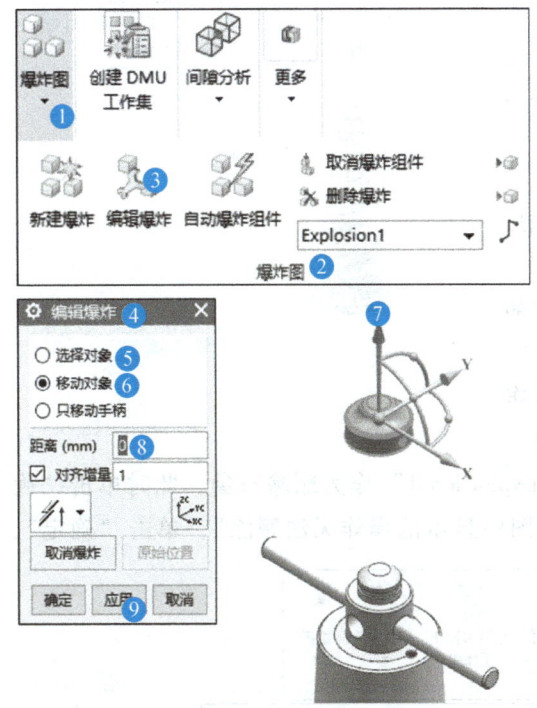

图11-16 爆炸距离设置过程

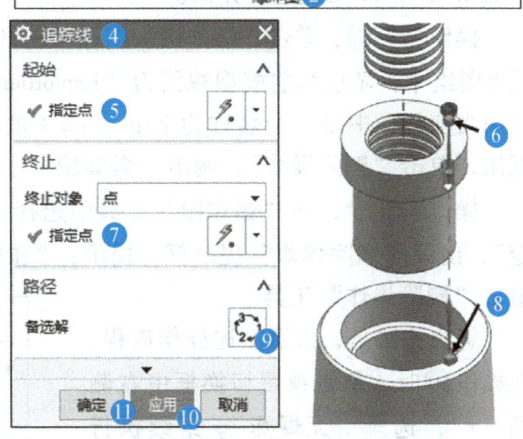

图11-17 追踪线创建过程

操作❶~❹，在装配功能卡中单击"爆炸图"下方的"▼"，选择"追踪线"，调出"追踪线"工具。

操作❺和❻，当"起始—指定点"被选中时，在界面中选择止动螺钉的下端面中心为追踪线的一个端点。

操作❼和❽，当"终止—指定点"被选中时，在界面中选择顶座上半个螺钉孔的中心为追踪线的另一个端点。

操作❾，追踪线的两个端点确定后，有三个追踪线方案可供选择，单击"路径—备选解"右侧的"备选解"图标，在三个方案中选择合适的追踪线。

操作❿和⓫，单击"应用"，不退出"追踪线"工具，采用相同的方法完成其他组件间的追踪线创建。全部完成后，单击"确定"。

11.2.4 编辑装配模型

装配模型的编辑主要有切换装配模型、删除爆炸模型和保存装配模型新视图等操作。

1. 切换装配模型

千斤顶装配模型包括无爆炸和爆炸（Explosion 1）两个模型。无爆炸模型可以切换为爆炸（Explosion 1）模型，其操作过程如图 11-18 所示。

操作①~③，在装配功能卡中单击"爆炸图"下方的"▼"，在展开的爆炸图组中，工作视图框中为"无爆炸"，此时界面中的装配体为"无爆炸"视图。

操作④和⑤，单击工作视图框内的"▼"，选择"Explosion 1"，界面中切换为爆炸模型（Explosion 1）。

2. 删除爆炸模型

删除爆炸模型的规则是，不能删除当前模型。下面以图 11-19 为例进行介绍。

操作①~④，单击"爆炸图"图标，在出现的爆炸图组中，显示当前模型视图为"Explortion 1"，说明当前界面中是一个名称为 Explortion 1 的爆炸视图，单击"删除爆炸"，调出"爆炸图"工具。

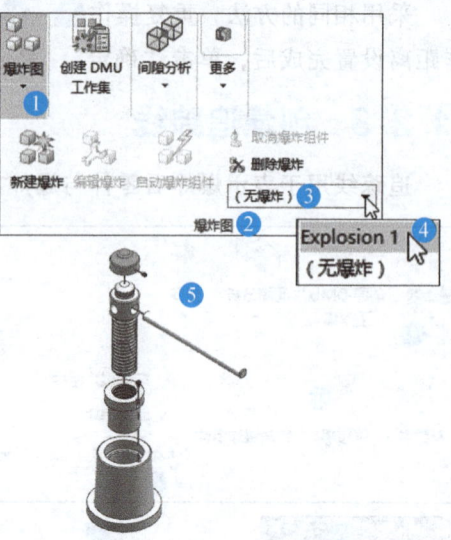

图 11-18 装配体模型调用

操作⑤~⑧，在"爆炸图"工具中选择"Explortion 1"作为删除对象，此时单击"确定"，出现"删除爆炸"提示框，提示："在视图中显示的爆炸无法删除"，单击"确定"，退出"删除爆炸"工具。

解决方法是，按照上述操作流程，在操作②时，单击视图切换框中右侧的"▼"，选择"无爆炸"。继续执行操作③~⑥，其中进行操作⑤时选择"Explortion 1"为删除对象，结果操作⑥顺利执行，删除了 Explortion 1 的爆炸视图。

若上述解决方法最终仍无法删除并非当前工作视图的爆炸视图，其可能的原因是在制图界面中已放置了爆炸视图，故需切换到制图界面，选中

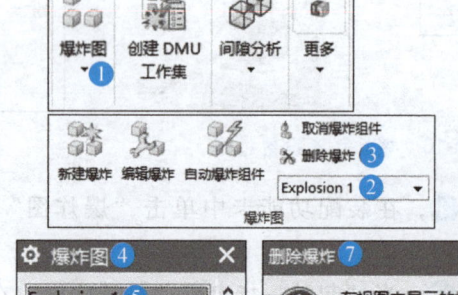

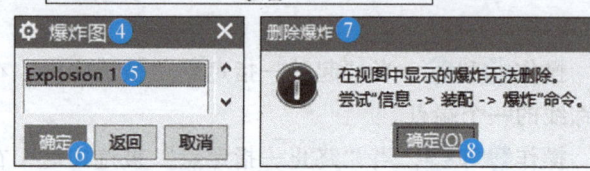

图 11-19 不能删除当前模型

爆炸视图并将其删除。删除了制图界面中的爆炸视图后，再按照上述步骤，即可顺利删除建模界面中的爆炸模型。

3. 保存装配模型新视图

NX 系统只保留八种标准样式的视图，分别为"正三轴测图""俯视图""正等测图""左视图""前视图""右视图""后视图"和"仰视图"。若制图界面中需要调用八种标准样式之外的新视图，可事先在建模界面保存该新视图。

保存装配模型新视图操作如图 11-20 所示。

操作①，在界面中调整爆炸图至需要的大小和方位。

— 174 —

装配设计——千斤顶 第11章

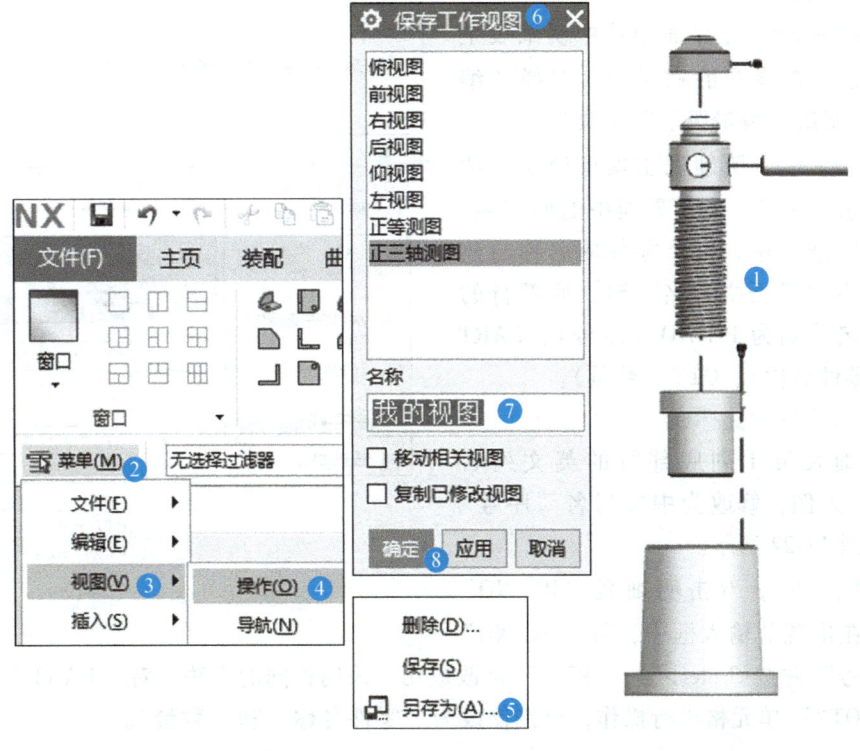

图 11-20 保存装配模型新视图操作

操作❷~❻，单击"菜单"→"视图"→"操作"→"另存为"，调出"保存工作视图"工具。

操作❼和❽，在"保存工作视图"工具中，设置："名称＝我的视图"，单击"确定"，该爆炸模型新视图将与八个标准样式视图一起，可在制图中调用。

11.3 装配工程图的制作

装配工程图是一种表达机器或产品整体结构的图样。创建装配视图与创建零件视图的过程一致，先切换到制图界面，再新建图纸页，导入 A4 图框等。

11.3.1 创建明细表

先创建明细表，再创建装配视图，有利于规划图框中各视图的布置位置。明细表创建过程如图 11-21 所示。

操作❶和❷，在主页功能卡的表组中单击"零件明细表"，在界面中出现明细表主模型（折叠样式）。

操作❸，在界面中移动光标，在合适位置放置单行的明细表主模型。

NX数字化设计基础

1. 展开明细表主模型

操作④和⑤，在界面中选中明细表主模型，右击，在展开的栏目中，选择"编辑级别"，调出"编辑级别"工具。

操作⑥~⑧，明细表主模型处于激活状态，单击"✓"，展开界面中的明细表。在展开的明细表中，每个零件的名称与建模时所取零件汉语拼音名一致，底部行的明细表列名分别为 PC NO（序号）、PART NAME（零件名称）、OTY（数量）。

2. 栏目名的中文标注

以明细表第 1 列底部行的英文列名"PC NO"为例，修改为中文列名"序号"的方法如图 11-22 所示。

操作①~③，双击明细表"PC NO"单元格，在出现的输入框中，将"PC NO"

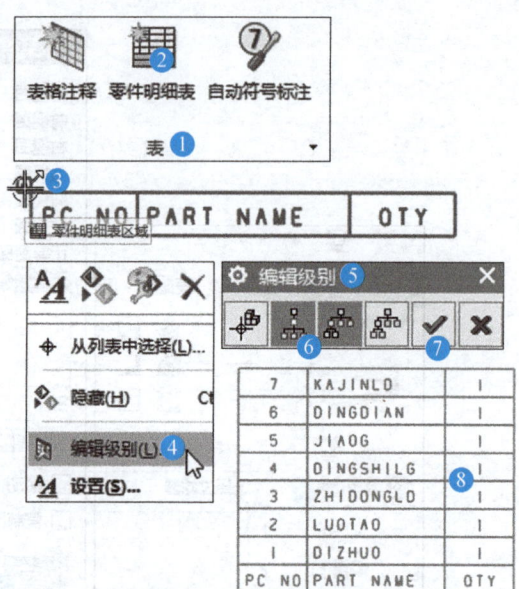

图 11-21 明细表创建过程

改为"序号"并按<Enter>键，"序号"修改成功。采用相同的方法，对"PART NAME"单元格和"OTY"单元格进行操作，分别修改为"零件名称"和"数量"。

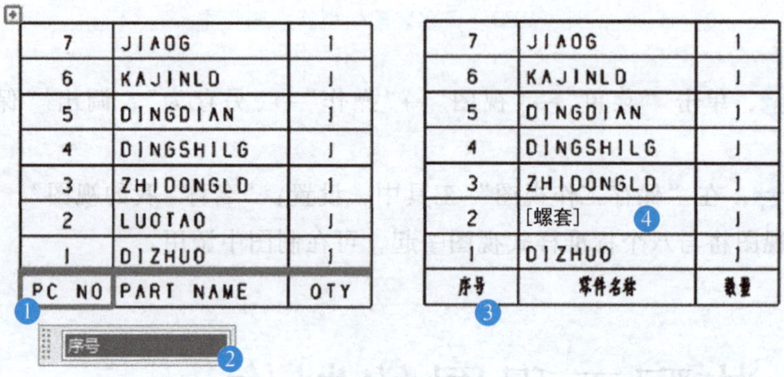

图 11-22 明细表栏目名的中文标注

操作④，采用相同的方法对明细表中的任意一个零件的名称进行操作，如将"LUOTAO"修改为"螺套"，结果是［螺套］，多了一个方括号，不符合工程图要求。这说明除明细表底部行之外，不能用该方法修改单元格中的内容。

3. 零件名称的中文标注

如果在零件设计阶段将每个零件用中文命名，就不需要再修改零件名称。但在 NX 9 以前，因为零件取中文名，将导致 NX 不能识别零件，所以，对于 NX 9 之前的软件，这种方法是不可行的。对于明细表中拼音名或英文名的零件，改为中文名称的方法如图 11-23 所示。

操作①~⑤，单击"菜单"→"GC 工具箱"→"制图工具"→"编辑明细表"，调出"编辑零件明细表"工具。

装配设计——千斤顶 第11章

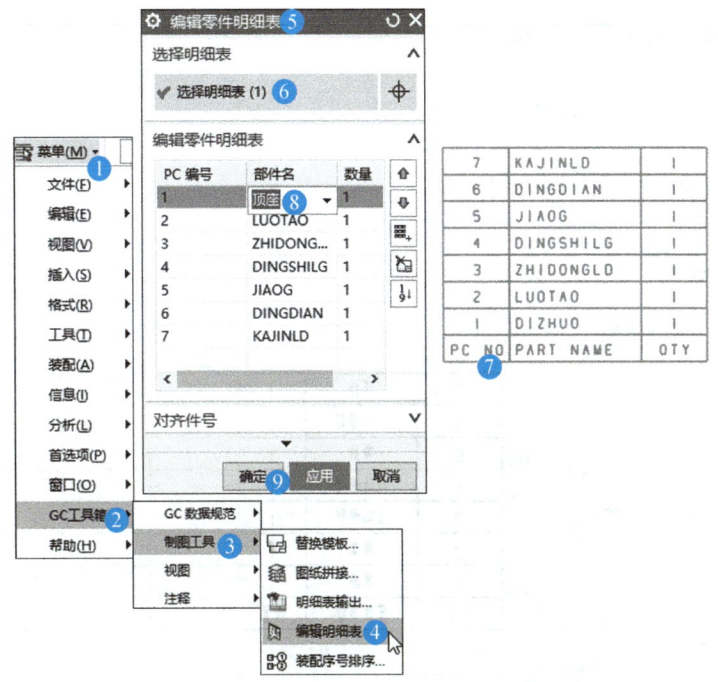

图 11-23　明细表中组件名的中文标注

操作❻和❼，当"选择明细表—选择明细表"被选中时，在界面中选中明细表。

操作❽，选择一个组件名称，如"DIZHUO"，将其改为中文名"顶座"。

操作❾，采用相同的方法修改其他组件的名称。完成后，单击"确定"，结果是界面的明细表中，零件名称一列的汉语拼音名更改为中文名称。

4. 创建注释表

在界面中选中创建后的明细表，将其拖移到工程图标题栏上方。对于明细表右侧一个4列8行的表，其创建过程如图11-24所示。在主页功能卡的表组中，选择"表格注释"，调出"表格注释"工具。

操作❶和❷，在"原点—对齐"栏中，所有项目均设为"□"，设置："锚点=左上"。

操作❸~❻，设置："表大小—列数=4""行数=8""列宽=20"。单击"设置—设置"右侧的"![A]"图标，可调出"设置"工具，对注释表的文本参数，如字体、字宽和字高等进行设置，完成后单击"设置"工具中的"关闭"，返回到"表格注释"工具。

操作❼和❽，在界面内按住鼠标，将注释表拖移至合适位置放置，单击"关闭"，完成注释表的创建。可以用鼠标拖移调整在界面中创建的4列8行表的列宽。

11.3.2　设置不剖件

千斤顶工程图布置的视图有俯视图、主视图、不爆炸模型和特定的爆炸模型等。其中主视图为全剖视图，按制图规则，主视图中的撬杆、顶升螺杆、卡紧螺钉和止动螺钉应为不剖切组件，而生成的全剖主视图不符合制图规则。

设置不剖件的过程如图11-25所示。

· 177 ·

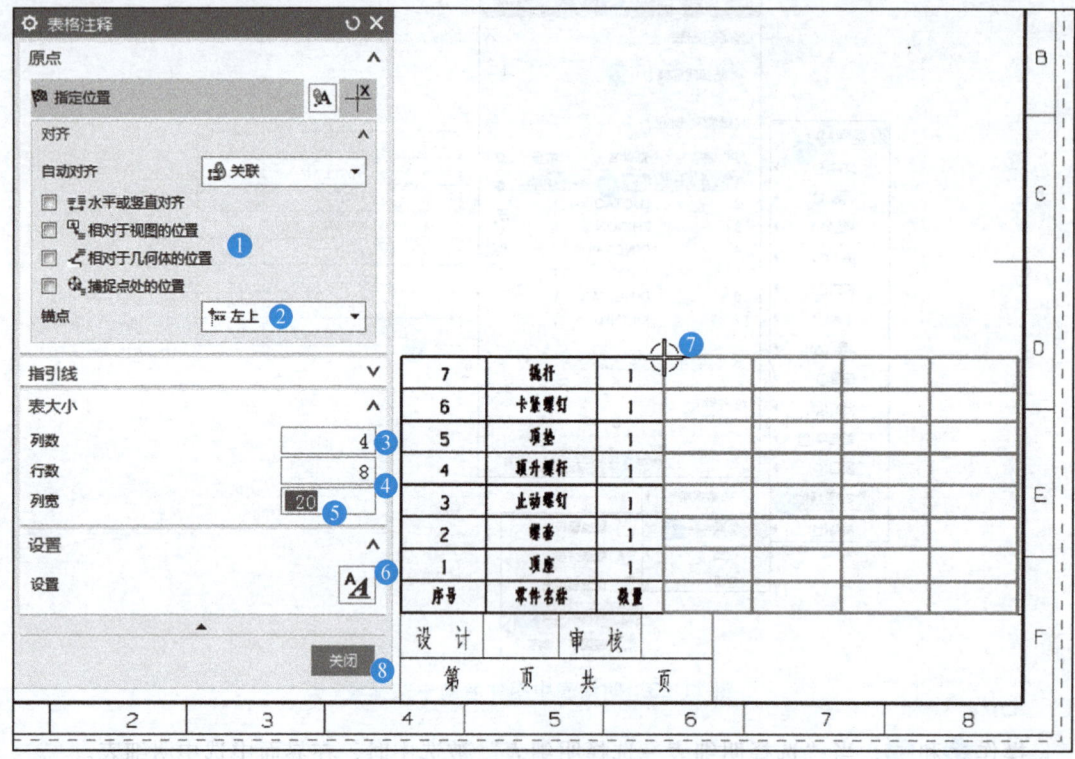

图 11-24　注释表的创建过程

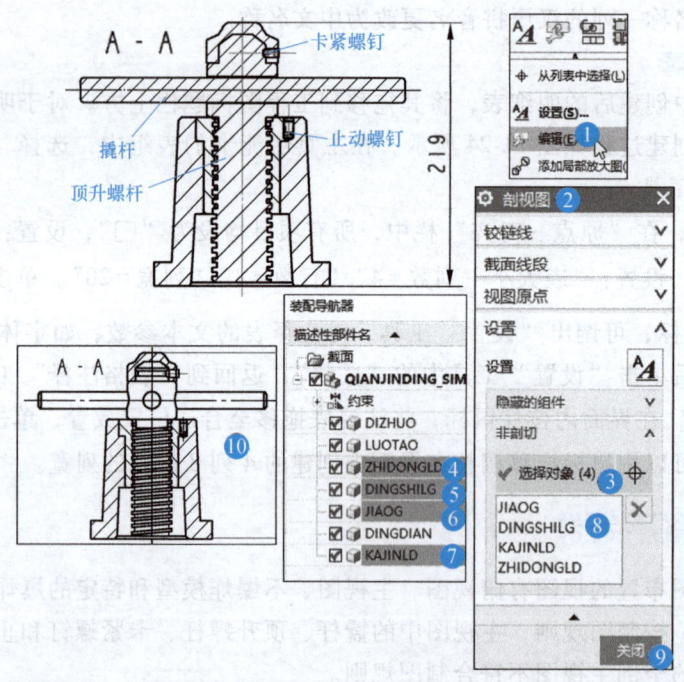

图 11-25　设置不剖件的过程

操作①和②，在界面中选中全剖视图边界框，右击，在展开栏中，选择"编辑"，调出"剖视图"工具。

操作③~⑧，在"设置—非剖切"栏中，"选择对象"被选中后呈亮橙色，按住键盘上的<Ctrl>键，在装配导航器中选中 4 个不剖切组件：ZHIDONGLD、DINGSHILG、KAJINLD 和 JIAOG，4 个不剖件显示在"选择对象"下方的选择框内。

操作⑨和⑩，单击"关闭"，全剖主视图中的 4 个组件成为不剖件。

11.3.3　创建序号

创建组件序号的过程如图 11-26 所示。

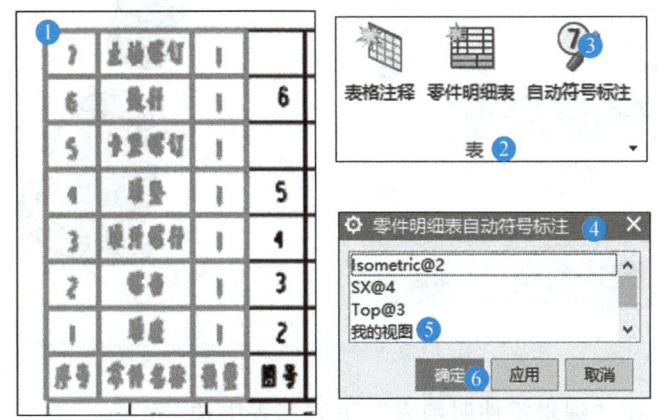

图 11-26　创建组件序号的过程

操作①，在界面中选中明细表。

操作②~④，在主页功能卡的表组中选择"自动符号标注"，调出"零件明细表自动符号标注"工具。

操作⑤，设想将序号线放置在爆炸图上，于是在"零件明细表自动符号标注"工具中选择"我的视图"。

操作⑥，单击"确定"，在爆炸视图中生成泡泡样式序号。

1. 序号排序

观察界面中生成泡泡样式序号的排列，如图 11-27 所示。其排列以爆炸模型为中心，按顺时针方向的泡泡序号顺序为：①→②→④→⑤→⑥→⑦→③，需要重新排列。

泡泡序号按顺序重新排列的过程如图 11-28 所示。单击"菜单"→"GC 工具箱"→"制图工具"→"编辑明细表"，调出"编辑零件明细表"工具。

操作①，"选择明细表—选择明细表"被选中后呈亮橙色，在界面中选中明细表。

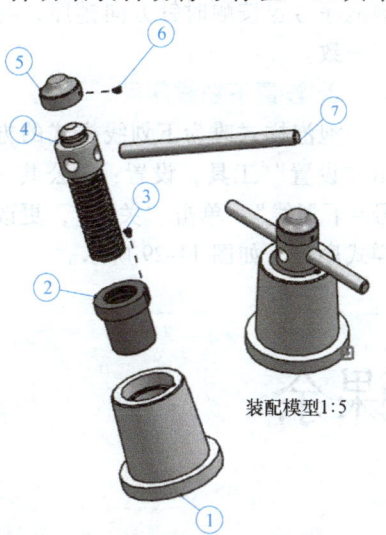

图 11-27　创建序号线结果

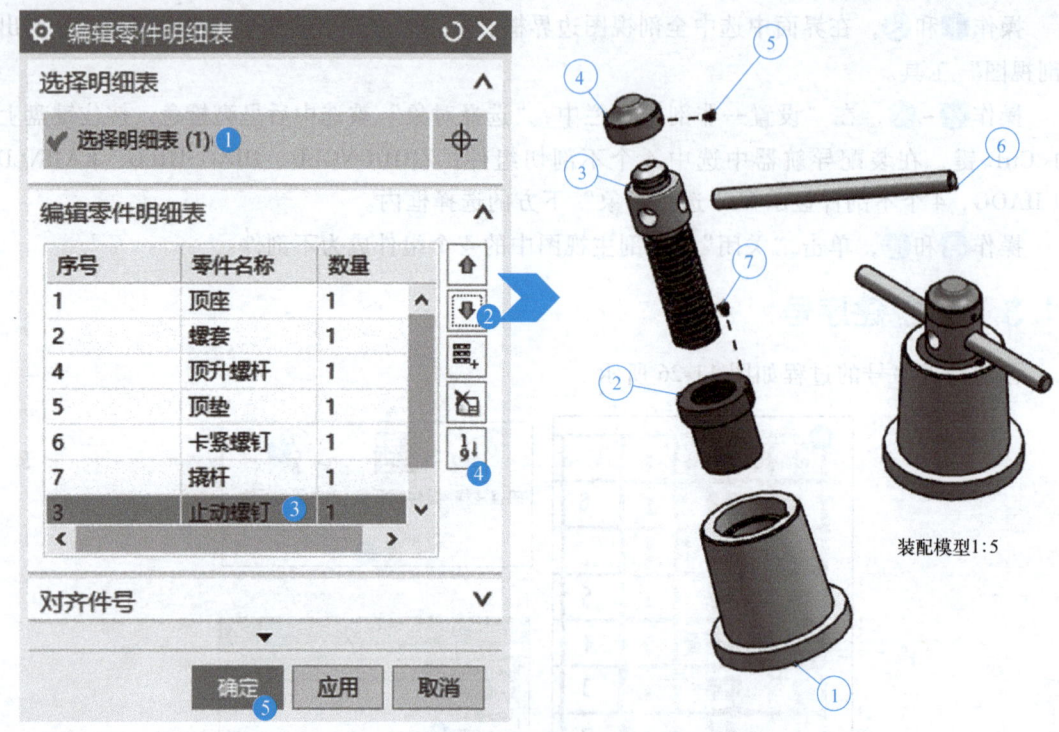

图 11-28　泡泡序号按顺序重新排列的过程

操作②和③，在"编辑零件明细表"下方列表中选中序号为 3 的止动螺钉，使用"⇩"按钮将"3 止动螺钉"调整至"7 撬杆"之后。

操作④，单击"更新序号"按钮，"编辑零件明细表"下方列表中的组件序号将重新排序。

操作⑤，确认正确后，单击"确定"，爆炸视图中的泡泡序号也按顺时针方向排序，与明细表中的序号自动更新一致。

2. 设置下划线序号

泡泡样式改为下划线样式的方法是，双击明细表，调出"设置"工具，设置："公共—零件明细表—标注—符号＝下划线"，单击"关闭"，更改泡泡样式序号为下划线样式序号，如图 11-29 所示。

图 11-29　更改为下划线样式的序号

课余

完成图 11-30 所示的风扇装配模型和工程图，形成零件装配学习记录并提交。

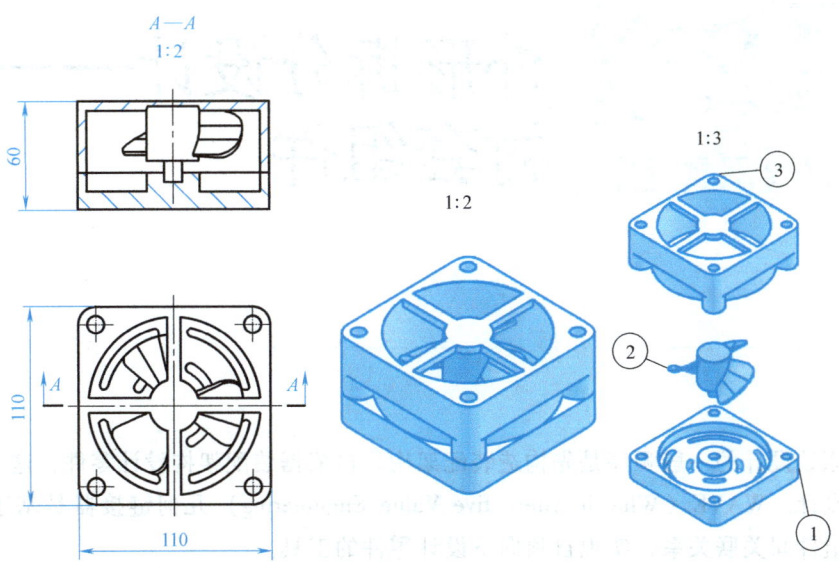

图 11-30　风扇装配模型和工程图

注意：

1）风扇装配体的三个零件分别为 ZZFS_HG（后盖）、ZZFS_YP（叶片）和 ZZFS_QG（前盖）。

2）风扇叶片应处理为不剖件。

3）在剖视图上，设置："截面线—设置—剖面线=☑处理隐藏的剖面线"。

第12章 外形拆分设计——衬套组件

CHAPTER 12

产品原始设计的一般顺序是先构造装配架构，再依据装配架构设计零件，这一顺序称为自顶向下设计。WAVE（What-if Alternative Value Engineering）几何链接器是基于产品装配架构和各组件间关联关系，实现自顶向下设计零件的工具。

12.1 衬套组件装配架构

衬套组件（附图20）由内管（附图21）、橡胶套（附图22）和外管（附图23）三个零件组成。自顶向下设计过程为，先构造衬套组件外形，以评审衬套组件外形模型的设计效果，评审合格后，构建衬套组件的装配架构，再依据衬套组件外形模型和各零件之间的装配关系，拆分外形模型，逐一设计衬套组件中的每一个零件。

12.1.1 衬套外形建模

衬套组件（附图20）的外形采用旋转建模方法构造，图12-1所示为衬套外形的旋转草图，该草图将绕 Y 轴旋转一周生成衬套组件外形模型。创建衬套外形的旋转草图时，应省

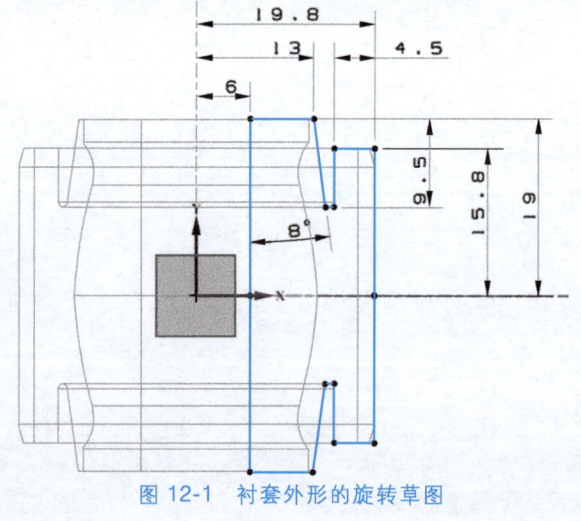

图12-1 衬套外形的旋转草图

略倒圆"R0.5"和倒斜角"0.5×2"的细节。

若需要修改草图线样式,具体方法是:在草图界面选中需修改的草图线,在视图功能卡的可视化组中调用"编辑对象显示"工具,通过该工具可以设置草图线的颜色和粗细。

若需要修改草图标注样式,具体方法是:在草图界面中单击"任务",在展开栏中选择"草图设置",调出"草图设置"工具后,可以设置草图标注样式。例如设置:"活动草图—尺寸标签=值",即可消除草图尺寸上的表达式,设置:"文本高度=5",即可将尺寸高度修改为5mm。

旋转建模完成后,在主页功能卡的特征组中调用"边倒圆"工具和"倒斜角"工具,进行倒圆和倒斜角操作。完成后,将衬套组件的整体模型存放在"衬套"文件夹中。

12.1.2 衬套装配规划

启用WAVE模式,如图12-2所示。

操作①~③,选择左侧的装配导航器功能卡,在装配导航器空白处右击,在出现的动态栏中勾选"WAVE模式"。

图12-2 启用WAVE模式

1. 新建装配中零件层

新建装配中零件层的过程如图12-3所示。

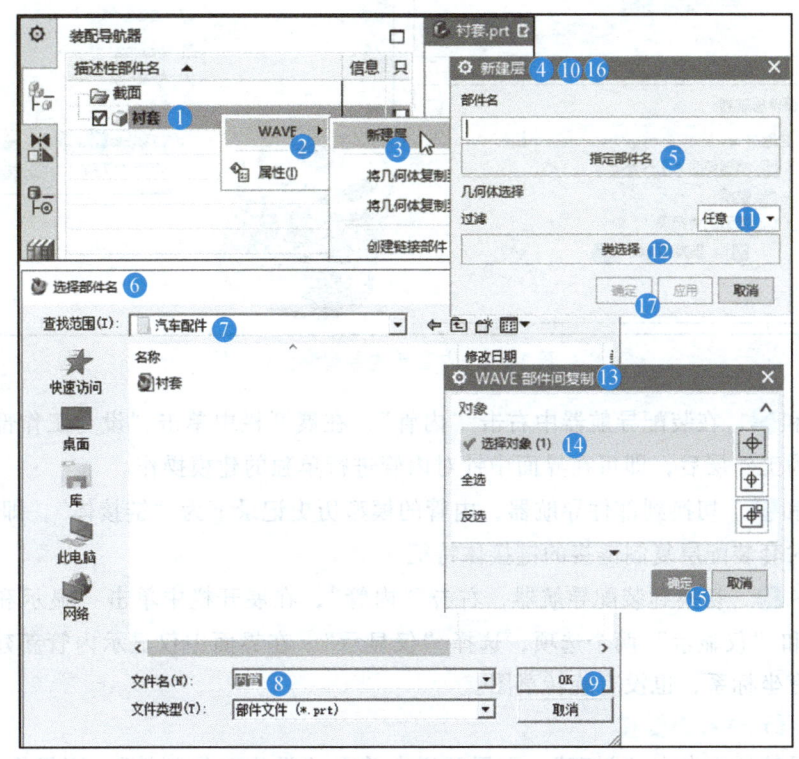

图12-3 新建装配中零件层的过程

操作①~④,在装配导航器中选中"衬套"右击,单击"WAVE"→"新建层",调出

"新建层"工具。

操作❺~❿,在"新建层"工具中单击"指定部件名"按钮,调出"选择部件名"工具。找到衬套所在的文件夹,设置:"文件名＝内管",单击"OK",返回"新建层"工具。

操作⓫~⓱,在"新建层"工具中单击"几何体选择—过滤"右侧的"▼",将"几何体选择—过滤＝任意"重新设置成"几何体选择—过滤＝实体",单击"类选择"按钮工具,调出"WAVE部件间复制"工具,在界面中选择衬套实体模型,将其复制链接到新建的内管零件层,单击"确定"。采用相同的方法,重复⓫~⓱的操作步骤,在界面中选择其他已建模的特征,如坐标系、草图等,复制链接到新建的内管零件层中。

完成上述操作后,在装配导航器中,衬套装配下出现了内管零件。打开衬套的工作文件夹,却只有衬套装配,没有内管零件。回到NX界面,单击"保存",将新建的内管零件层保存到文件夹,于是衬套的工作文件夹既有衬套装配,又有内管零件。

采用相同的方法,在衬套装配下新建橡胶套、外管两个零件层。

2. 内管新建层观察操作

内管新建层观察操作如图12-4所示。

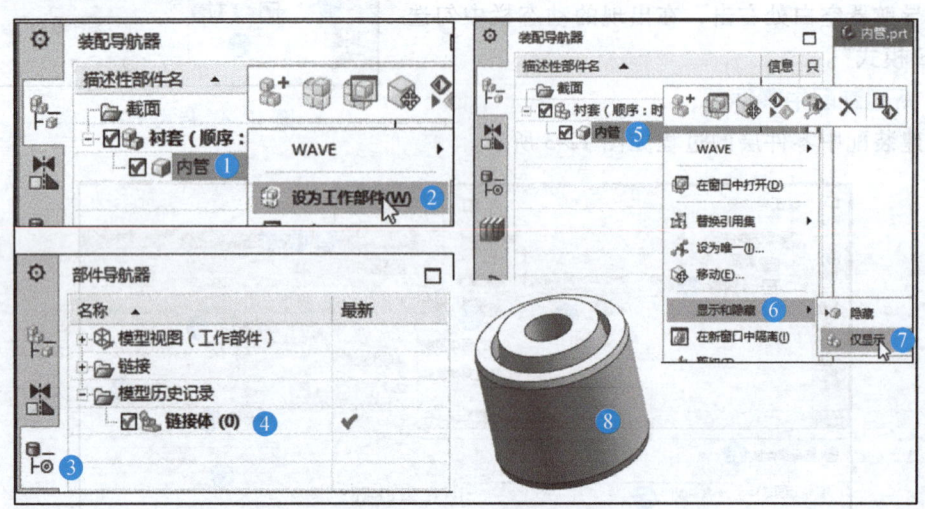

图12-4 内管新建层观察操作

操作❶和❷,在装配导航器中右击"内管",在展开栏中单击"设为工作部件",将内管所在层设为工作层后,即可在界面中针对内管进行单独的建模操作。

操作❸和❹,切换到部件导航器,内管的模型历史记录下为"链接体",即内管新建层中有一个从衬套装配层复制链接的链接体特征。

操作❺~❽,切换到装配导航器,右击"内管",在展开栏中单击"显示和隐藏",出现"隐藏"和"仅显示"两个选项,选择"仅显示",在界面中仅显示内管新建层的模型,该模型中没有坐标系,也没有旋转草图。

3. 装配层元件补充链接

在装配导航器中右击"衬套",在展开栏中单击"设为工作部件",则操作界面由内管层转换为衬套层。将衬套装配层的基准坐标系、旋转草图补充复制链接到内管层。操作过程如图12-5所示。

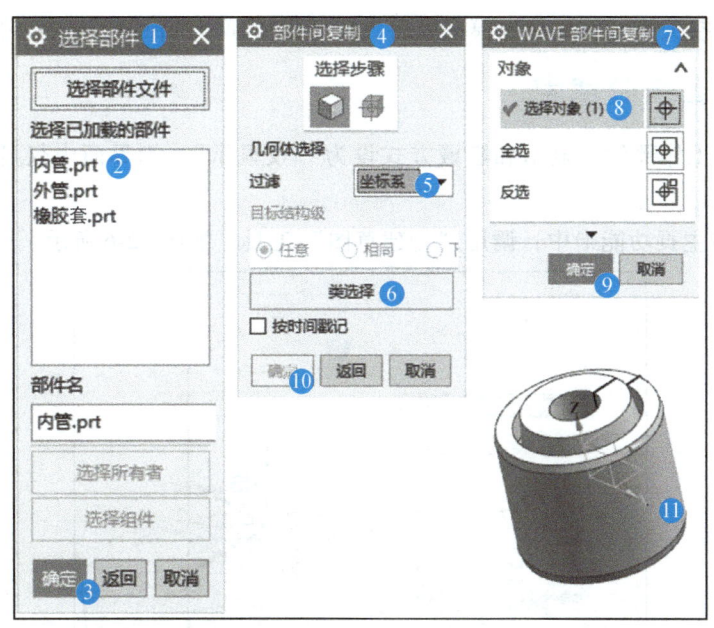

图 12-5　装配层的再次复制链接操作

操作❶，在装配导航器中，右击"衬套"，单击"WAVE"→"将几何体复制到部件"，弹出"创建一个与位置无关的链接特征"工具，单击"确定"，调出"选择部件"工具。

操作❷~❹，选择"内管.prt"，单击"确定"，调出"部件间复制"工具。

操作❺~❼，设置："几何体选择—过滤=坐标系"，单击"类选择"按钮，调出"WAVE 部件间复制"工具。

操作❽~⓫，在"WAVE 部件间复制"工具中，"对象—选择对象"被选中后呈亮橙色，从部件导航器中选择基准坐标系，单击"确定"，返回到"部件间复制"工具，单击"确定"，将基准坐标系复制链接到内管层。

返回到"部件间复制"工具。重复❺~❾的操作步骤，将草图复制链接到内管层。其中只有操作❺的设置："几何体选择—过滤=草图/线串"，才能从部件导航器中选到草图。操作完成后，单击"确定"。

采用相同的方法，将基准坐标系和草图从装配层复制链接到橡胶套层和外管层。分别将内管层、橡胶套层和外管层设为工作部件，在部件导航器中观察可知，每层中均有三个特征：链接体、链接的基准坐标系和链接的草图，符合上述要求，说明已完成装配规划。

12.2　零件层拆分建模

装配规划完成后，内管、橡胶套和外管三层链接了衬套装配层的整体模型。进入零件层后，通过将零件层中的衬套整体模型拆分操作，实施零件建模。建模完成后，衬套整体模型保留的部分与衬套装配层的整体模型仍然保持着链接关系。即若在衬套装配层对整体模型进行修改，通过链接关系，零件层建模完成后，衬套整体模型的保留部分也将同步被修改。

12.2.1 内管拆分建模

设内管层为工作部件，显示和隐藏方式设为"仅显示"，则界面中仅显示零件层的特征。

操作❶，在主页功能卡中，调用"创建草图"工具，如图 12-6 所示。

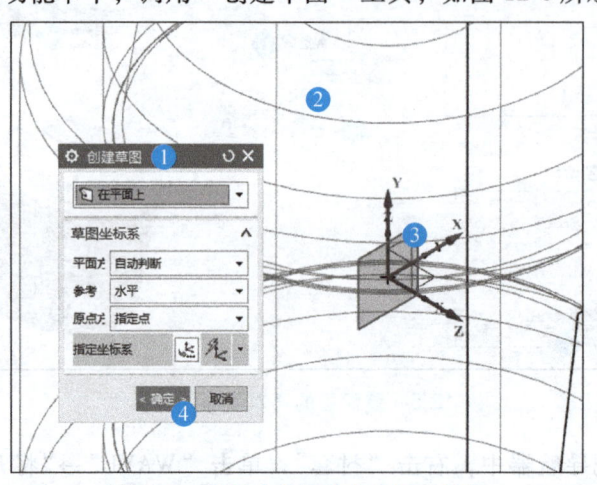

图 12-6 内管链接体基准坐标面选择

操作❷和❸，为方便界面中的选择操作，通过视图功能卡的样式组将界面中的模型显示为"静态线框"方式，光标就可在界面中顺利选中链接的基准坐标面"XY 平面"。

操作❹，单击"确定"，界面中显示"静态线框"模型和链接的草图。

调用"草图绘制"工具，绘制如图 12-7 所示的草图线。绘制过程中，在主页功能卡的直接草图组中调用"几何约束"工具，通过"点在曲线上"工具将 A 点约束到 X 坐标轴上，绘制的草图线应伸出模型。调用直接草图组中的"镜像曲线"工具，以 X 轴为镜像对称轴，镜像草图线。

完成草图后，在主页功能卡的特征组中调用"旋转"工具，将草图线旋转为曲面。再在主页功能卡的特征组中调用"修剪体"工具（❶），如图 12-8 所示。

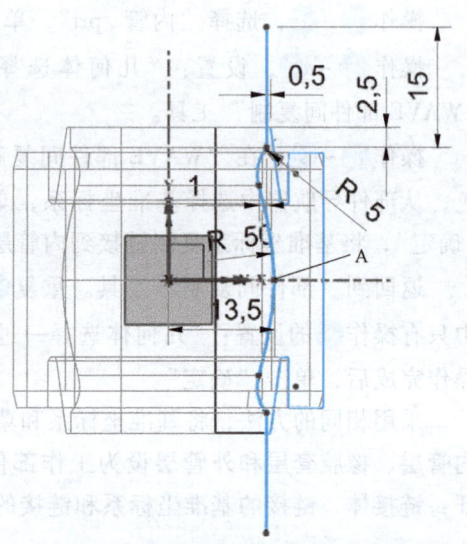

图 12-7 内管拆分旋转曲面草图线

操作❷~❺，当"目标—选择体"被选中时，在界面中选择衬套链接体。设置："工具—工具选项＝面或平面"，当"选择面或平面"被选中时，在界面中选择旋转曲面。

操作❻~❽，单击"确定"。隐藏修剪体上的旋转曲面和草图，结果见❽，完成内管的建模。

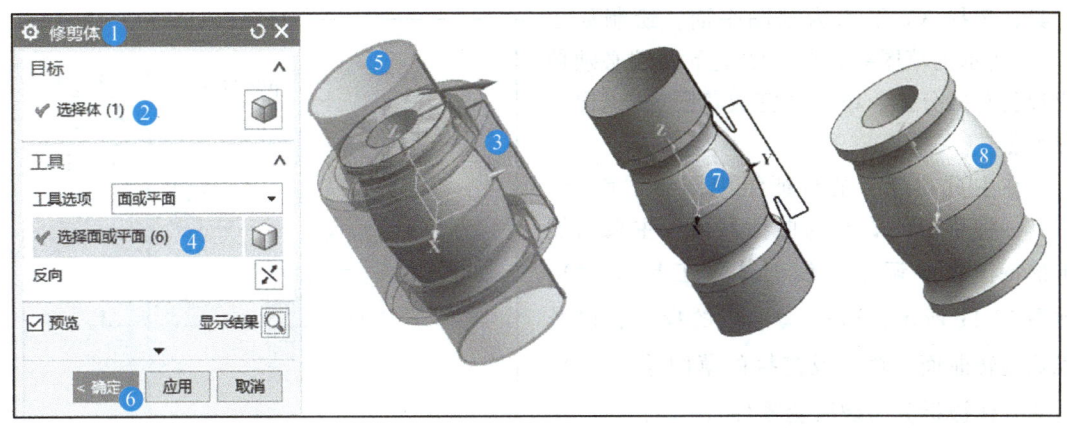

图 12-8　衬套整体拆分为内管的过程

12.2.2　橡胶套拆分建模

衬套整体模型拆分为橡胶套零件需要两个曲面，其中一个曲面为拆分内管时的旋转曲面，需要从内管层复制链接到橡胶套层。

将内管层设为工作部件，在装配导航器栏中右击"内管"，单击"WAVE"→"将几何体复制到部件"，出现"创建一个与位置无关的链接特征"工具，单击"确定"，调出"选择部件"工具，"选择已加载的部件=橡胶套.prt"，单击"确定"，调出"部件间复制"工具（①），如图 12-9 所示。

图 12-9　部件间复制

操作②~⑥，设置："几何体选择—过滤=面"，单击"类选择"按钮，调出"WAVE 部件间复制"工具，在界面中选择旋转曲面（⑤）。注意：旋转曲面应选择完整，或在部件导航器中选择旋转特征更为可靠。完成后单击"确定"，返回到"部件间复制"工具，单击"确定"（⑥），将旋转曲面复制链接到橡胶套层。

设置橡胶套层为工作部件，在主页功能卡的特征组中调用"修剪体"工具，用复制链接的旋转曲面拆分衬套整体，保留外径部分。完成后隐藏旋转曲面，设置橡胶套层的"显示和隐藏=仅显示"。

将完成了第一次修剪的橡胶套拆分体设置为"静态线框"显示方式，调用"草图绘制"

工具，选择 XY 平面为草图平面，绘制如图 12-10 所示的草图线，草图线上下两端必须伸出橡胶套拆分体，单击"完成草图"，退出草图绘制。

在主页功能卡的特征组中调用"旋转"工具，将草图线旋转为曲面。再在主页功能卡的特征组中调用"修剪体"工具（①），如图 12-11 所示，通过 ② ~ ⑥ 的操作，以及隐藏旋转曲面、草图及链接的草图等（⑦），衬套整体被拆分为橡胶套零件（⑧）。

12.2.3 外管拆分建模

采用上述方法，在橡胶套层将旋转曲面复制链接到外管层。将外管层设为工作部件，直接调用"修剪体"工具，使用旋转曲面将衬套整体拆分为外管零件，结果如图 12-12 所示。

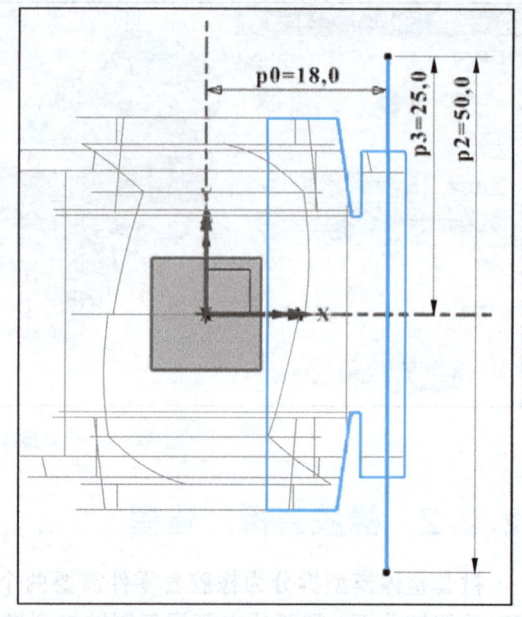

图 12-10 橡胶套零件外径旋转草图线

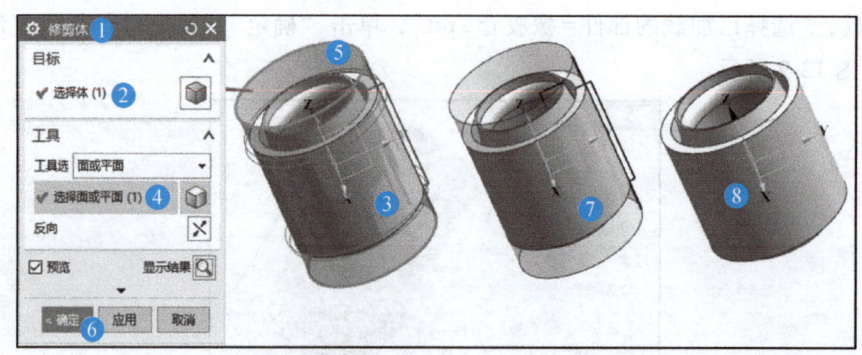

图 12-11 衬套整体拆分为橡胶套的过程

12.2.4 模型修改实验

设置衬套层为工作部件，隐藏草图等特征，将"显示和隐藏"设置为"仅显示"。调用"拉伸"工具，在衬套整体模型上切割一条槽，如图 12-13 所示。在部件导航器中单击新建的"拉伸"特征，按住鼠标将其拖动至"旋转"特征下（②），界面中的衬套整体模型（③）上被切割出一条槽。

设置内管层为工作部件，将"显示和隐藏"设置为"仅显示"，界面中的内管模型（⑤）产生了修改联动，形成了一条槽。

采用相同的方法，分别设置橡胶套层和外管层为工作部件，将"显示和隐藏"设置为

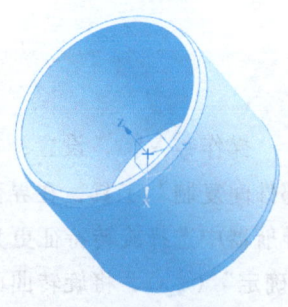

图 12-12 外管零件

"仅显示",界面中的橡胶套模型(7)和外管模型(9)也产生了修改联动,形成了一条槽。

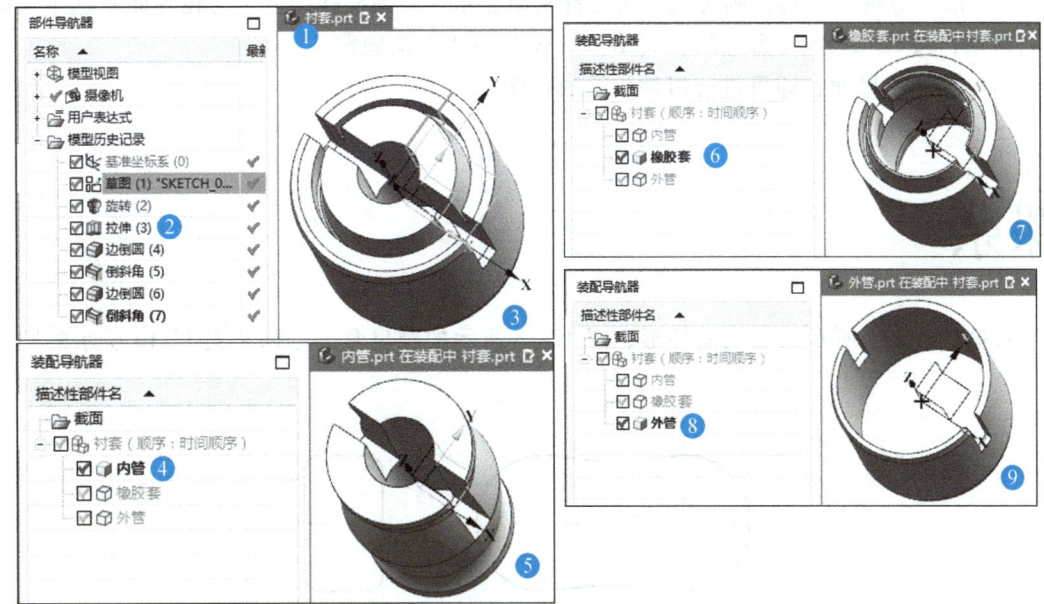

图 12-13 衬套整体模型上切槽后结果

回到衬套层,若将部件导航器中拉伸切割槽的特征删除,则衬套层、内管层、橡胶套层和外管层中模型上的切割槽特征也同时消失。

12.3　衬套制图要点

调整内管、橡胶套和外管的显示方式,隐藏草图和基准坐标系等。然后单击"保存",在衬套文件夹中,出现衬套整体模型以及内管、橡胶套、外管三个零件模型。

12.3.1　衬套装配制图

通过先规划装配架构和设计衬套外形模型,再拆分衬套的外形模型,逐一设计组件,其设计结果是内管、橡胶套和外管三个组件直接形成了装配结构,可直接进行装配制图。

设衬套装配层为工作部件,在建模界面中出现的是衬套外形模型。在部件导航器中选中所有建模特征,右击选择"隐藏"。衬套外形被隐藏后,界面中为内管、橡胶套和外管三个组件组成的装配体。由于不是通过组装形成的装配模型,所以不能进行生成爆炸图等操作。切换到制图界面后,可进行装配制图的操作。

12.3.2　衬套组件制图

现在的衬套文件夹中有衬套_asm1.prt以及内管、橡胶套、外管四个模型。单独打开一

NX数字化设计基础

个零件的模型,在建模界面中隐藏一些不需要的建模特征,如基准坐标系、草图等。以内管为例,在建模界面中打开内管.prt,在部件导航器中右击"内管",若弹出的菜单中没有"显示"和"隐藏"工具,则可调用快捷键实施显示或隐藏操作,方法为在界面中选中需隐藏的对象,按<Ctrl+B>键为隐藏,<Ctrl+Shift+B>键为取消隐藏。

切换到制图界面,即可进行组件制图的操作。

课余

根据图 12-14 所示的肥皂盒外形、图 12-15 所示的肥皂盒上盖以及图 12-16 所示的肥皂

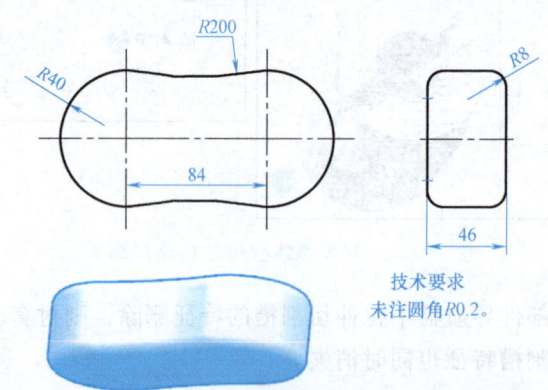

技术要求
未注圆角R0.2。

图 12-14 肥皂盒外形(材料:ABS)

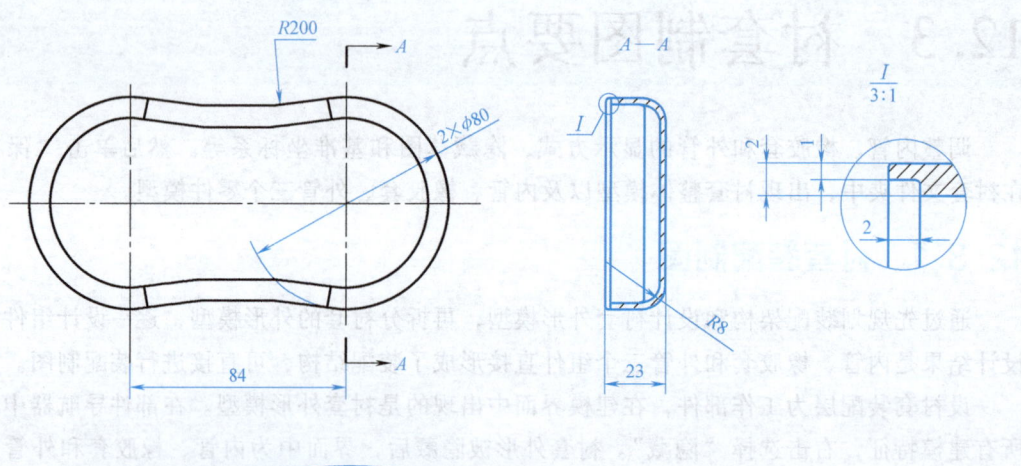

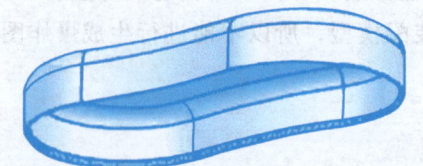

图 12-15 肥皂盒上盖(材料:ABS)

— 190 —

盒底座，构建肥皂盒的外形，通过拆分构造肥皂盒的上盖和底座，然后进行肥皂盒的装配，完成装配图和上盖、底座的零件图，形成学习记录并提交。

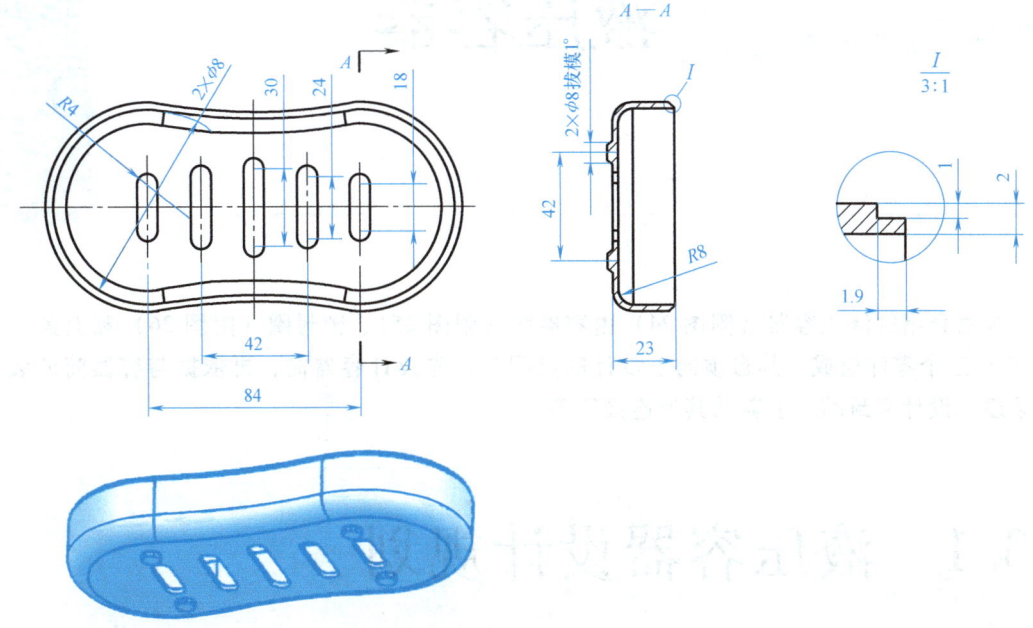

图 12-16　肥皂盒底座（材料：ABS）

第13章 关联设计零件——液压容器

CHAPTER 13

本章介绍的液压容器（附图24）由容器筒（附图25）、密封圈（附图26）和上盖（附图27）三个零件组成，其自顶向下设计的过程是，先设计容器筒，再依据与容器筒的装配关系逐一设计密封圈、上盖及其他连接件等。

13.1 液压容器设计规划

创建一个"液压容器"工作文件夹，以将后续所有的设计结果文件放置在该文件夹内。若将文件移出文件夹，则会改变装配规划中的文件间关系，导致不能显示移走的文件。

13.1.1 规划装配架构

规划装配架构时，先新建液压容器装配层，然后在装配层下添加容器筒、密封圈和上盖三个装配组件层。随着设计过程的展开，还需随时添加连接件层，如螺杆层、螺母层等。

1. 新建装配层

新建装配层过程如图 13-1 所示。

操作❶~❸，单击"文件"→"新建"，调用"新建"工具。

操作❹~❼，选择"模型"选项卡，设置："模板—名称=装配""新文件名—名称=液压容器_asm1.prt"，文件夹="液压容器"工作文件夹，单击"确定"。

操作❽和❾，界面中出现"信息"工具和"添加组件"工具，单击工具右上角的"×"关闭。

操作❿和⓫，界面中的坐标系为装配坐标系，展开装配导航器，其中出现了液压容器装配层。

2. 新建组件层

新建装配组件层的过程如图 13-2 所示。

操作❶~❸，在主页功能卡的装配组中单击"添加"下方的"▼"，选择"新建"，调出"新组件文件"工具。

关联设计零件——液压容器 第13章

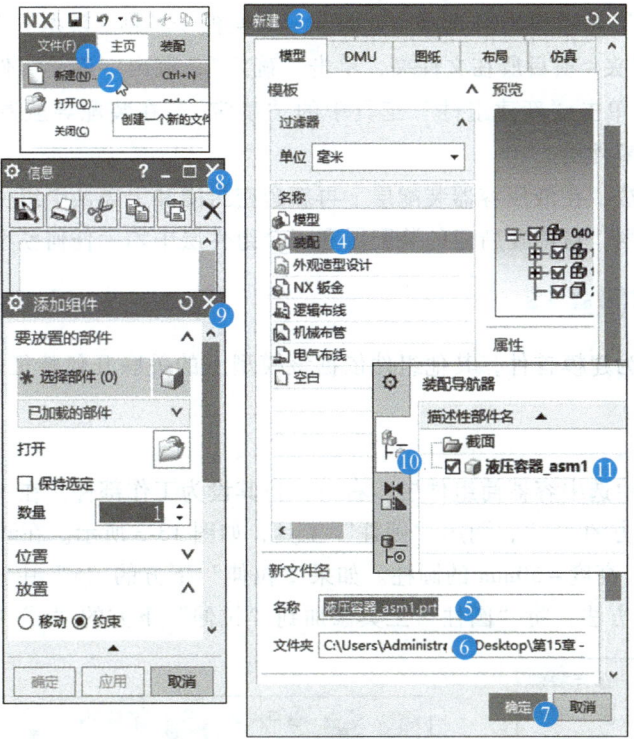

图 13-1 新建装配层过程

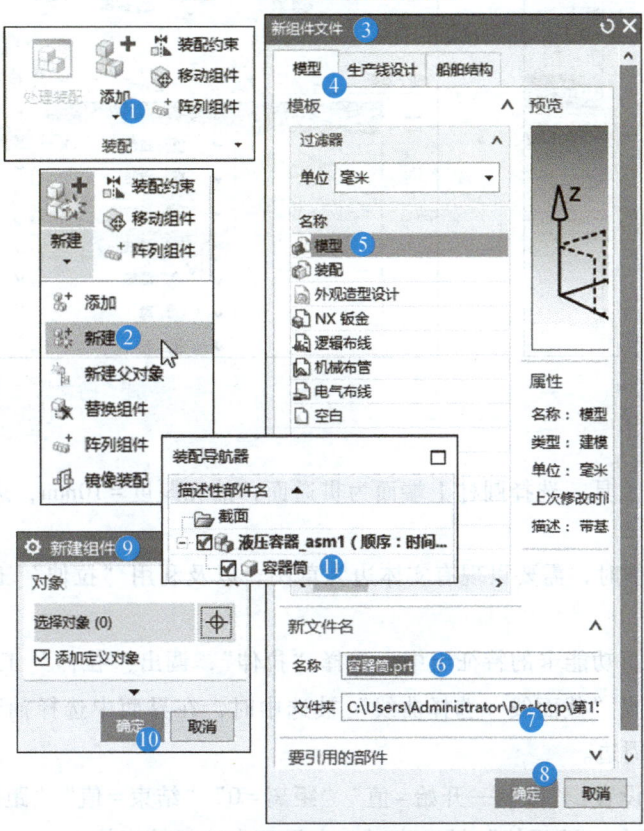

图 13-2 新建装配组件层过程

操作④~⑨，选择"模型"选项卡，设置："模板—名称=模型""新文件名—名称=容器筒.prt"，文件夹=项目所在文件夹，单击"确定"，调出"新建组件"工具。

操作⑩和⑪，单击"新建组件"工具中的"确定"，在装配导航器中，液压容器装配层中添加了容器筒零件层。

采用相同的方法，在液压容器装配层下再新建密封圈和上盖两个组件层。至此，完成了液压容器的装配规划，目前在新建的装配层和三个组件层中均无任何模型。

13.1.2 容器筒建模

选择容器筒作为建模首件，其他组件依据该模型上的关联几何特征进行建模。

1. 创建圆柱

在装配导航器中选中容器筒组件层，右击，将其设为工作部件。在主页功能卡的特征组中单击"拉伸"下方的"▼"，调用"圆柱"工具，如图13-3所示。在装配坐标原点，创建一个直径=100mm、高度=50mm的圆柱。如果"拉伸"下方的"▼"中没有"圆柱"工具，则按图13-4所示的方法，将"圆柱"工具添加到"拉伸"下方的"▼"中。

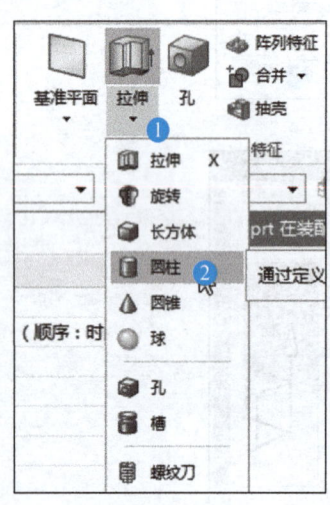

图13-3 调用"圆柱"工具

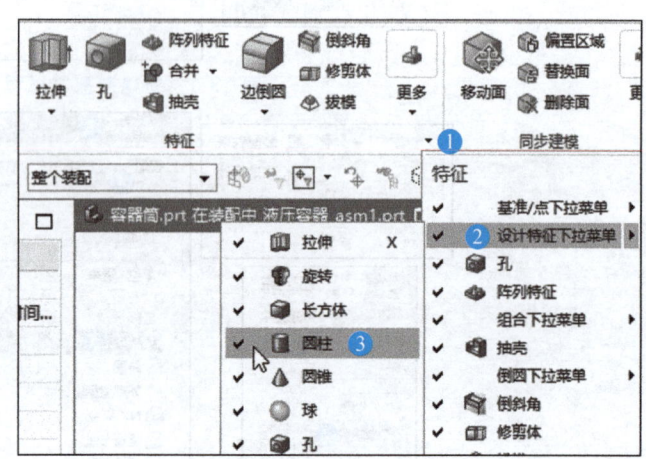

图13-4 添加"圆柱"工具

2. 圆柱抽壳

调用"抽壳"工具，选择圆柱上端面为贯通面，抽壳厚度=10mm，进行抽壳操作。

3. 上沿拉伸

容器筒上沿拉伸时，需要以现有实体边为草图，以及利用"拉伸"工具中的偏置功能，如图13-5所示。

操作①，在主页功能卡的特征组中，选择"拉伸"，调出"拉伸"工具。

操作②~④，当"截面线—选择曲线"被选中时，在界面中选择抽壳体上沿的一条内圆周边和一条外圆周边。

操作⑤~⑨，设置："限制—开始=值""距离=0""结束=值""距离=5""布尔—布尔=合并"，当"布尔—选择体"被选中时，在界面中选择抽壳体。

关联设计零件——液压容器　第13章

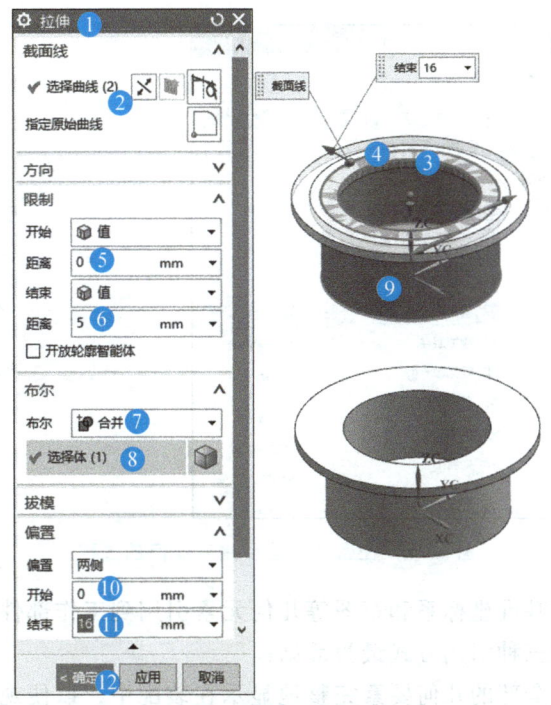

图 13-5　容器筒上沿的拉伸

操作 ⑩~⑫，设置："偏置—偏置 = 两侧""开始 = 0"
"结束 = 16"，即将边沿向外扩展 16mm，单击"确定"。

4. 边沿打孔

边沿上的 6 个孔为螺杆 M6 的过孔，所以直径为 7mm，边沿孔中心距离圆心 58mm。在主页功能卡的特征组中，调用"孔"工具，先创建 6 个孔中的 1 个，然后在主页功能卡的特征组中调用"阵列特征"工具，采用圆阵列方法，将 1 个孔圆阵列为 6 个，如图 13-6 所示。

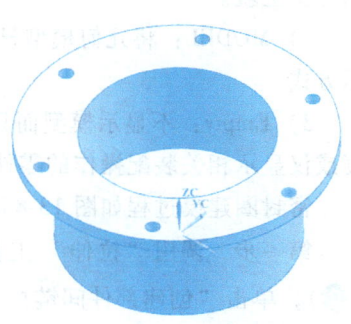

图 13-6　孔的圆阵列

13.2　关联设计零件

在装配导航器中右击"密封圈"，设置密封圈为工作部件，其界面为空，需引用容器筒模型，以提取容器筒上的几何特征，为密封圈设计所用。在密封圈层引用容器筒的过程如图 13-7 所示。

操作 ①~⑤，在密封圈设为工作部件的状态下，在装配导航器中右击"容器筒"，单击"替换引用集"→"MODEL"，在界面中出现容器筒引用模型（⑤）。

13.2.1　密封圈关联建模

一个零件由模型、基准坐标系和草图等几何元素构成，通过"替换引用集"可将装配

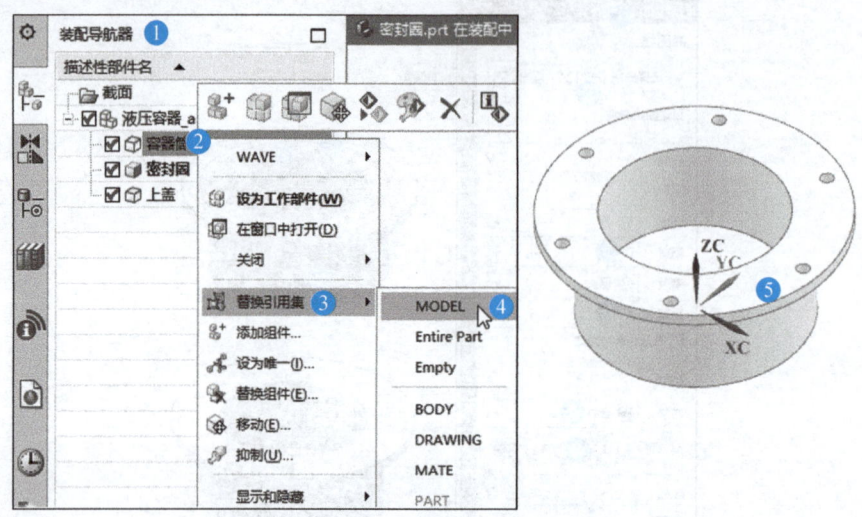

图 13-7　在密封圈层引用容器筒的过程

规划中其他层的模型、基准坐标系和草图等几何元素引用到工作部件所在层中。替换引用集中以下三种引用方式最为常见：

1）Entire Part：将全部的几何要素完整地显示在装配中，以便观察零件的造型全貌。

2）MODEL：将几何模型显示在装配中，以便清晰地观察装配效果，这是最为常用的显示方式。

3）Empty：不显示模型而只让零件占一个外形空盒，以便在大装配中提高加载显示速度或仅显示相关装配操作的零件，以便装配设计操作。

密封圈建模过程如图 13-8 所示。

第一步，调用"拉伸"工具（①）后，在菜单栏右侧设置选择范围为"整个装配"（②），单击"创建部件间链接"图标（③）。只有②和③的操作完成后，才能在界面中选择其他组件层的几何特征，为本层建模时所用。在④～⑧的操作中，选择容器筒上沿的一条内圆周边（④）和一条外圆周边（⑤）作为草图，向上拉伸 3mm，单击"确定"（⑧），完成密封圈外形建模。

第二步，再次调用"拉伸"工具（⑨），采用相同的方法，设置选择范围为"整个装配"（②），单击"创建部件间链接"图标（③）。在⑩～⑲的操作中，设置："限制—开始＝值""距离＝-10"（"-3"以下即可），"结束＝值""距离＝25"（大于 3 即可），在界面中选择容器筒上边沿的孔边曲线⑫～⑰为草图，若孔边曲线难以选中，则可将视图设为"静态线框"显示方式。设置："布尔—布尔＝减去"（⑱），单击"确定"（⑲），完成密封圈上孔的建模。

13.2.2　上盖关联建模

采用相同的方法，将上盖层设为工作部件。上盖建模过程如图 13-9 所示。

第一步，调用"拉伸"工具，在设置选择范围为"整个装配"，单击"创建部件间链

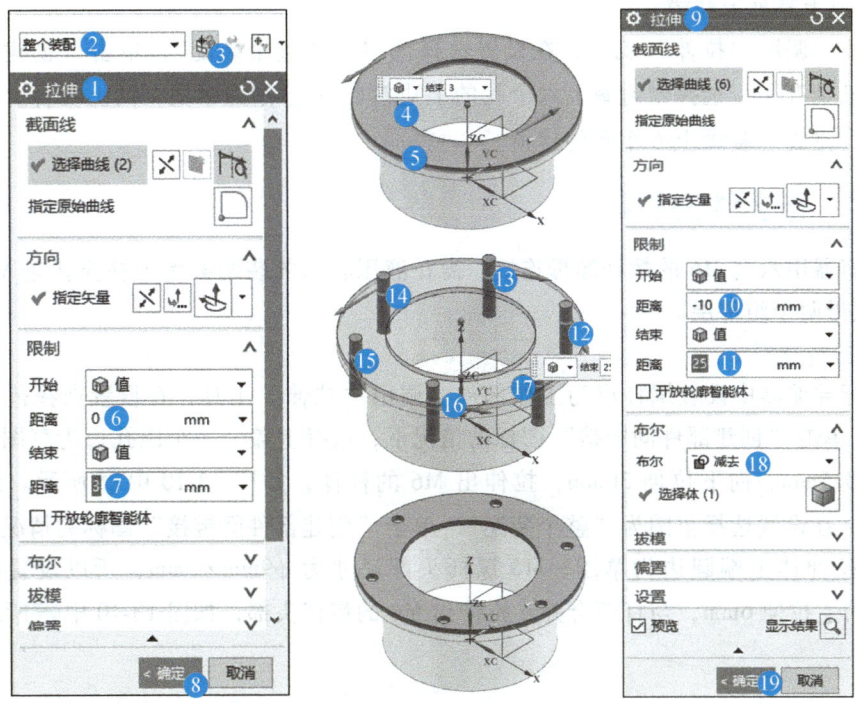

图 13-8 密封圈建模过程

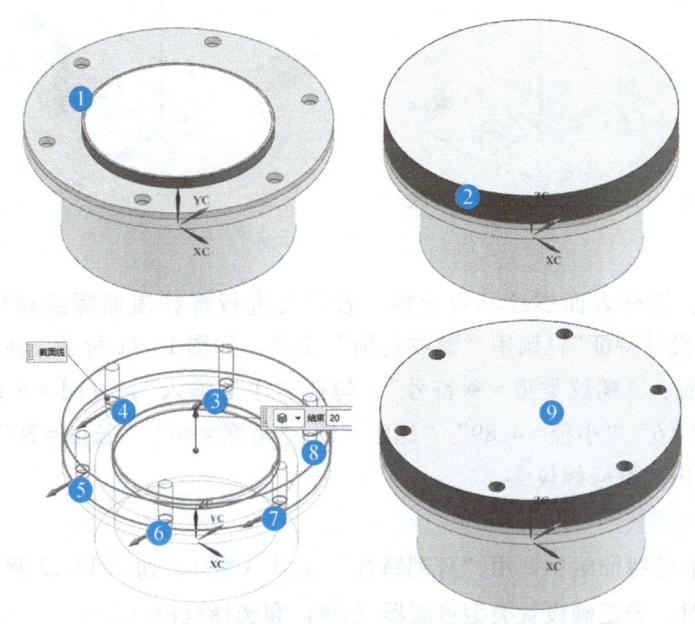

图 13-9 上盖建模过程

接"图标的情况下,选择密封圈的上内边沿❶作为草图,向内偏置 1mm,向下拉伸 5mm,完成内圆柱体拉伸。

第二步,调用"拉伸"工具,在设置选择范围为"整个装配",单击"创建部件间链接"图标的情况下,选择密封图的上外边沿❷作为草图,与内圆柱体合并,向上拉伸

15mm，完成上盖外形建模。

第三步，调用"拉伸"工具，在设置选择范围为"整个装配"，单击"创建部件间链接"图标的情况下，选择密封圈上六个孔的上边沿③~⑧作为草图，向上拉伸，减去上盖外形模型，完成上盖⑨上6个孔的建模。

13.2.3 连接件关联建模

液压容器用六套 M6 的螺杆螺母连接，需在液压容器的装配架构中补充新建 M6 螺杆和 M6 六角螺母两个组件层。

1. 螺杆层建模

在装配导航器中设置螺杆层为工作部件。调用"拉伸"工具，在设置选择范围为"整个装配"，单击"创建部件间链接"图标的情况下，选择上盖上一个圆孔边为草图，设置向孔内偏置 0.5mm，向下拉伸 30mm，拉伸出 M6 的杆体，如图 13-10 中①所示。调用"拉伸"工具，在设置选择范围为"整个装配"，单击"创建部件间链接"图标的情况下，选择刚构建的拉伸体上端圆边为草图，M6 螺杆头部尺寸为 φ9mm×6mm，所以设置向外偏置 1.5mm，向上拉伸 6mm，与杆部合并，拉伸出 M6 的螺杆头部，如图 13-10 中②所示。

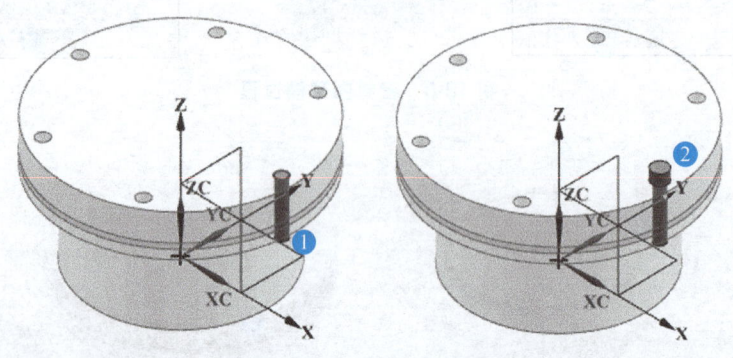

图 13-10　螺杆关联建模

通常情况下，螺杆表面螺纹不再建模，若需要进行螺杆表面螺纹建模，则单击"菜单"→"插入"→"设计特征"，调用"螺纹切削"工具，如图 13-11 所示。在界面中选择螺杆外圆柱面③，设置："螺纹类型 = ◉符号"，勾选"手工输入"，查阅 M6 螺纹大径和小径值，设置："大径 = 6""小径 = 4.89""螺距 = 1""角度 = 60""长度 = 20"，单击"确定"（⑩），在界面中出现符号螺纹⑪。

2. 螺杆组件阵列

在主页功能卡的特征组中调用"阵列特征"工具（①），如图 13-12 所示。在界面中选择阵列几何特征时，先正确设置类型过滤器（②）和选择范围（③）。

操作④~⑩，当"要形成阵列的特征—选择特征"被选中时，在界面中选择螺杆，设置："阵列定义—布局 = 圆形"，当"旋转轴—指定矢量"被选中时，在界面中选择 Z 轴，当"指定点"被选中时，在界面中选择坐标原点。

操作⑪~⑮，设置："斜角方向—间距 = 数量和跨距""数量 = 6""跨角 = 360"，单击"确定"，完成螺杆特征的阵列。

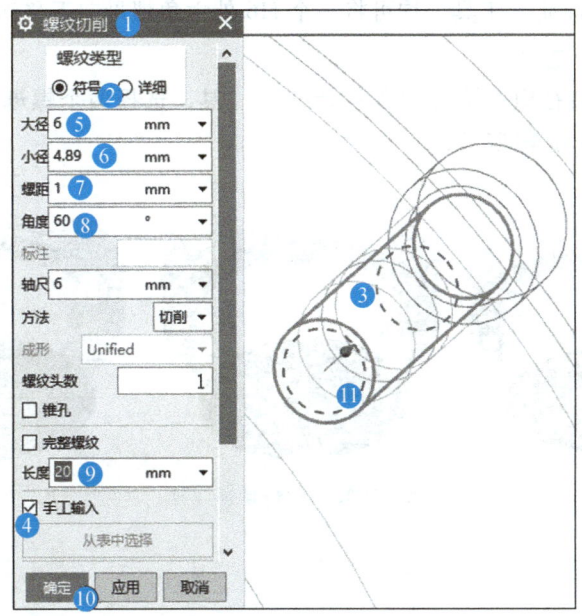

图 13-11 符号螺纹建模

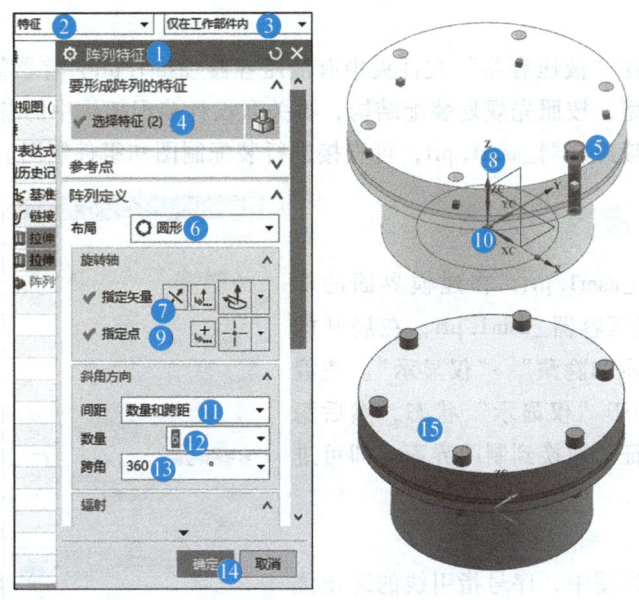

图 13-12 螺杆特征阵列

3. 螺母组件阵列

查阅 M6 外六角螺母的参数，螺距 = 1mm，厚度 = 3.2mm，取 3mm，内切圆直径 = 10mm，大径 = 6mm，小径 = 4.89mm。据此调用"直接草图"工具，以容器筒边沿底面为草图平面，绘制 M6 的拉伸草图，调用"拉伸"工具，拉伸出一个 M6 外六角螺母，如图 13-13 中①所示。

单击"菜单"→"编辑"→"移动对象"，调用"移动对象"工具，或者在主页功能卡的特征组中调用"阵列特征"工具,均可将一个 M6 外六角螺母向下移动或阵列,形成两个并紧螺母,如图 13-13 中②所示。

在主页功能卡的特征组中调用"阵列特征"工具,选择两个螺母,圆形阵列得到 6 组并紧螺母,如图 13-13 中③所示。

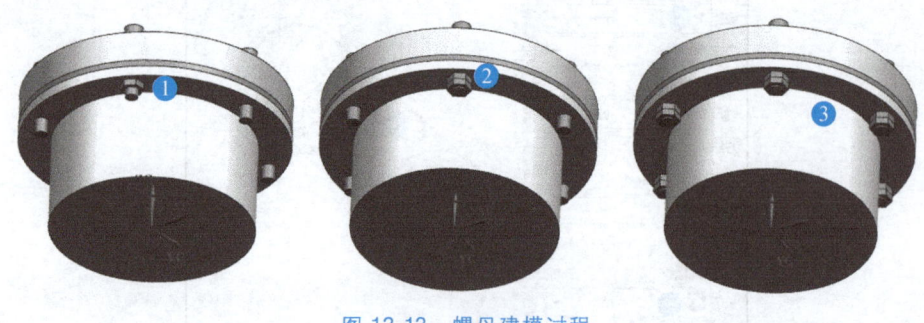

图 13-13　螺母建模过程

13.3　液压容器制图

建模完成后,在"液压容器"文件夹中有液压容器_asm1.prt、容器筒、密封圈、上盖、螺杆和螺母六个模型,按照先规划装配结构,再关联设计装配架构中的各个组件,最终直接形成产品装配模型液压容器_asm1.prt,可直接进行装配制图和组件制图。

13.3.1　液压容器装配图

打开液压容器_asm1.prt,在建模界面的部件导航器中右击液压容器_asm1.prt,在展开的工具栏中选择"显示和隐藏"→"仅显示"。使液压容器_asm1.prt 处于"仅显示"状态,然后隐藏不需要的建模特征。切换到制图界面,即可进行装配制图操作。

1. 更改序号指引线的终止位置

在标注序号的视图中,序号指引线的终止位置更改如图 13-14 所示。

操作①~⑤,在界面中双击一个序号指引线(①),调出"符号标注"工具(②),当"指引线—选择终止对象"被选中时,在界面中将光标停留在指引线终止的更新位置(④),单击后将序号指引线的终止位置更新到单击处(⑤)。

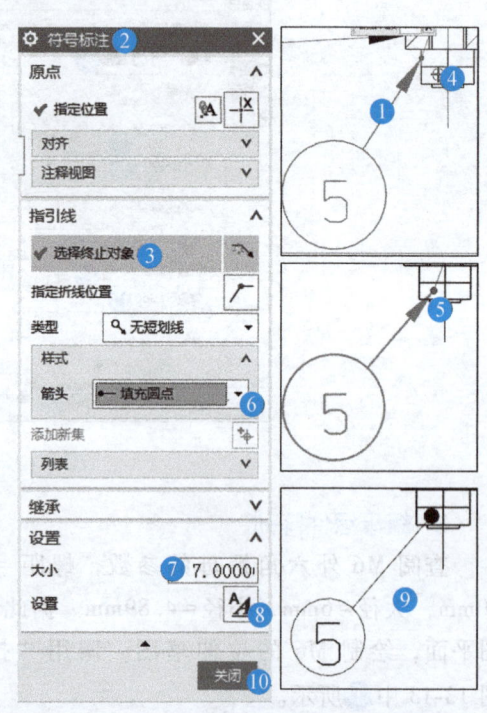

图 13-14　序号指引线的终止位置更改

操作 ⑥～⑩，设置："指引线—类型—样式—箭头＝填充圆点""设置—大小＝7"，即泡泡的直径设为7mm，单击""图标，进行文字等设置，完成后的效果见 ⑨，单击"关闭"，完成操作。

2. 更改组件数量

在装配制图操作中，若明细表中 M6 螺杆和 M6 六角螺母的数量不正确，则其更改方法是，以 M6 螺杆数量为例，双击 M6 螺杆的数量单元格，如图 13-15 所示，出现"数量单元格编辑"工具，单击"确定"，在输入框中更改数量为 6，按<Enter>键确认，于是明细表中 M6 螺杆的数量更改为 6。采用相同的方法更改 M6 六角螺母的数量为 12。

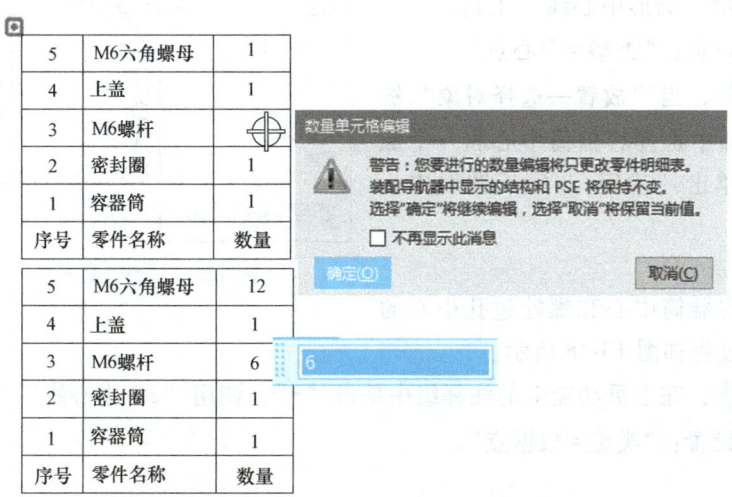

图 13-15　组件数量更改

13.3.2　液压容器零件图

在"液压容器"工作文件夹中，单独打开一个零件，如容器筒。切换到制图界面，即可进行一个零件的制图，如图 13-16 所示。

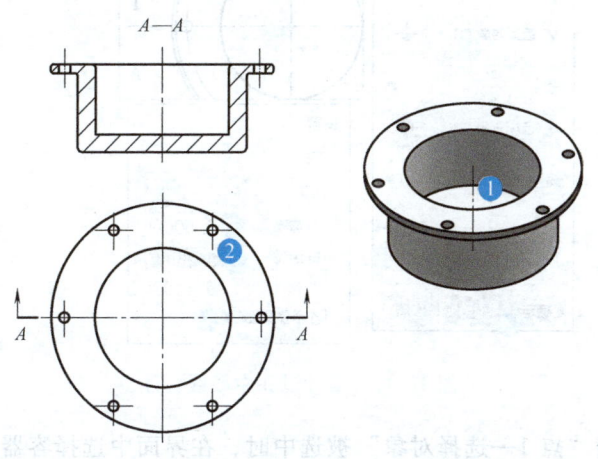

图 13-16　完成视图布置的容器筒

1. 添加圆形中心线

根据通常的制图规则，轴测图中一般不添加中心线，而在俯视图中，六个孔处应有过孔圆心的中心线，每个的中心线也应通过筒的中心，即轴测图①处的一条中心线，以及俯视图中六个孔②处 6 个"十字形"的中心线需清除。

清除①处和②处的中心线后，添加六孔中心线的方法如图 13-17 所示。

操作③~⑤，在主页功能卡的注释组中单击"▼"，调用"圆形中心线"工具。

操作⑥，设置："类型=中心点"。

操作⑦~⑩，当"放置—选择对象"被选中时，在界面中选择容器筒中心和一个螺栓过孔的中心单击"确定"，完成圆形中心线的添加。

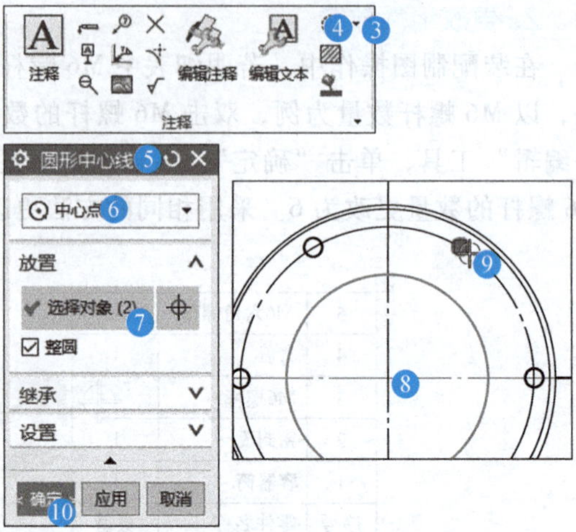

2. 过两点中心线

添加经过容器筒中心和螺栓过孔中心的一条中心线的过程如图 13-18 所示。

操作⑪~⑬，在主页功能卡的注释组中单击"▼"，调用"2D 中心线"工具。

操作⑭，设置："类型=根据点"。

图 13-17 添加圆形中心线过程

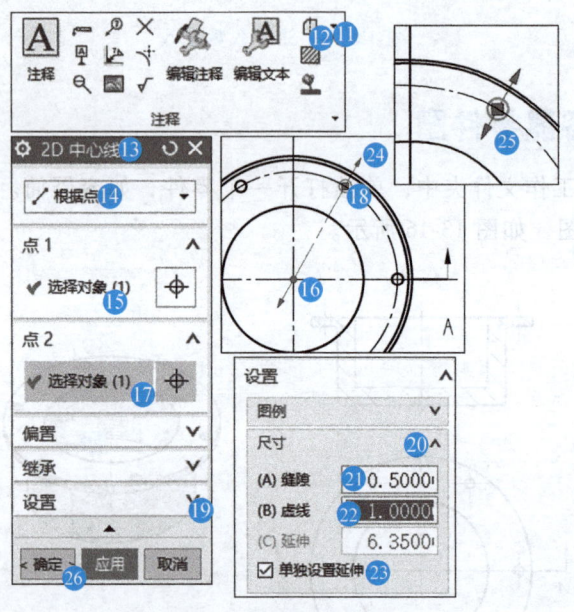

图 13-18 螺栓过孔中心线标注

操作⑮~⑱，当"点 1—选择对象"被选中时，在界面中选择容器筒中心，当"点 2—选择对象"被选中时，在界面中选择一个螺栓过孔的中心。

操作⑲~㉓，展开"设置"栏，在"设置—尺寸"组中设置："缝隙＝0.5""虚线＝1"，并勾选"单独设置延伸"。

操作㉔~㉖，界面中出现可调整的箭头，通过调整箭头，将中心线长度调整至合适长度，单击"确定"，完成添加一个螺栓过孔的 2D 中心线。采用相同的方法添加其余五个螺栓过孔的 2D 中心线。

3. 尺寸标注位置

尺寸标注位置需遵循"直观优先"原则。例如，孔在俯视图中的形状表达最为直观，故孔直径尺寸 6×φ7、φ116、φ132 优先标注于俯视图中。A—A 视图主要用于表达剖面位置，以及标注容器筒的高度尺寸和厚度尺寸。

课余

构建图 13-19～图 13-23 所示的冲模装配架构，再选择一个建模首件，逐一完成所有零件和装配体的建模、装配图和全部组件图，形成学习记录并提交。

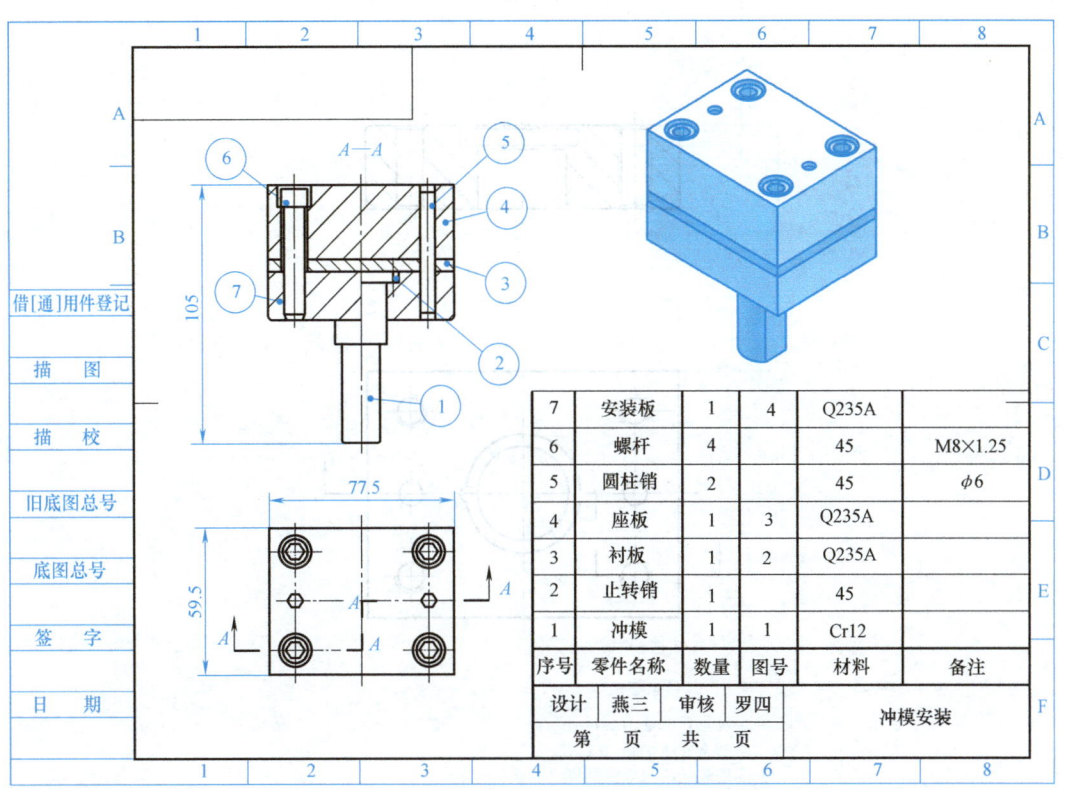

图 13-19 冲模安装

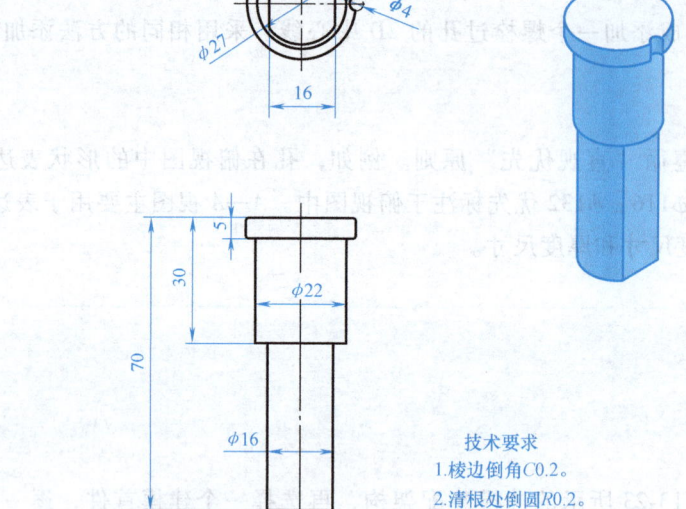

技术要求
1. 棱边倒角C0.2。
2. 清根处倒圆R0.2。

图 13-20 冲模

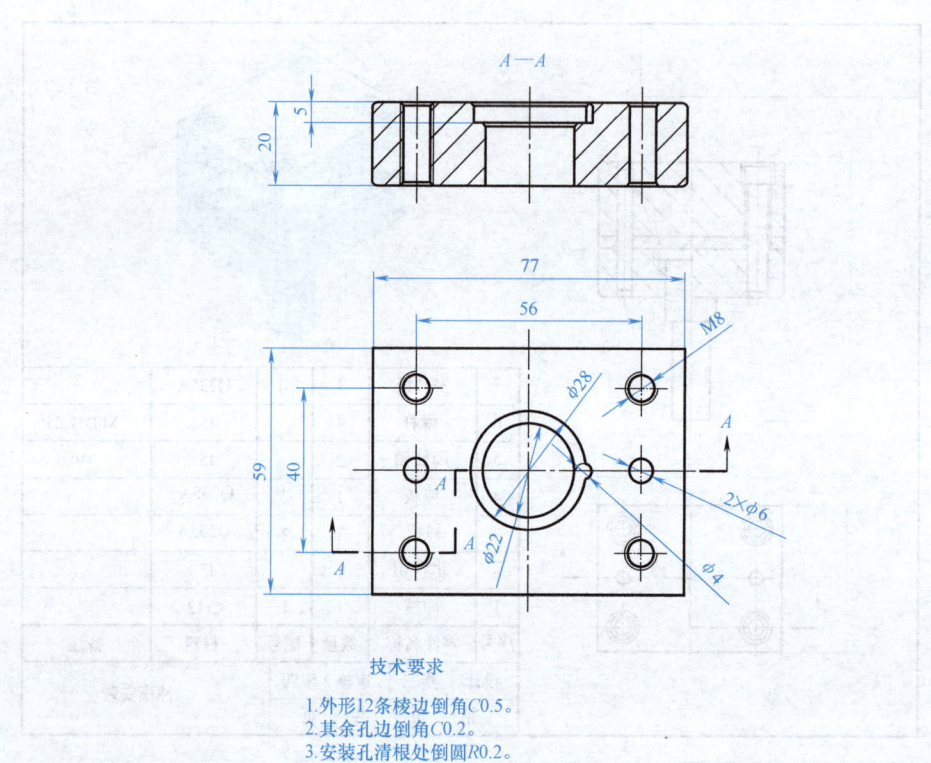

技术要求
1. 外形12条棱边倒角C0.5。
2. 其余孔边倒角C0.2。
3. 安装孔清根处倒圆R0.2。

图 13-21 安装板

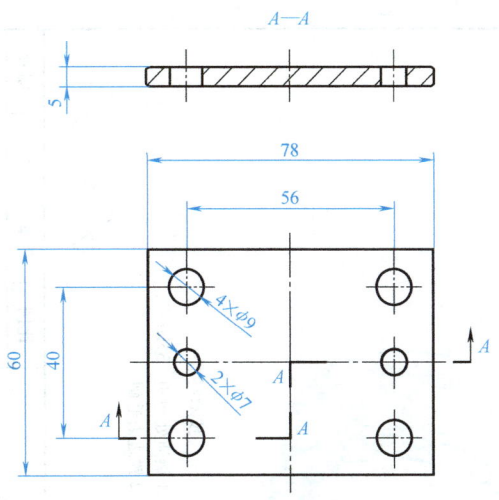

图 13-22　衬板

技术要求
1. 外形12条棱边倒角$C0.5$。
2. 其余孔边倒角$C0.2$。
3. 安装孔清根处倒圆$R0.2$。

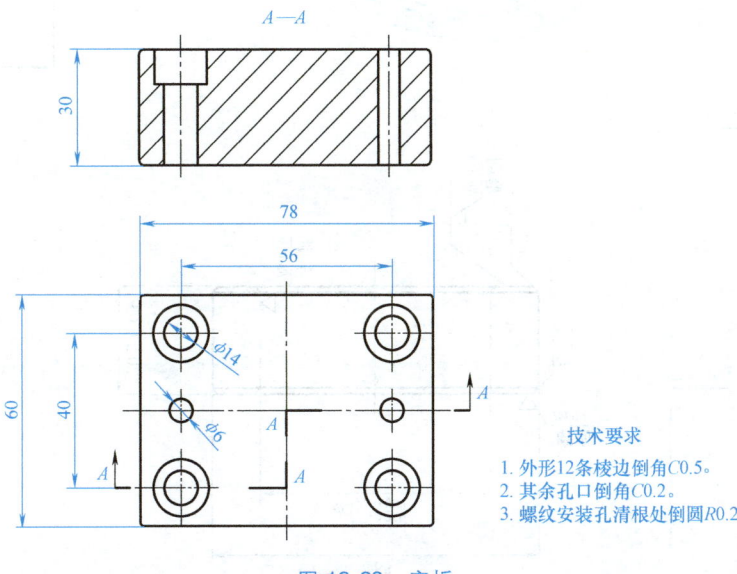

图 13-23　座板

技术要求
1. 外形12条棱边倒角$C0.5$。
2. 其余孔口倒角$C0.2$。
3. 螺纹安装孔清根处倒圆$R0.2$。

附 录 案 例 图

各章所用案例图如附图 1~附图 27 所示。

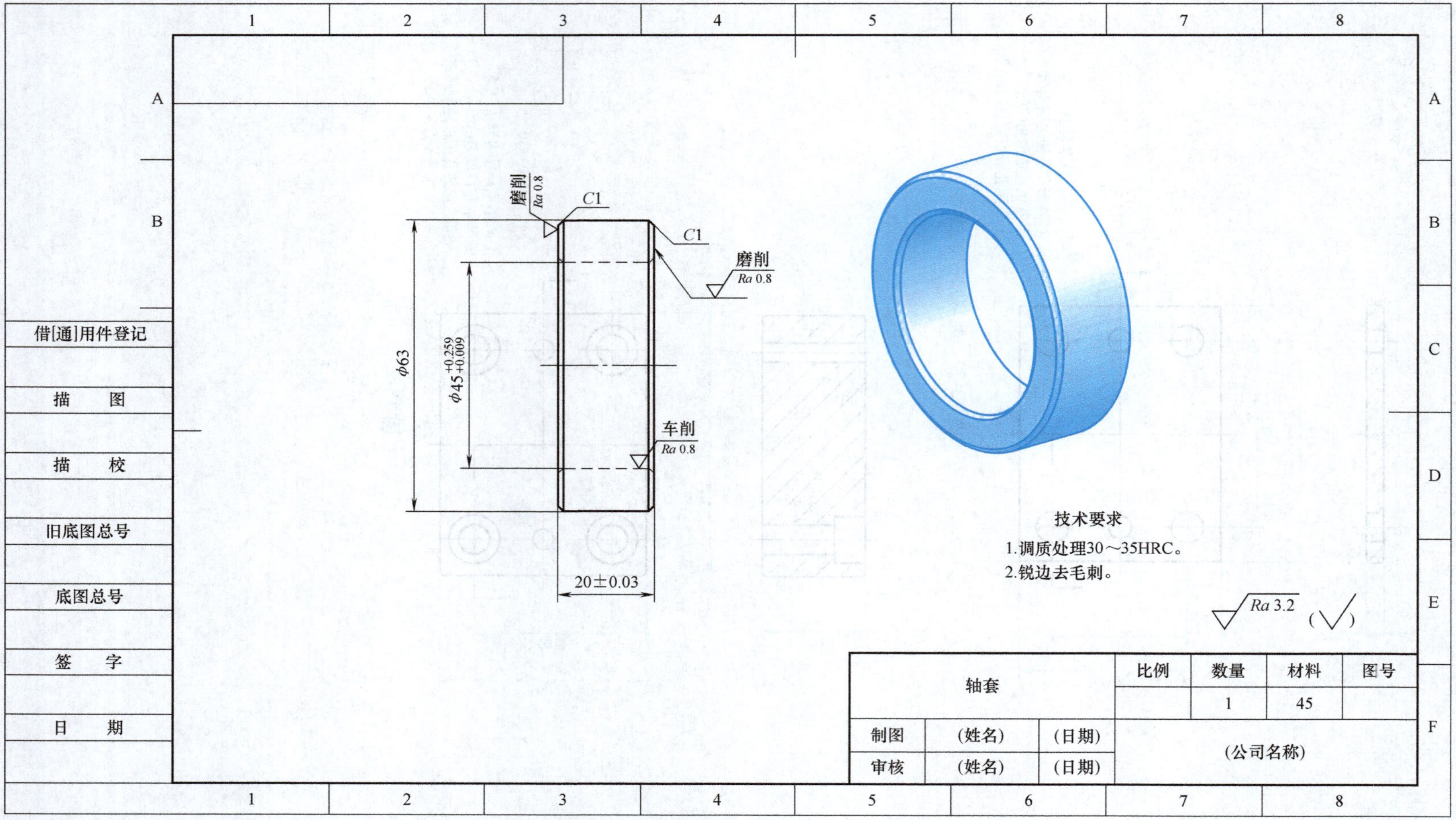

附图 1 轴套

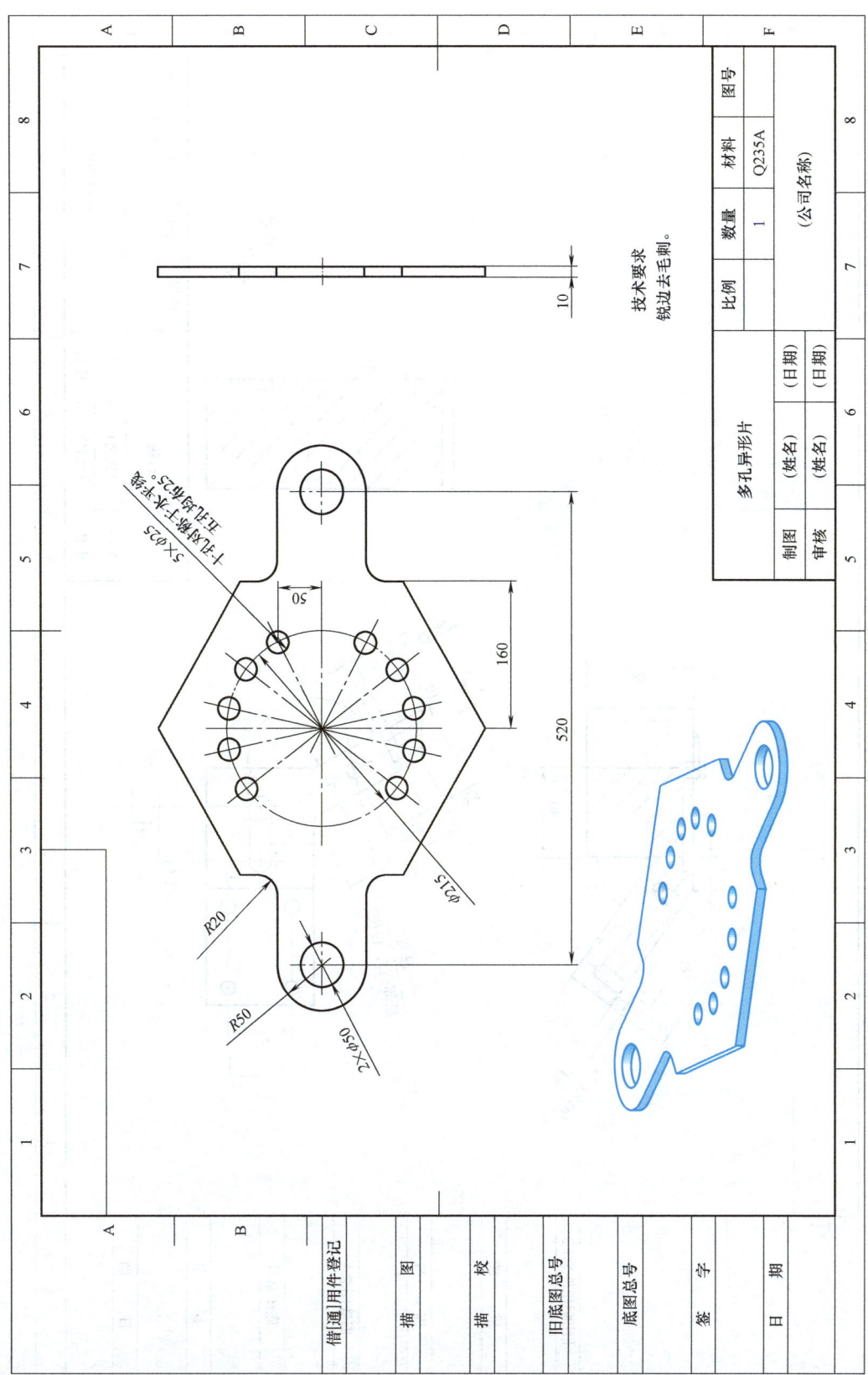

附图 2 多孔异形片

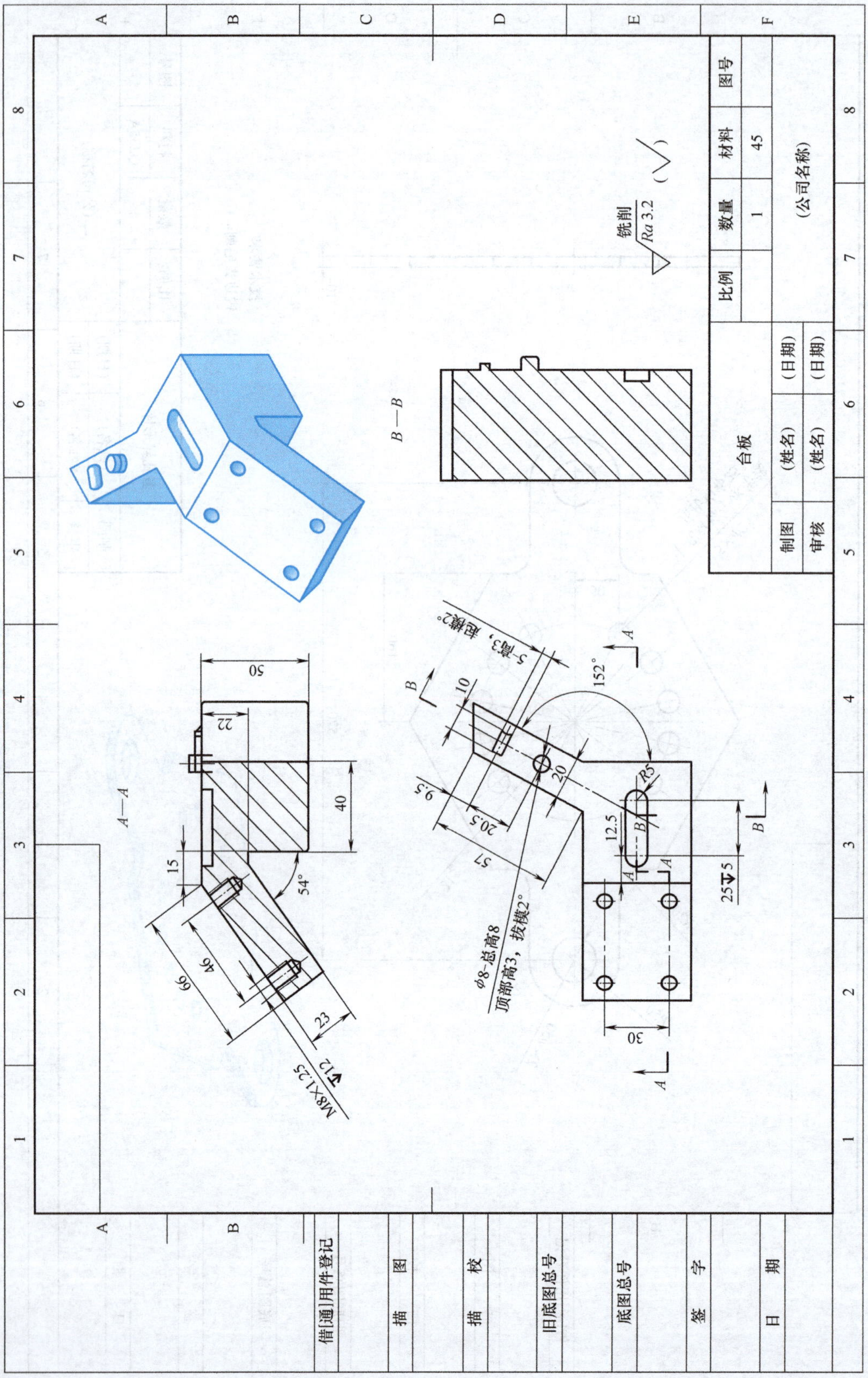

附图 3 合板

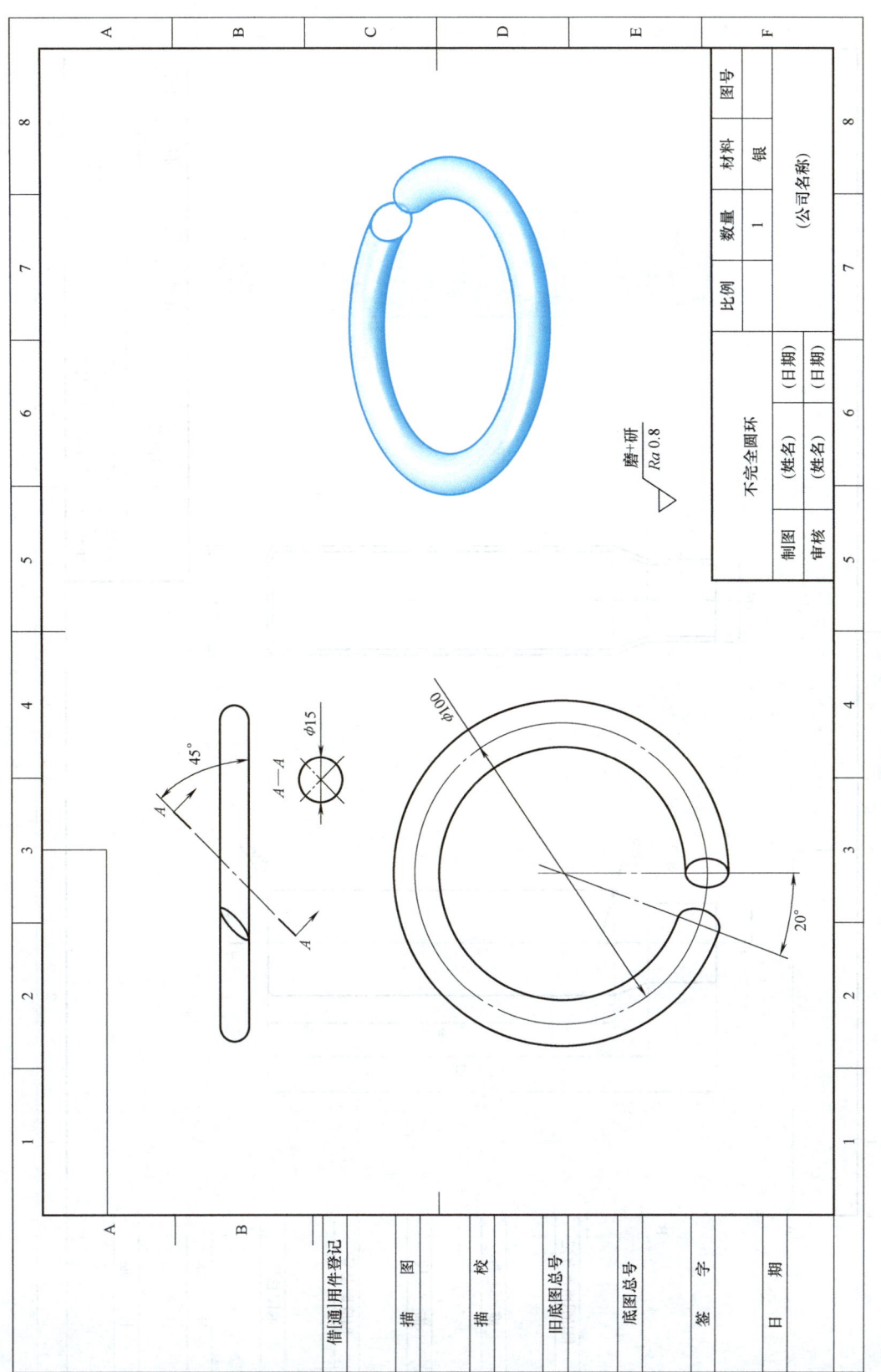

附图 4 不完全圆环

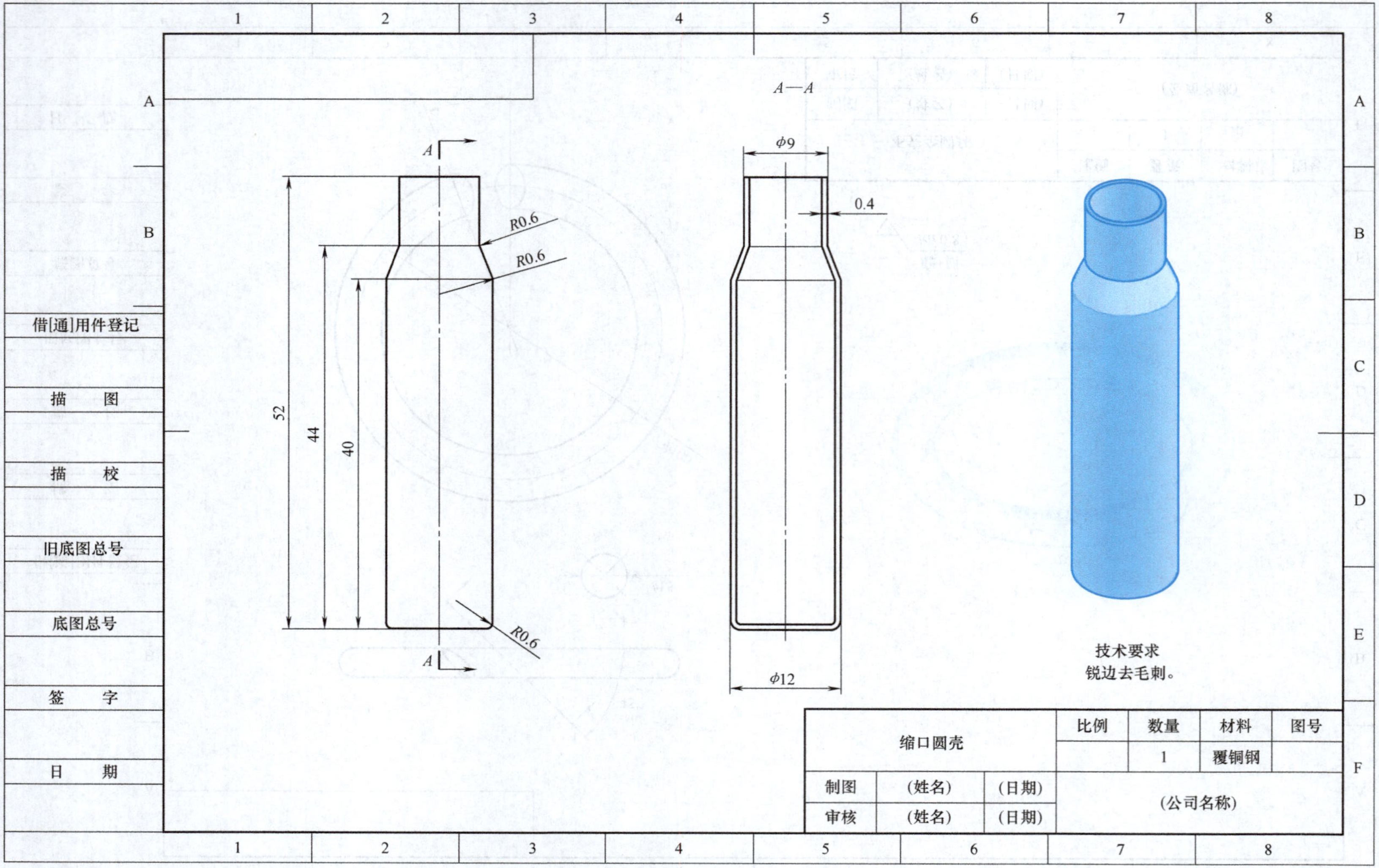

NX数字化设计基础

附图5 缩口圆壳

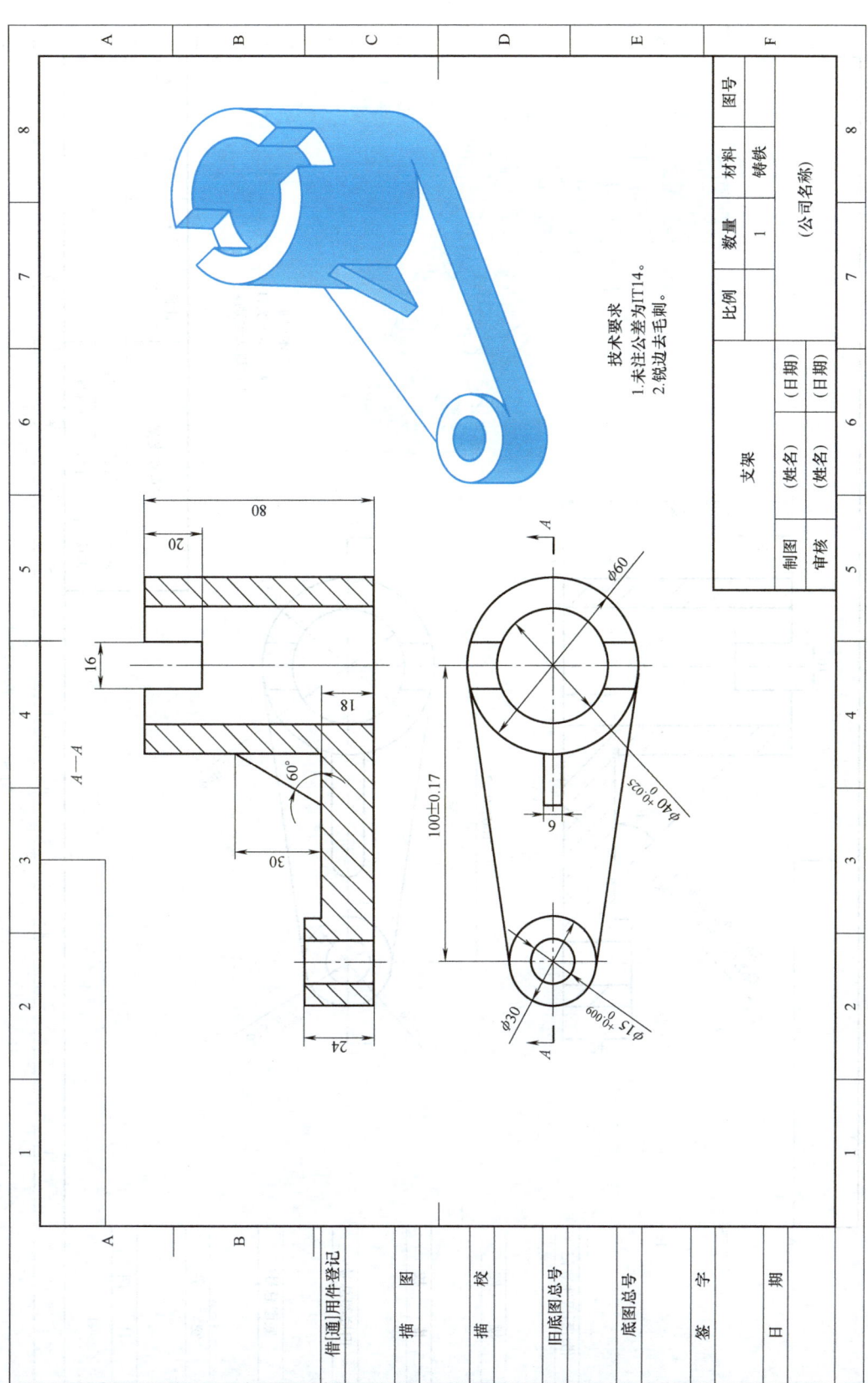

附图 6 支架

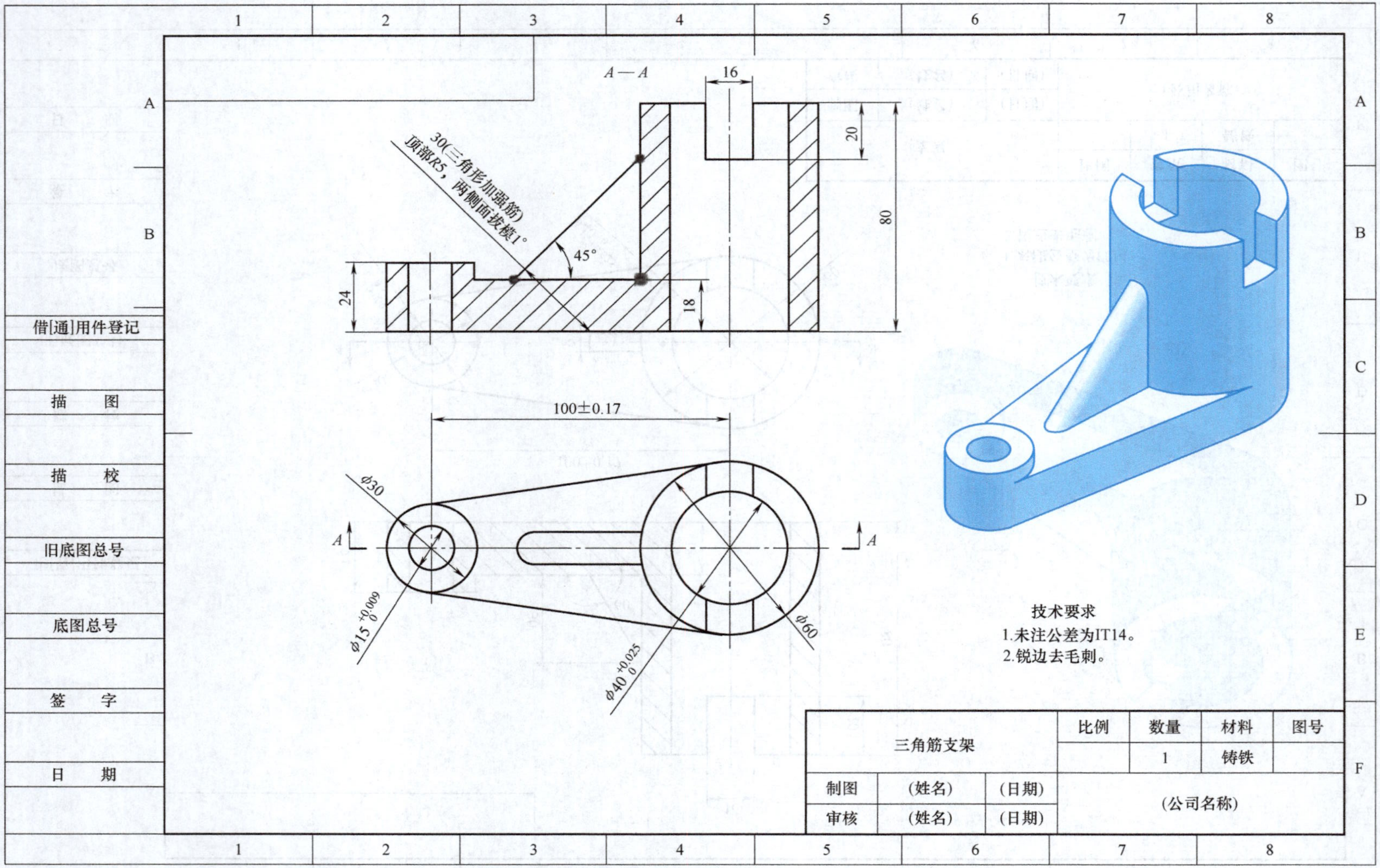
A—A
16
20
80
30(三角形加强筋)
顶部R5，两侧面拔模1°
45°
24
18
100±0.17
ϕ30
ϕ15 +0.009 0
ϕ40 +0.025 0
ϕ60
A
A
技术要求
1.未注公差为IT14。
2.锐边去毛刺。
三角筋支架
比例
数量
材料
图号
1
铸铁
制图
(姓名)
(日期)
审核
(姓名)
(日期)
(公司名称)
借[通]用件登记
描 图
描 校
旧底图总号
底图总号
签 字
日 期

附图 7 三角筋支架

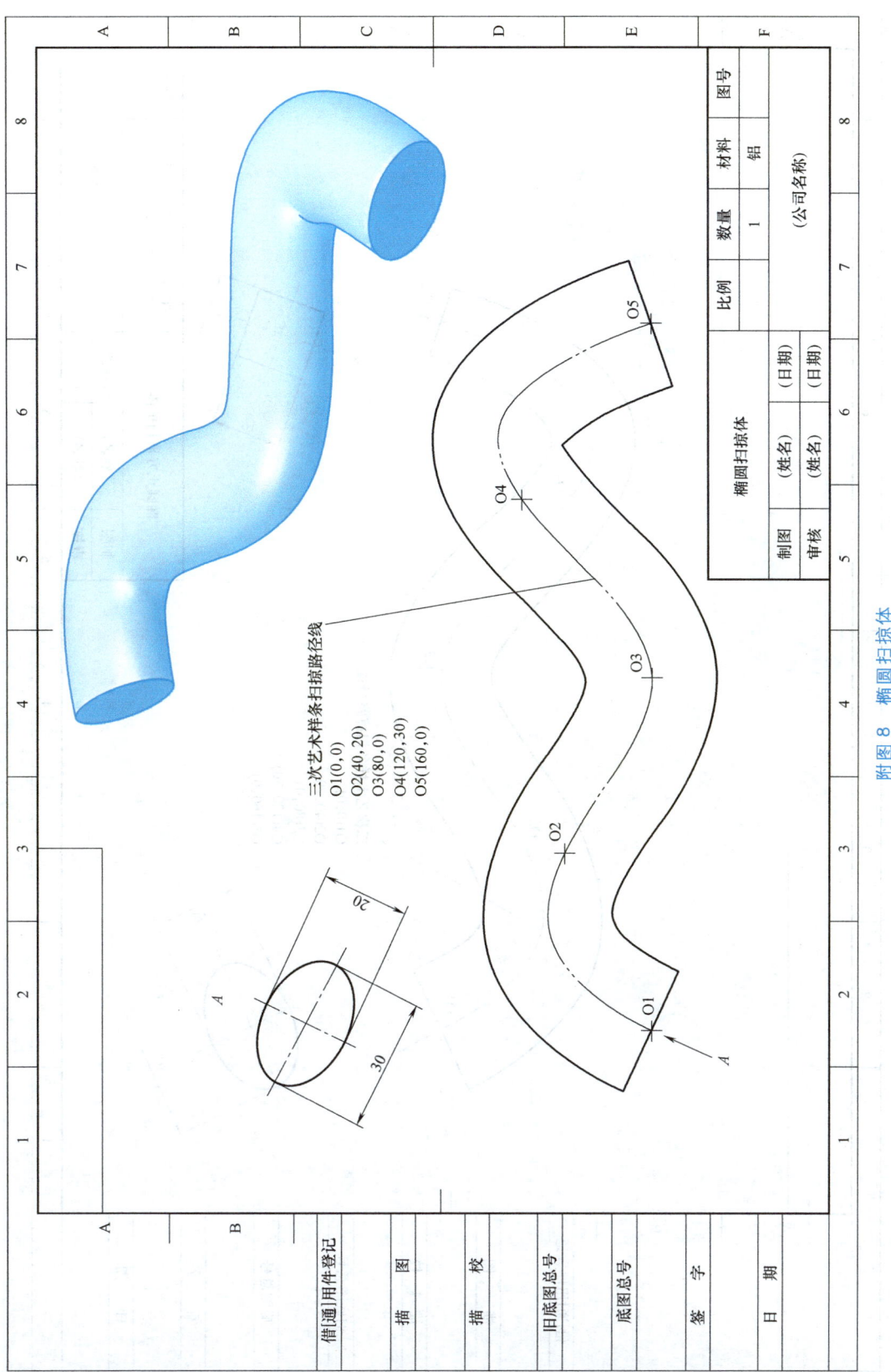

附图 8 椭圆扫掠体

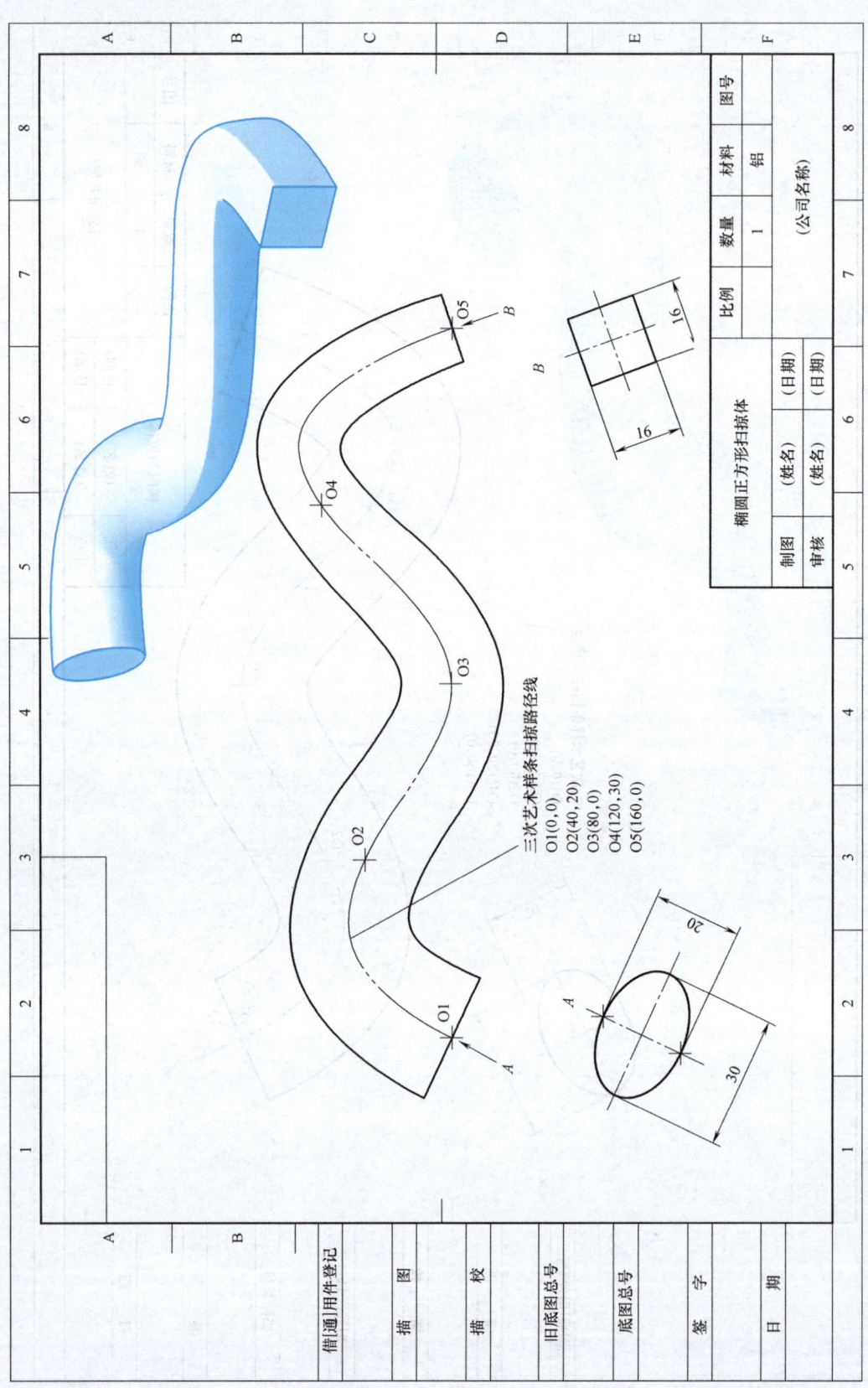

附图 9 椭圆正方形扫掠体

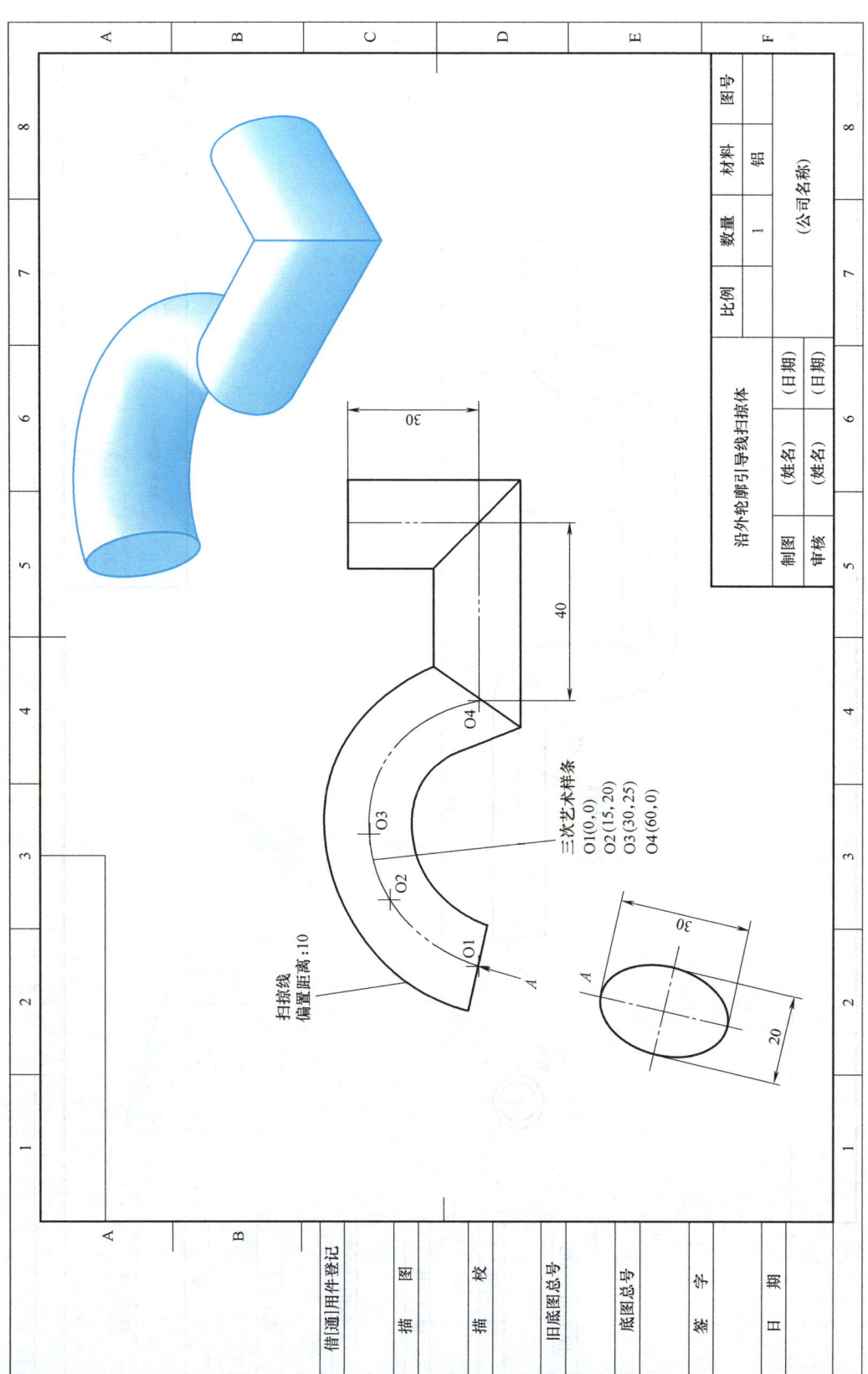

附图 10 沿外轮廓引导线扫掠体

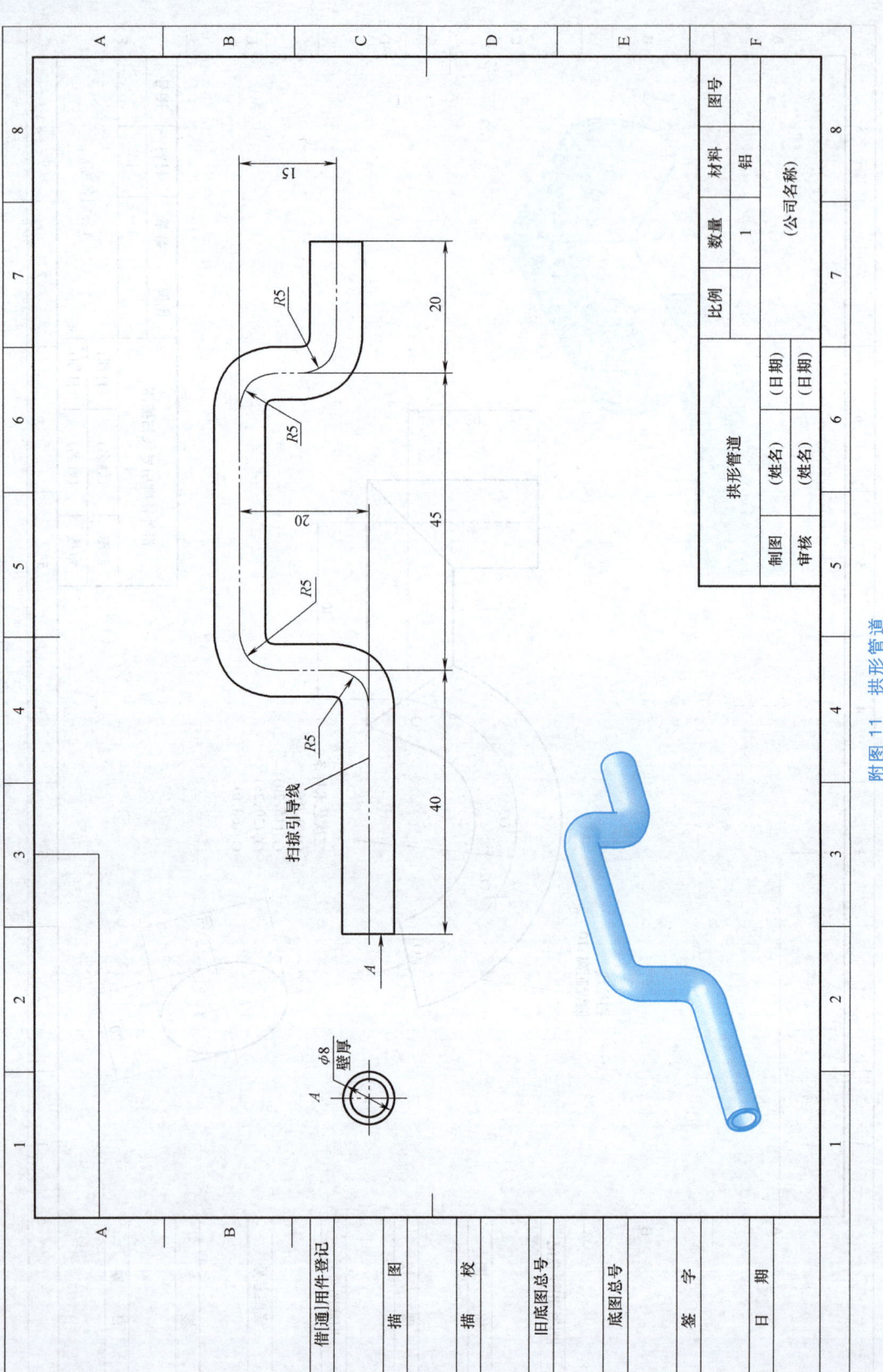

附图 11 拱形管道

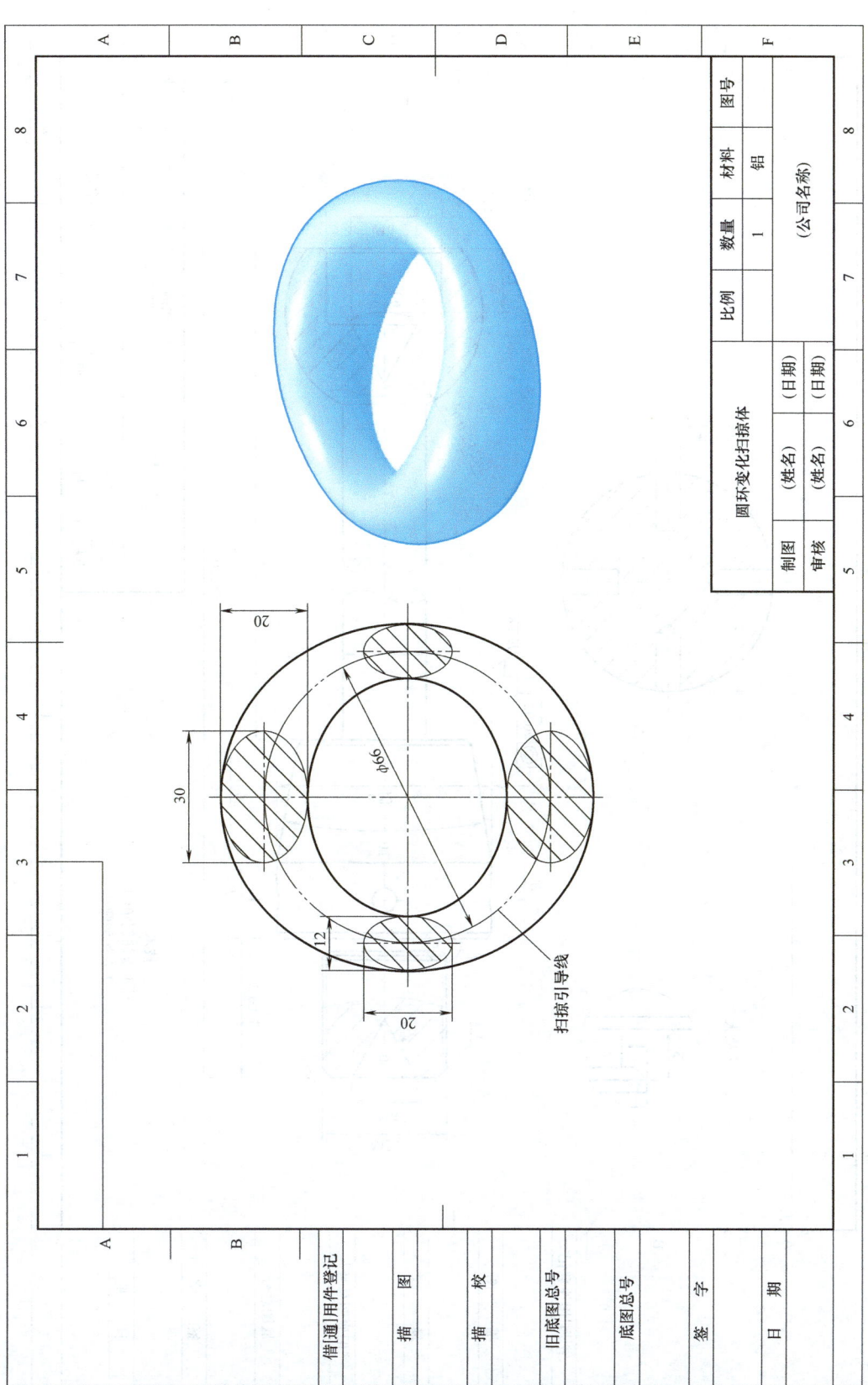

附图 12 圆环变化扫掠体

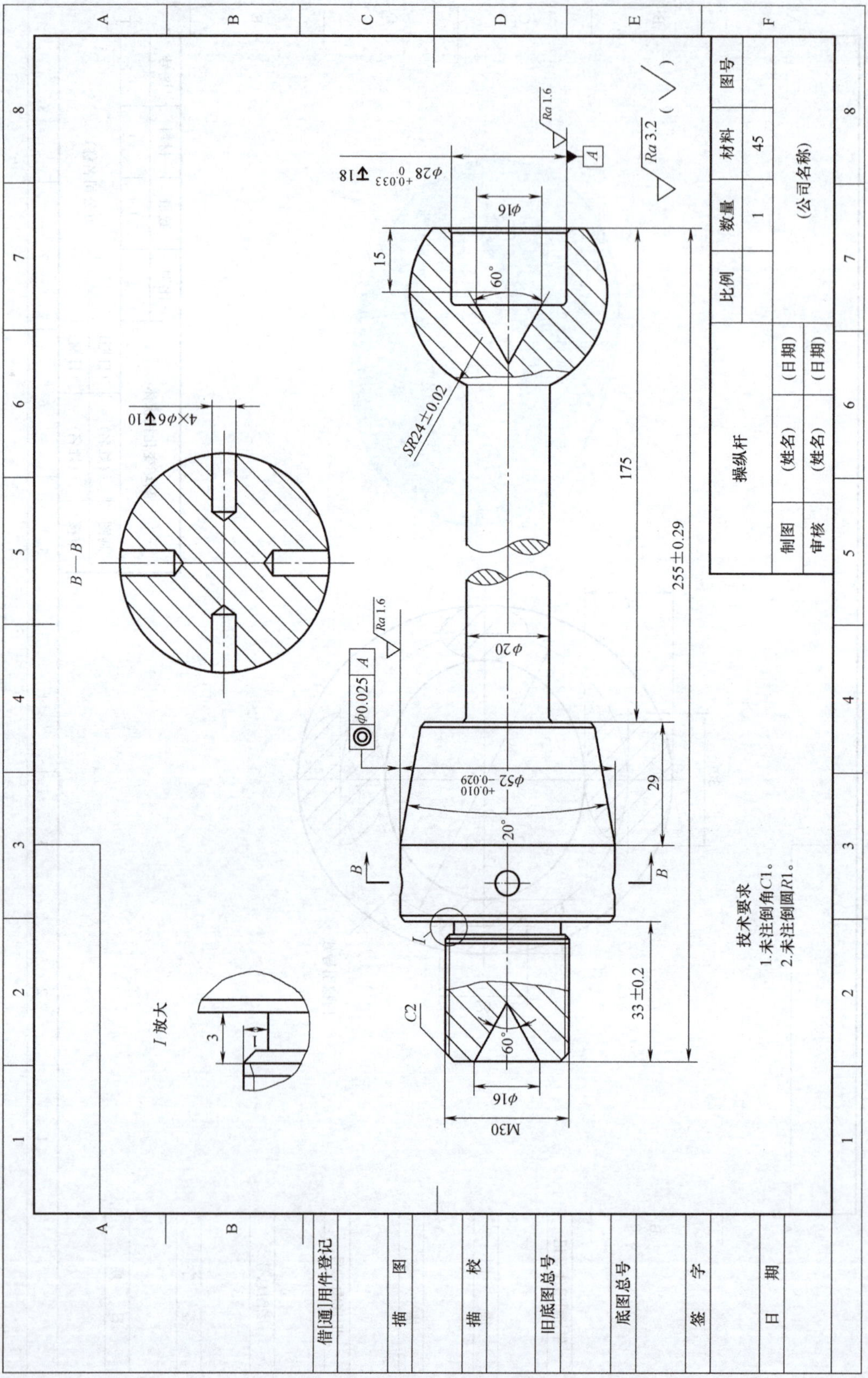
B—B
4×φ6↧10
SR24±0.02
φ16
φ28 $^{+0.033}_{0}$ ↧18
Ra 1.6
Ra 3.2 (√)
A
15
60°
175
255±0.29
φ20
φ0.025 A
φ52 $^{+0.010}_{-0.029}$
20°
29
B
B
I
C2
60°
33±0.2
φ16
M30
I 放大
3
1
技术要求
1.未注倒角C1。
2.未注倒圆R1。
操纵杆
比例
数量
材料
图号
1
45
(公司名称)
制图
(姓名)
(日期)
审核
(姓名)
(日期)
借(通)用件登记
描 图
描 校
旧底图总号
底图总号
签 字
日 期

附图 13 操纵杆

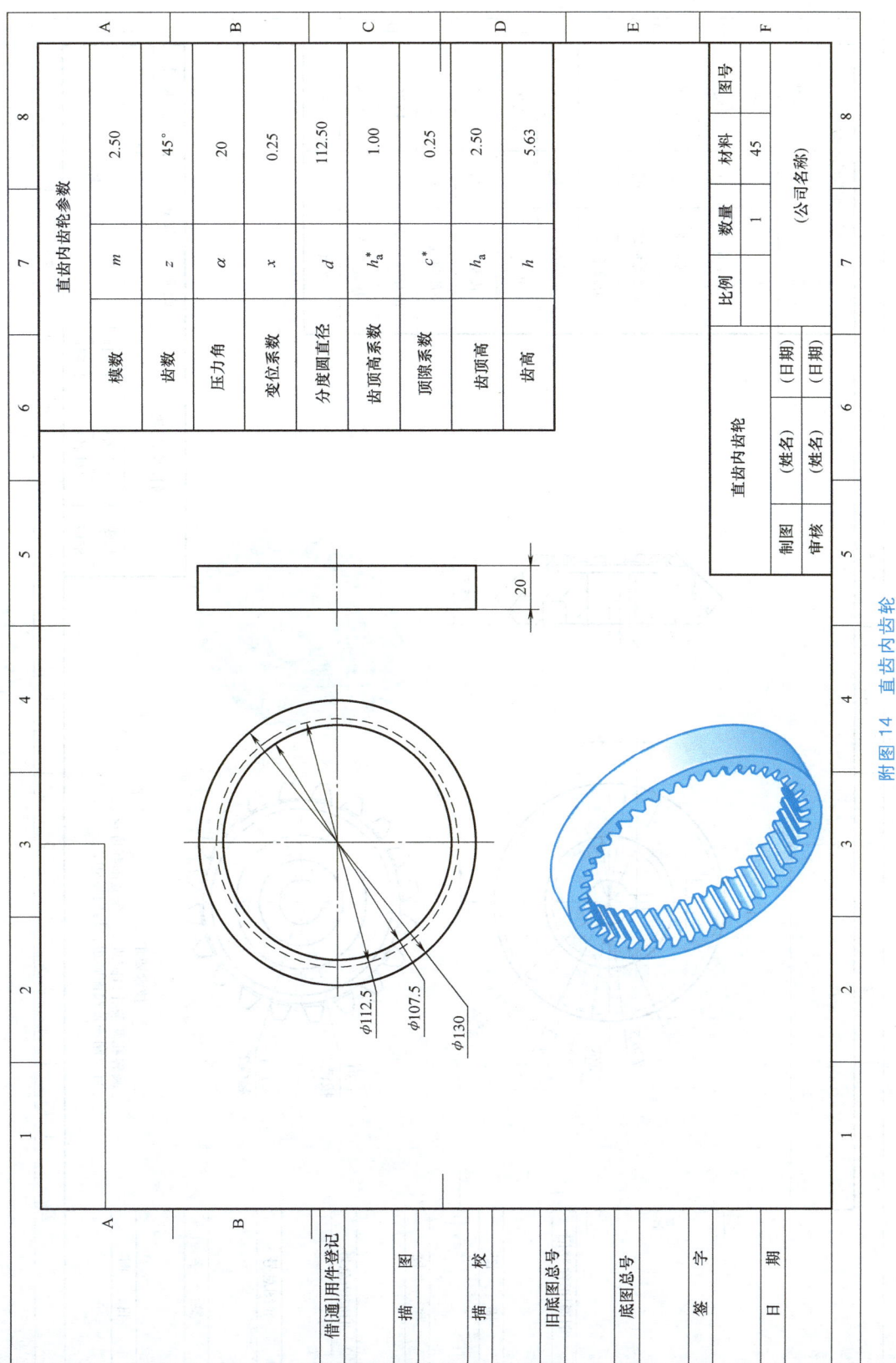

附图 14 直齿内齿轮

借[通]用件登记	
描 图	
描 校	
旧底图总号	
底图总号	
签 字	
日 期	

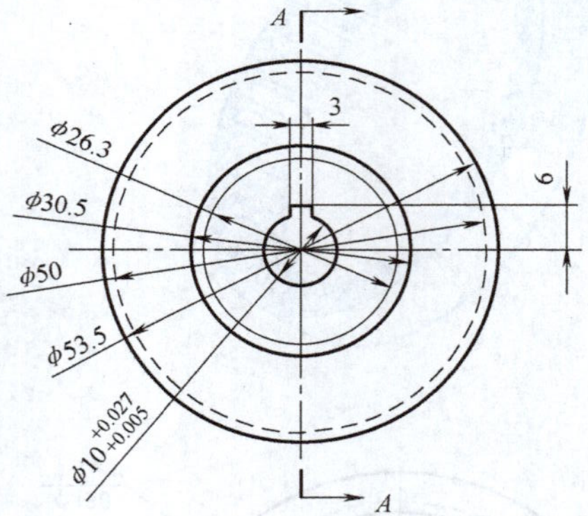

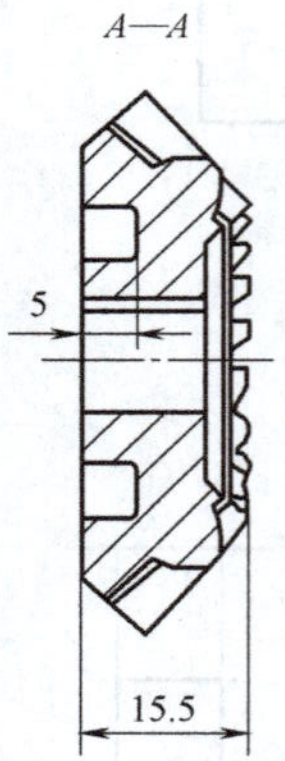

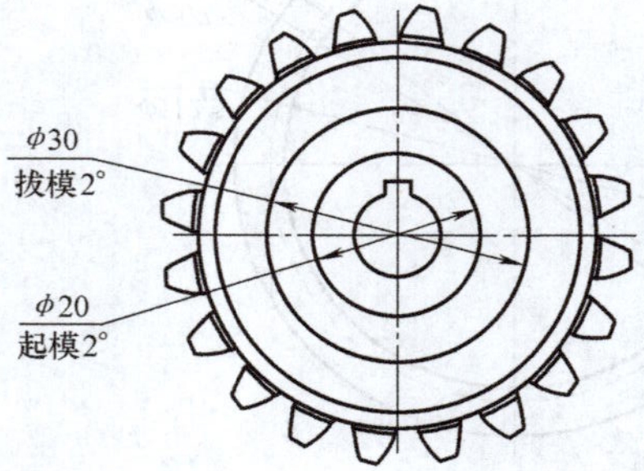

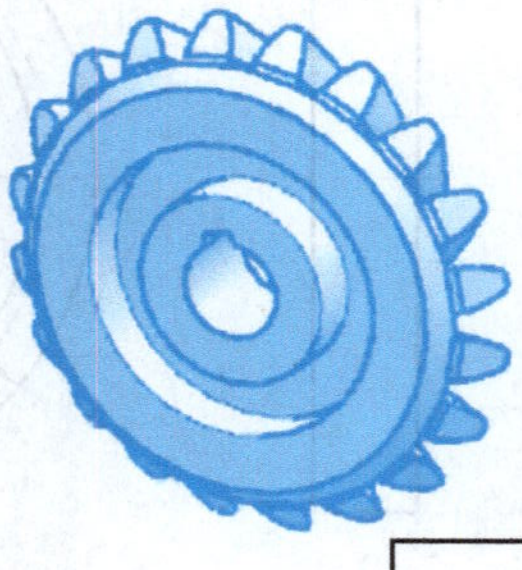

斜齿锥齿轮参数		
模数	m	2.50
齿数	z	20
压力角	α	20°
分度圆直径	d	50.00
齿顶高系数	h_a^*	1.00
顶隙系数	c^*	0.20
齿顶高	h_a	2.50
齿高	h	5.50
齿根高	h_f	3.00
齿顶圆直径	d_a	53.54
齿根圆直径	d_f	45.76
基圆直径	d_b	46.98
齿厚	s	3.93

技术要求

减轻孔两条孔口圆边、一条底部圆边及另一侧一条底部圆边，均倒圆R0.2。

斜齿锥齿轮			比例	数量	材料	图号
				1	45	
制图	(姓名)	(日期)	(公司名称)			
审核	(姓名)	(日期)				

附图 15　斜齿锥齿轮

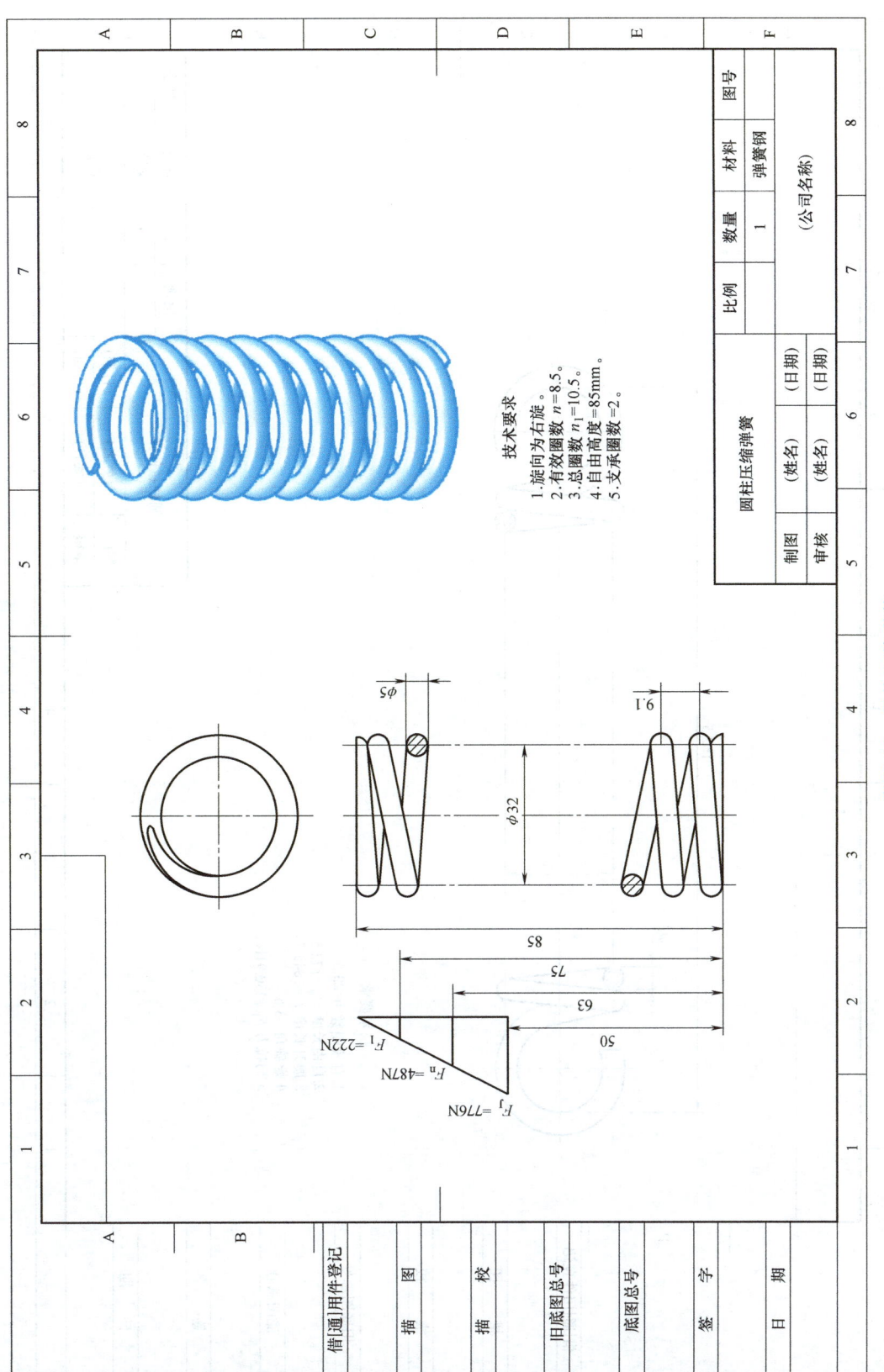

附图 16 圆柱压缩弹簧

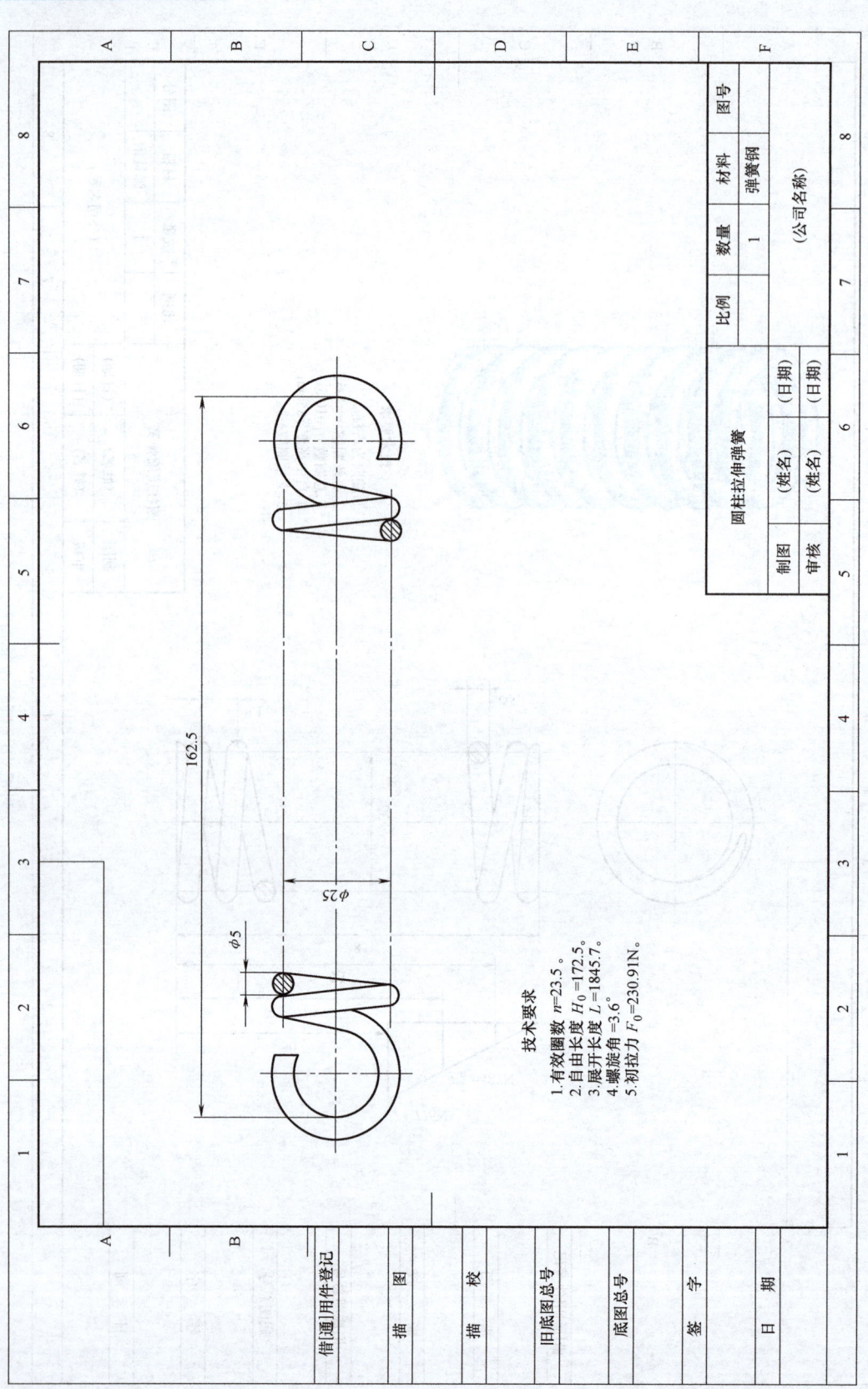

附图 17　圆柱拉伸弹簧

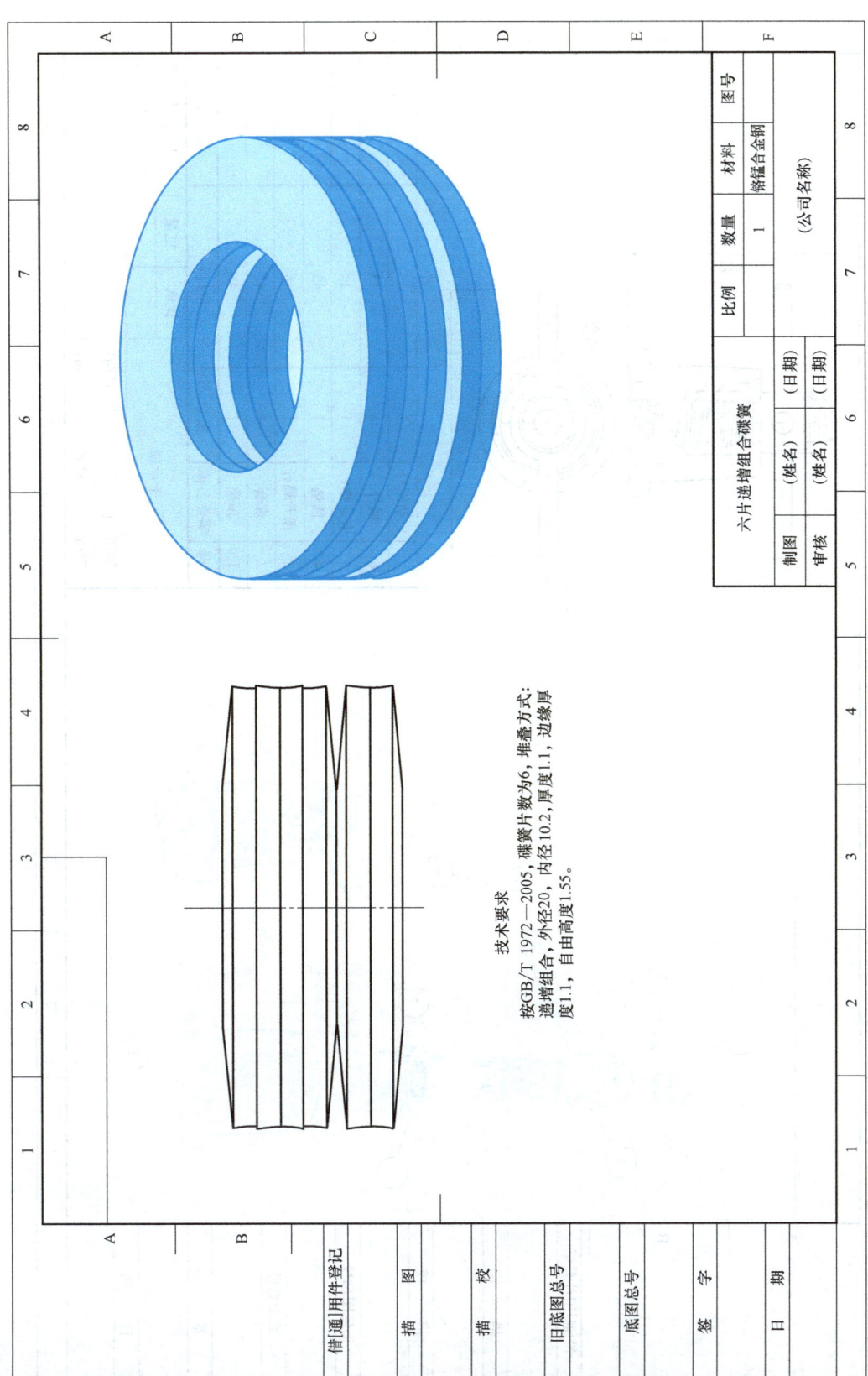

附图 18 六片递增组合碟簧

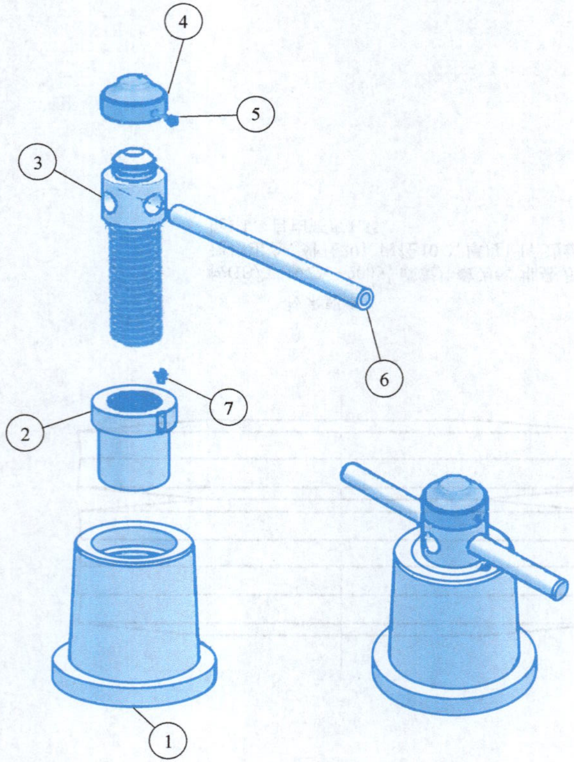

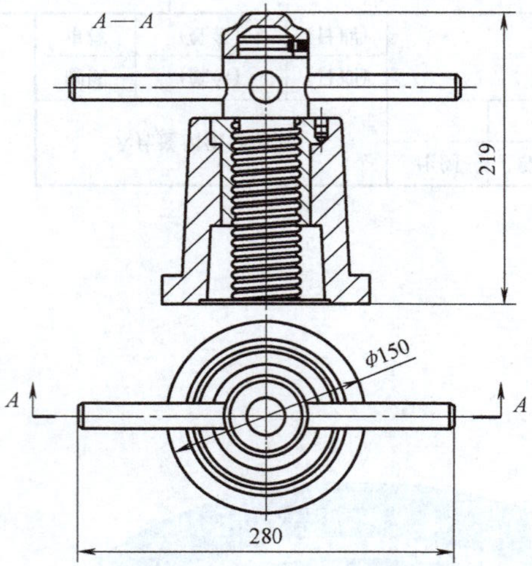

7	止动螺钉	1	45	
6	撬杆	1	45	
5	卡紧螺钉	1	45	
4	顶垫	1	45	
3	顶升螺杆	1	45	
2	螺套	1	45	
1	顶座	1	45	
序号	零件名称	数量	材料	标准代号

千斤顶			比例	重量	图号	共 张
						第 张
制图	(姓名)	(日期)	(公司名称)			
审核	(姓名)	(日期)				

借[通]用件登记
描 图
描 校
旧底图总号
底图总号
签 字
日 期

附图 19 千斤顶

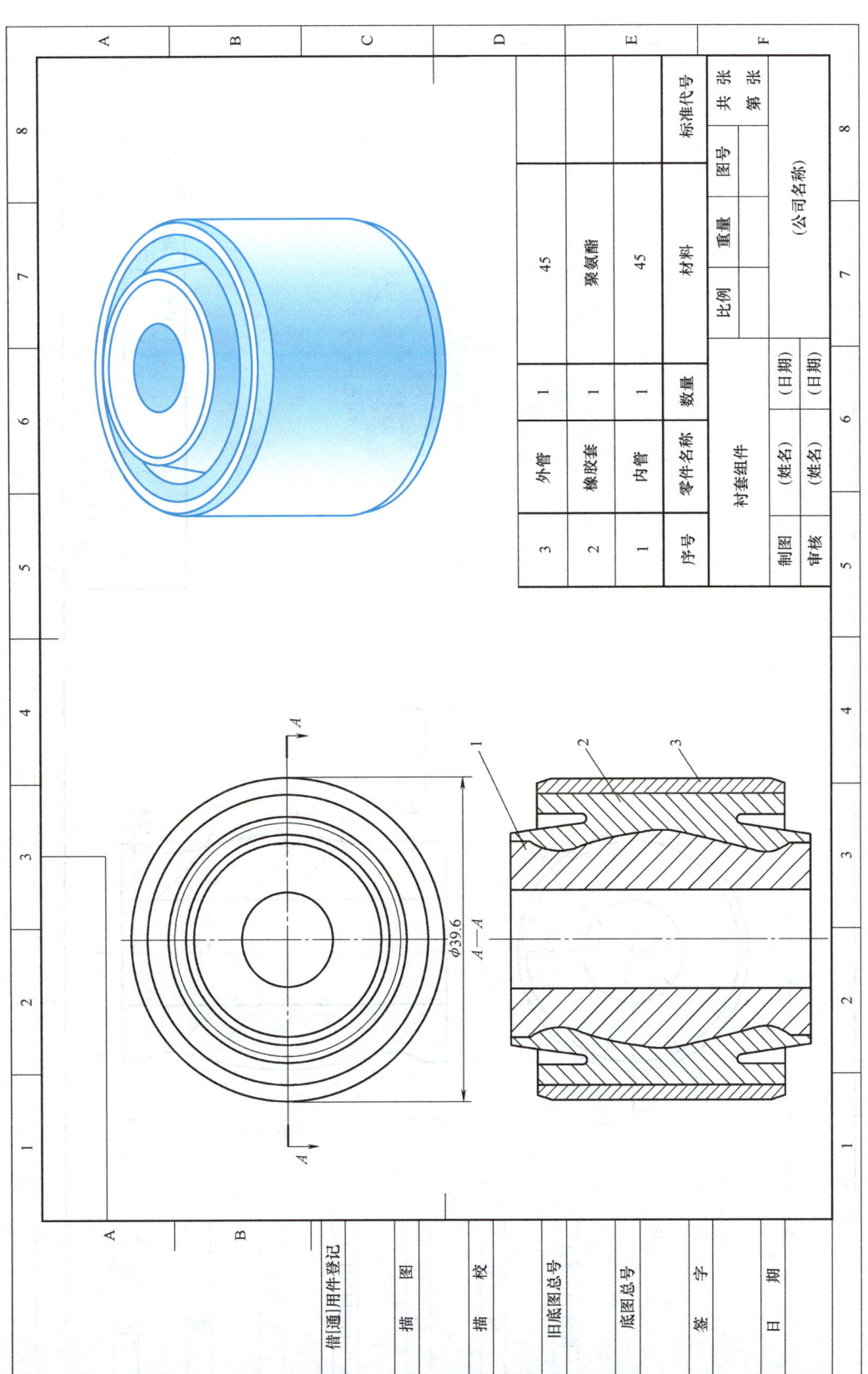

附图 20 衬套组件

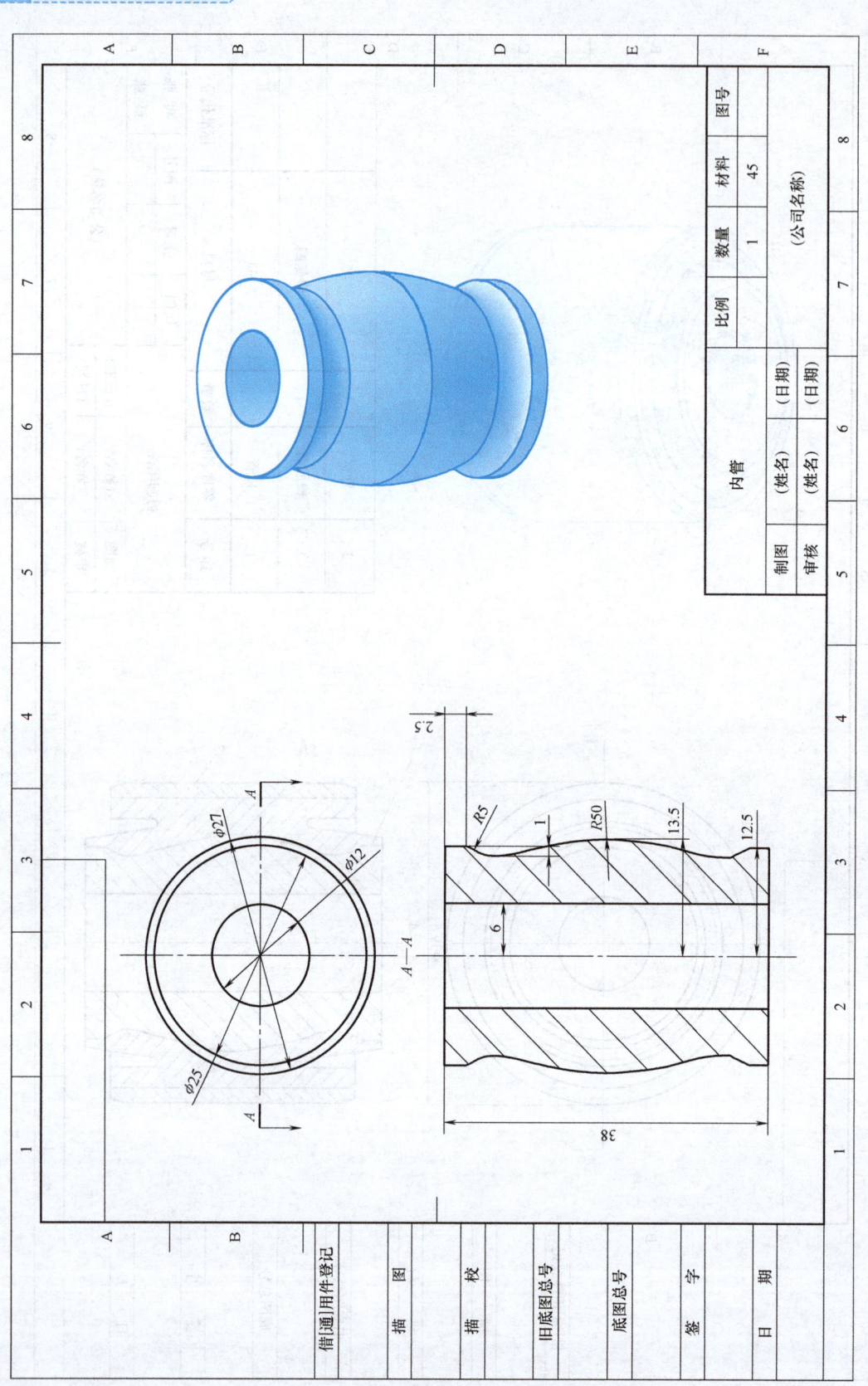

附图 21　内管

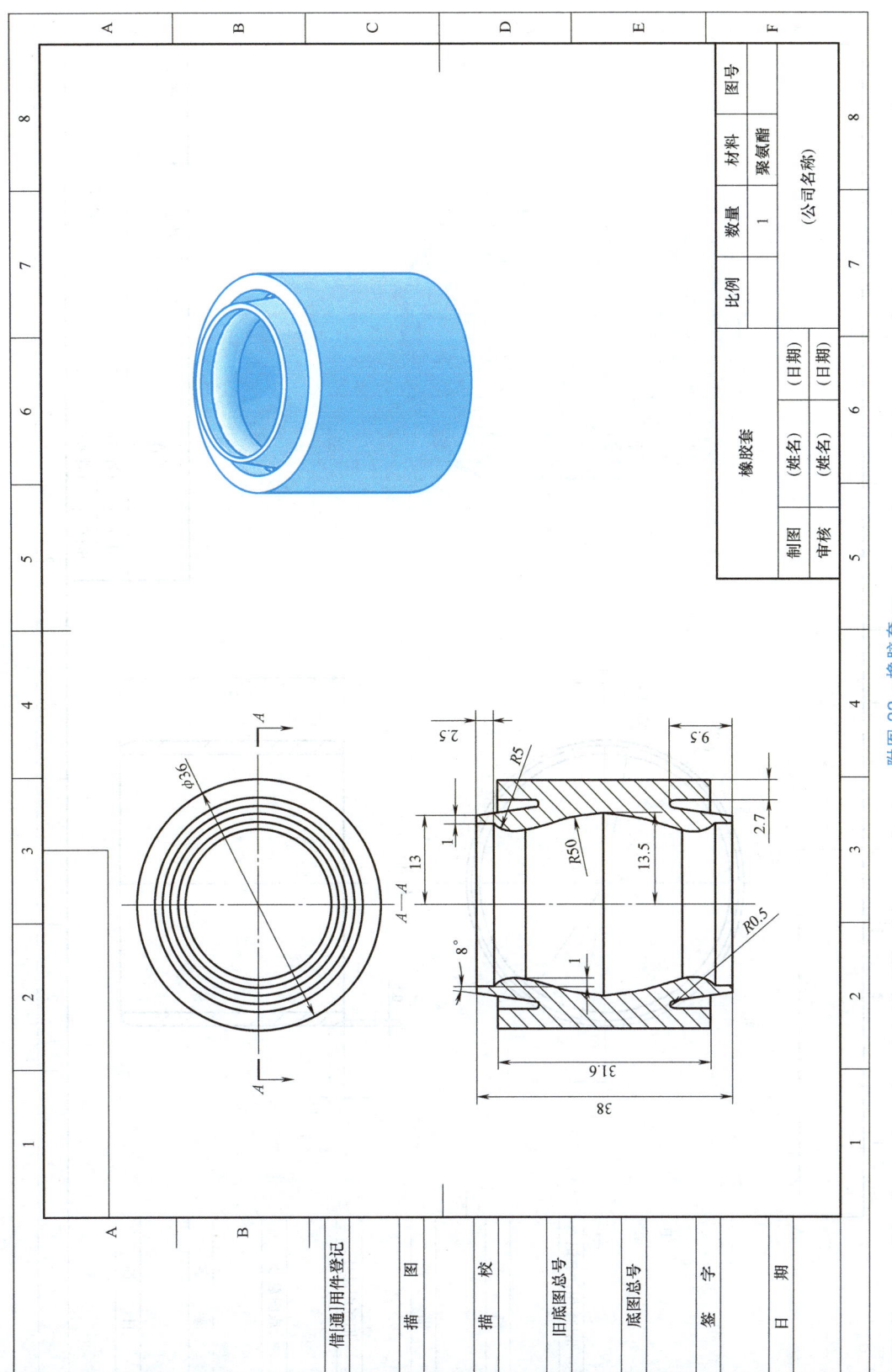

附图 22 橡胶套

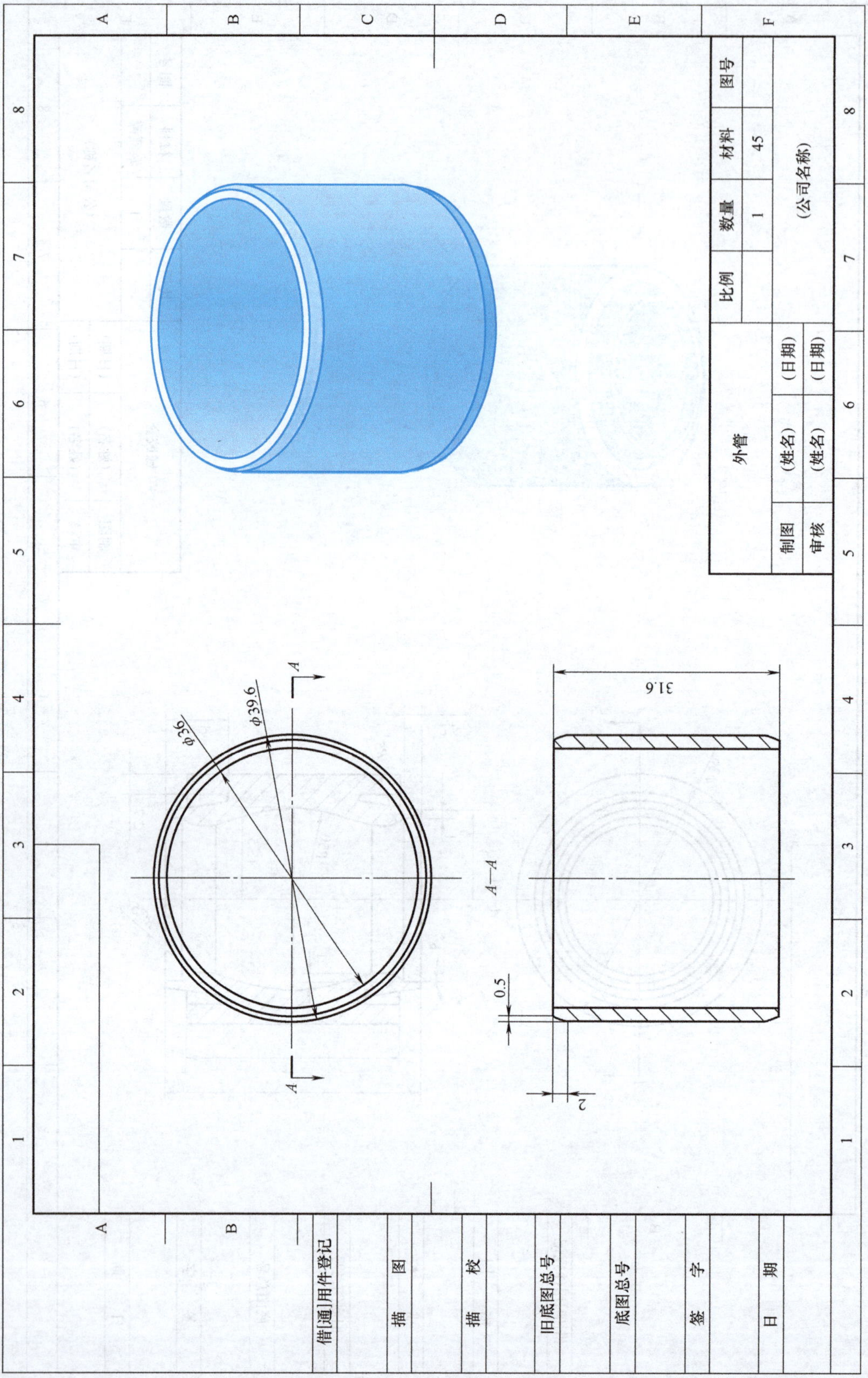

附图 23 外管

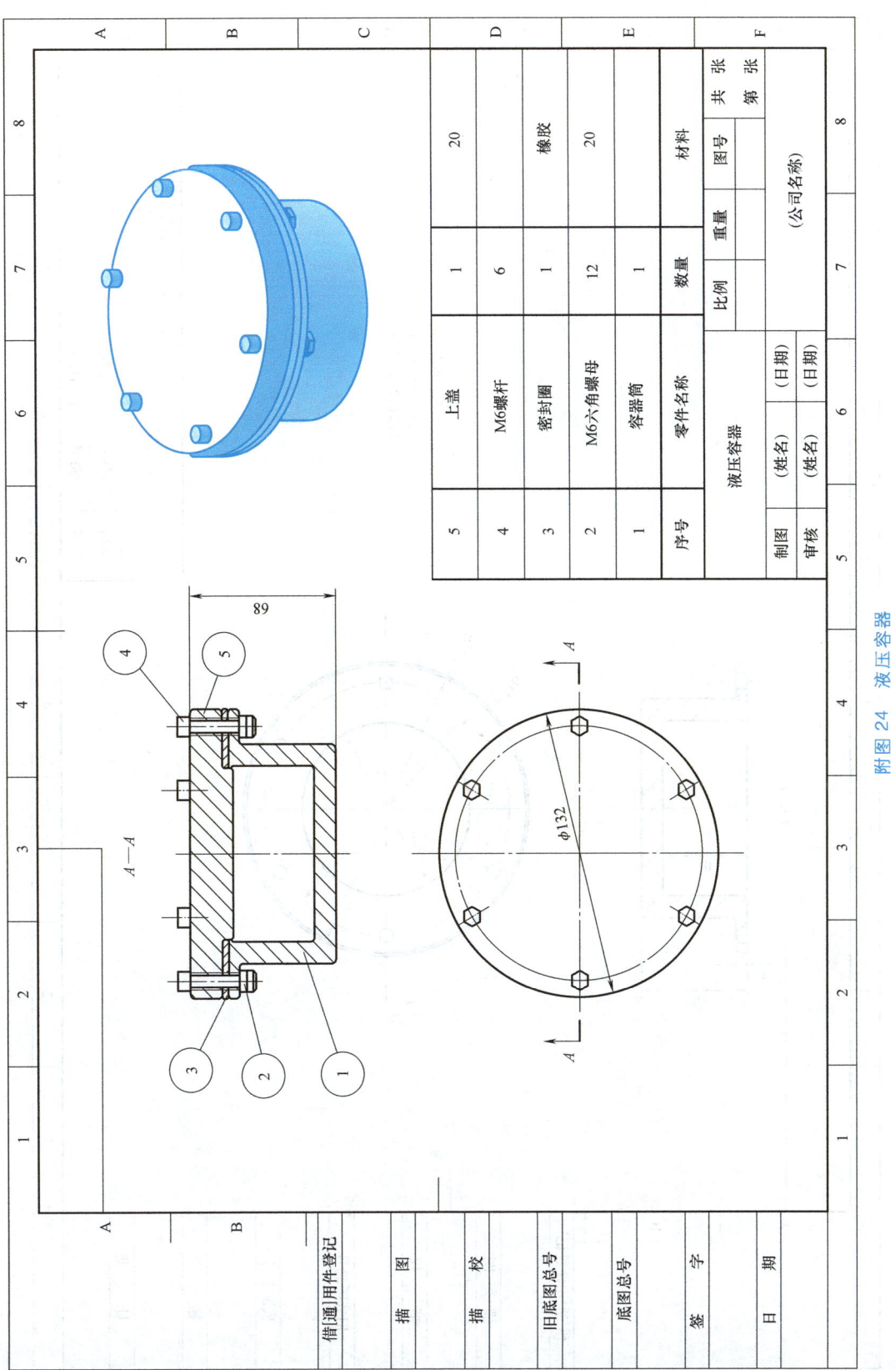

附图24 液压容器

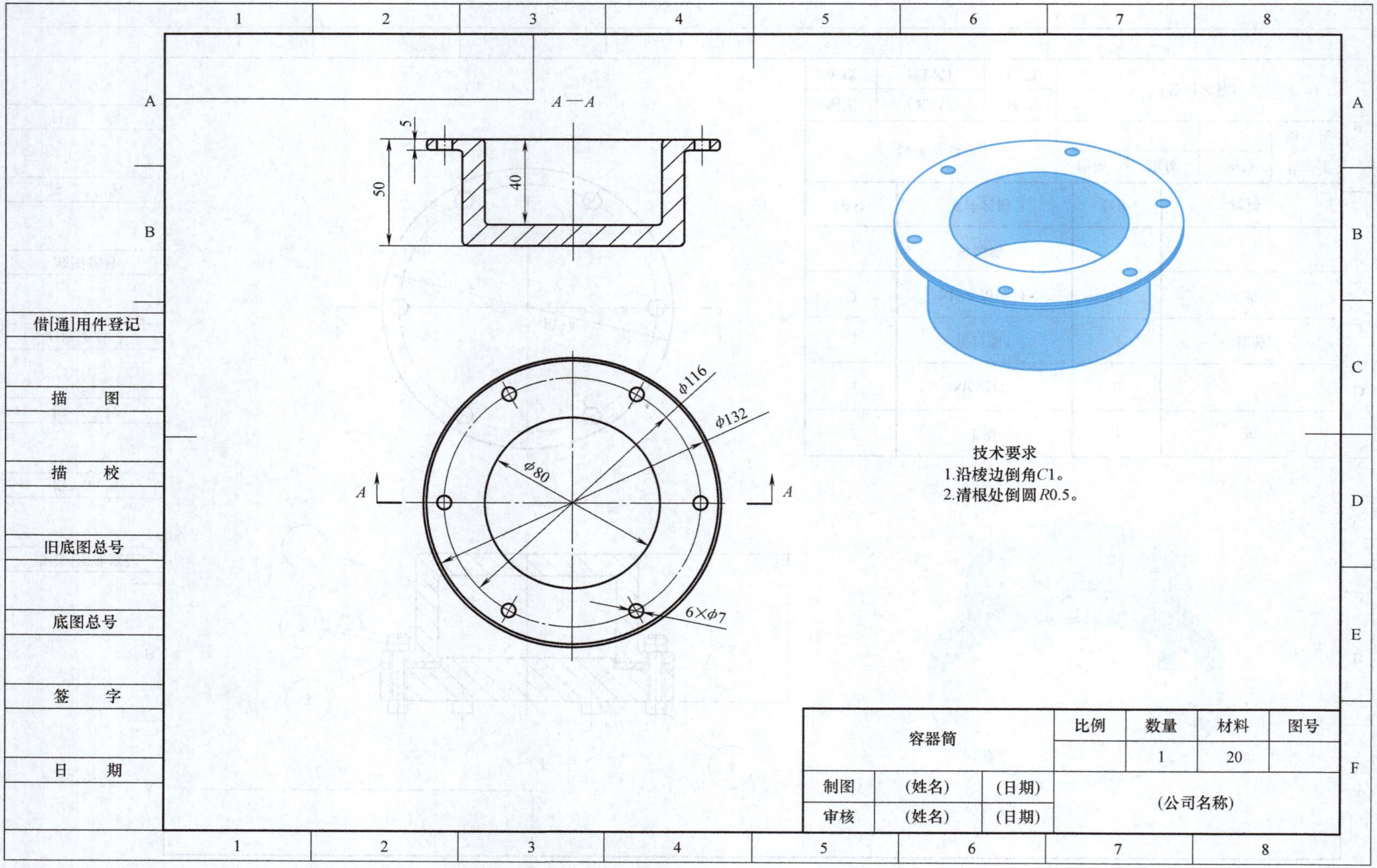

附图 25 容器筒

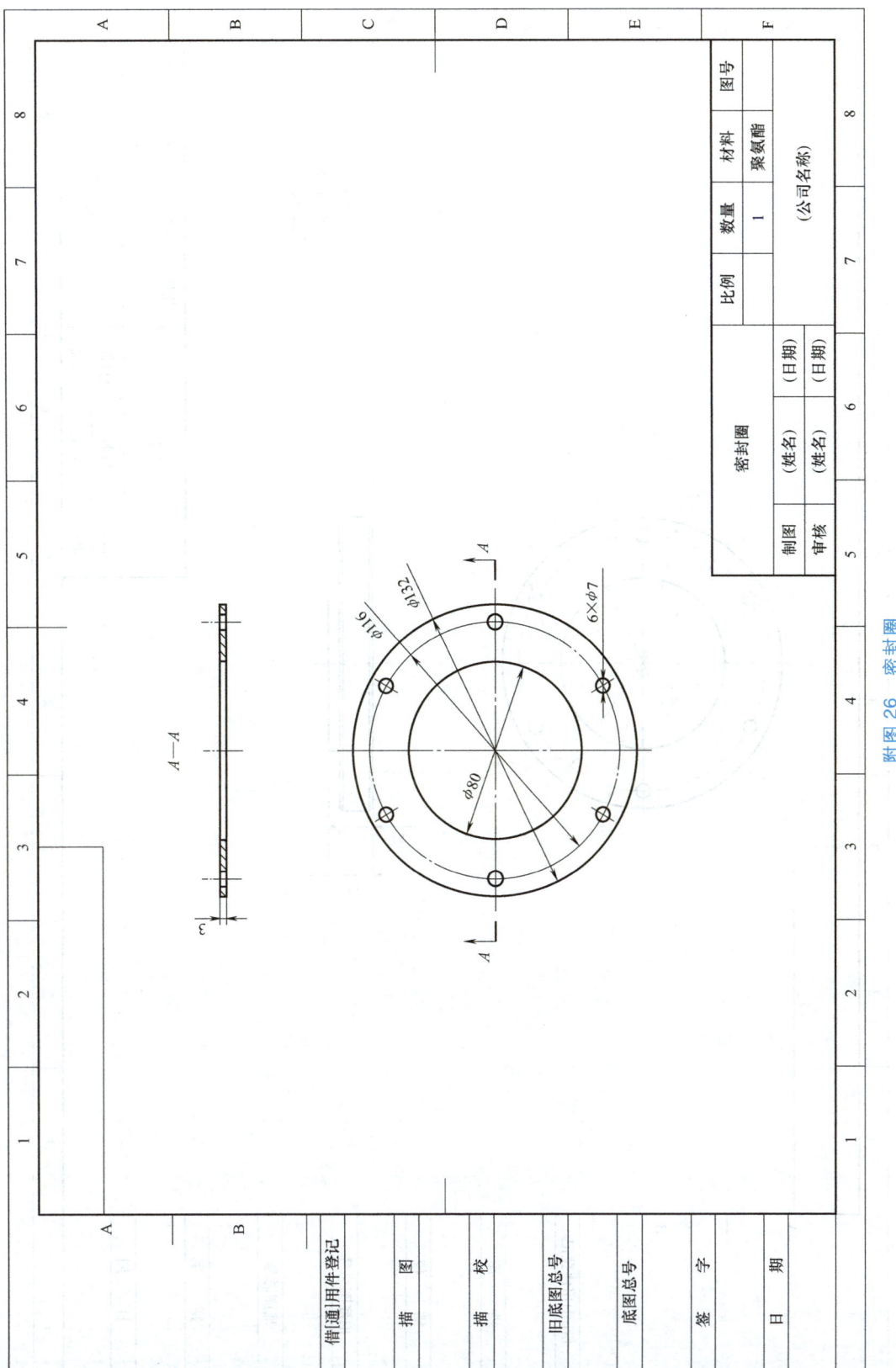

附图26 密封圈

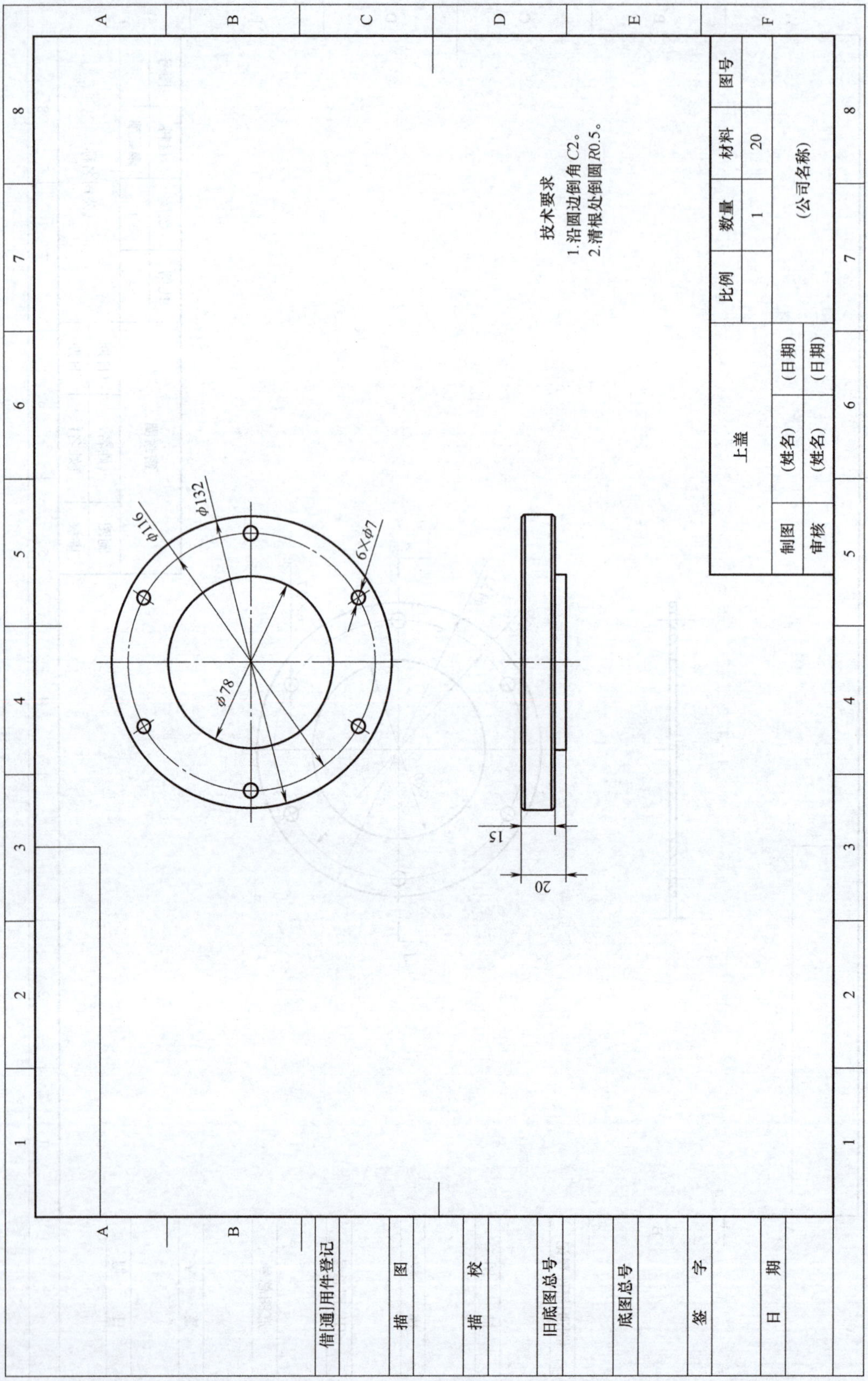

附图 27　上盖

参 考 文 献

[1] 周敏,杨秀丽,戚晓艳. UG NX 12 中文版入门、精通与实战 [M]. 北京:电子工业出版社,2020.
[2] 龙马高新教育. UG NX 12.0 中文版实战从入门到精通 [M]. 北京:人民邮电出版社,2018.
[3] 褚忠,周华,纪志杰,等. 实例讲解西门子 NX 1847 快速入门 [M]. 北京:电子工业出版社,2020.
[4] 郭晓霞,周建安,洪建明,等. UG NX 12.0 全实例教程 [M]. 北京:机械工业出版社,2020.
[5] 北京兆迪科技有限公司. UG NX 12.0 工程图教程 [M]. 北京:机械工业出版社,2019.
[6] 槐创锋,刘平安. UG NX 12 中文版机械设计与加工自学手册 [M]. 北京:人民邮电出版社,2020.
[7] 北京兆迪科技有限公司. UG NX 12.0 产品设计完全学习手册 [M]. 北京:机械工业出版社,2019.
[8] 方月,胡仁喜,赵煜,等. UG NX 12.0 中文版快速入门实例教程 [M]. 北京:机械工业出版社,2018.
[9] 云智造技术联盟. UG NX 12.0 中文版完全实战一本通 [M]. 北京:化学工业出版社,2020.
[10] 北京兆迪科技有限公司. UG NX 9.0 曲面设计教程 [M]. 北京:中国水利水电出版社,2014.
[11] 北京兆迪科技有限公司. UG NX 9.0 实用案例大全 [M]. 北京:电子工业出版社,2014.
[12] 李春燕,耿其东. PMI 技术与三维标注 [M]. 北京:电子工业出版社,2015.
[13] 洪如瑾. NX7 CAD 快速入门指导 [M]. 北京:清华大学出版社,2011.
[14] 钟日铭. UG NX 11.0 入门·进阶·精通 [M]. 2 版. 北京:机械工业出版社,2020.
[15] 展迪优. UG NX 9.0 机械设计教程 [M]. 北京:机械工业出版社,2014.

参考文献

[1] 贾璐, 陈海涛, 魏志军. 宇航红外隐身技术[M]. 北京: 电子工业出版社, 2020.
[2] 朱元昌, 邸彦强. 基于HLA技术的半实物人工脑神经[M]. 福州: 大连海事出版社, 2018.
[3] 吴政, 许杰, 张志华, 等. 无线传感网络与无人机系统入门[M]. 北京: 电子工业出版社, 2020.
[4] 张照栋, 潘政宏, 张京玲, 等. 基于NX12.0的三维建模教程[M]. 北京: 清华大学出版社, 2020.
[5] 李宁涛. 计算机应用[M]. 基于NX12.0的三维数字化产品造型设计[M]. 北京: 清华大学出版社, 2019.
[6] 陈阳, 崔正杰. 基于NX12.0的工程计算机应用[M]. 北京: 人民邮电出版社, 2020.
[7] 王怀志, 张荣斌, 马涛. 基于NX12.0的机械设计与零件图[M]. 北京: 北京理工出版社, 2019.
[8] 吴巧, 刘丽文, 魏海, 等. 基于NX的机械设计与机器人仿真[M]. 北京: 北京工业出版社, 2018.
[9] 宋建伟, 闫洁. 基于NX12.0的中文版完全实战[M]. 北京: 北京工业出版社, 2020.
[10] 陈德键, 陈鸿杰, 蔡佳. 基于NX的曲面造型设计与实践[M]. 北京: 西安交通大学出版社, 2019.
[11] 北京兆迪科技有限公司. 基于NX9.0的中文完全实战[M]. 北京: 清华大学出版社, 2018.
[12] 胡仁喜, 刘昌丽. NX的工程制图[M]. 北京: 机械工业出版社, 2015.
[13] 徐江华. NX入门与提高[详图设计[M]. 北京: 清华大学出版社, 2011.
[14] 黄秋慧. 基于NX10.0入门与提高[M]. 北京: 清华大学电子工业出版社, 2020.
[15] 胡建华. NX12.0中文版机械设计[M]. 北京: 人民邮电出版社, 2014.